Warum der Mensch spricht

RUTH BERGER

WARUM DER MENSCH SPRICHT

EINE NATURGESCHICHTE DER SPRACHE

2   3   4   5   10   09

© Eichborn AG, Frankfurt am Main, März 2008
Umschlaggestaltung: Christiane Hahn
Fotos: © corbis
Lektorat: Dr. Barbara Werner van Benthem
Gesamtherstellung: Fuldaer Verlagsanstalt, Fulda

ISBN: 978-3-8218-5687-2

Alle Rechte vorbehalten. Kein Teil des Werkes darf in irgendeiner Form (durch Fotografie, Mikrofilm oder ein anderes Verfahren) ohne schriftliche Genehmigung des Verlages reproduziert oder unter Verwendung elektronischer Systeme verarbeitet, vervielfältigt oder verbreitet werden.

Eichborn Verlag, Kaiserstraße 66, 60329 Frankfurt am Main
Mehr Informationen zu Büchern und Hörbüchern aus dem Eichborn Verlag finden Sie unter www.eichborn.de

INHALT

Vorwort   11

ERSTER TEIL
TIERE, MENSCHEN UND IHRE GENE   13

    Die Grundfrage: Natur oder Kultur?   15
    Chomskys Idee   18
    Menschen und Dompfaffen   20
    Babys – genial vorprogrammiert?   21
    Brillante Schüler, irrende Forscher   24

    Wenn Tiere sprechen lernen   27
    Hunde und Kuscheltiere im Sprachlabor   28
    Papageien – alles nur nachgeplappert?   30
    Menschenaffen, unser Spiegel   32

    Von sprechenden Affen zum »Sprachgen«:
    Die seltsame Geschichte von FOXP2   48
    Das Rätsel einer erblichen Sprachstörung   48
    Was passiert, wenn uns die Luft ausgeht   50
    »Sprachgen« gesucht!   54

ZWEITER TEIL
SPRECHENDE KNOCHEN 63

Grunz, schnalz, grunz: Moderne Lautlehre und die Sprechapparate von archaischen Menschen 65
Lautlehre? Wen interessiert das?
Babys – und Urmenschenforscher 66
Wie alles anfing:
Lieberman guckt den Neandertalern in den Hals 73
Liebermans Fehler 77
Das Timbre der Neandertaler 79

Starke Nerven: Wie Löcher in der Wirbelsäule uns auf die Sprünge helfen 81
Homo ergaster zum Ersten – athletisch, aber sprachlos? 83
Homo ergaster zum Zweiten – doch sprachbegabt? 85

**Hören wie die Urmenschen:
Das Wunderwerk unseres Stimmapparats und was archaische Ohren daraus machen** 89
Warum Geigen nicht sprechen können 89
Miguelón meets Martínez:
Die akustische Auferstehung eines alten Europäers 94
Ein Heidelbergensis-Sprachführer für Zeitreisende 97

Noch einmal FOXP2: Löwen, Menschen und Vögel 101

DRITTER TEIL
GEISTIGE FINGERABDRÜCKE 107

Von der Hand in den Mund:
Werkzeuge und Kunst als Indizien für Sprache 109
    Bilderwelten im Kopf 110
    Technik, Tiere und Zungengymnastik 112
    Form, Funktion und Fragezeichen 125

Betreten auf eigene Gefahr: Grammatik, Kompetenz,
Intelligenz und warum man darüber
am besten gar nicht reden sollte 129
    Haben alle Sprecher einer Muttersprache
    die gleiche Grammatikkompetenz? 130
    Eine praktische Alltagsbegabung 134
    Der Rest des Gehirns – überflüssig? 141
    Konsequenzen für die Sprachevolution 148

Wörter-See: Warum Pantoffeltierchen kaum was
zu reden haben und Babys Ordnungsfanatiker sind 155
    Wort-Schätze 155
    Klassen-weise 158
    Grammatik kinderleicht 160

Karussell im Kopf: Warum grammatische Regeln
auch Wörter sind und was Grüne Meerkatzen dazu
zu bemerken haben 165
    Achtung! Grammatik! 166
    Meerkatzen, Menschen und der Pantoffeltierchen-Test 171

Angesteckte Federn oder warum wir es uns manchmal
kompliziert machen, obwohl es auch einfach geht 174
    Männlich, weiblich, sächlich, *döndüğünüzü* –
    und andere Absurditäten 174
    Von Pfauen und Menschen 177

VIERTER TEIL
GANZ AM ANFANG   183

Fischen nach Urwörtern   185
    Am Anfang war ein »Boah!«   185
    Mimik, Gestik – Sprache?   189

Verstand oder Gefühl?   194
    Die Geschwätzigkeit der Gürtelwindung   196
    Spindelneuronen   202
    Spezialisten für Liebe – und Betrug   204
    Babys, Frauen und die Sprachevolution   208
    Hohe und andere Tiere und ein *missing link*   213
    Augen-Blicke   218
    Finger-Zeige   221

Soziale Gehirne   225
    Weihnachtskarten und graue Zellen   226
    Können Hodensäcke sprechen?   228
    Aber, aber …   231
    Kleine Ursache, große Wirkung:
    Was eine verrückte Pavianhorde uns
    über den Anfang der Sprache lehrt   233

FÜNFTER TEIL
DIE FÄDEN LAUFEN ZUSAMMEN   235

Wann die Sprache entstand:
Ein Überblick über die Beweislage   237
    Das Streitobjekt   237
    Die Indizien   239

Wie die Sprache entstand: Ein Szenario für die Frühzeit 244
    Wie man Adlern entkommt und Löwen ärgert   244
    Wie Mann zum Kinderpfleger wird   246
    Stimmbandakrobatik   247
    »Ab wann ist es Sprache?«   249

Warum die Sprache entstand   252

Die universelle Grammatik des menschlichen Geists   255
    Warum Sprachen so sind, wie sie sind   255
    Kinder der Sprache   259

ANHANG   261

Führer durch den Stammbaumdschungel:
Fossile Meilensteine im Überblick   263

Danksagung   270

Quellen- und Literaturverzeichnis   271

Register   297

VORWORT

Zoobesucher in Adelaide erlebten im heißen Januar 2007 eine Überraschung: Im Orang-Utan-Gehege saßen statt Orangs – Menschen. Eingesperrt wie alle Zootiere. Die Verhaltensforscherin Carla Litchfield hatte die Idee zu diesem verrückten Experiment gehabt. Sie war selbst mit dabei und 27 Tage lang in dem Affengehege zu bestaunen. Die Zoobesucher fanden das neue »Tier« nach der ersten Überraschung zum Brüllen, unter anderem deshalb, weil die gefangenen Menschen sich auffällig ähnlich verhielten wie die Affen in den Glaskästen rundum. Mit einer Ausnahme: Bei den Menschen stand der Mund nie still. Sie redeten eigentlich ununterbrochen. Den Affen nebenan ging dieses ewige Menschengeschnatter so auf die Nerven, dass man die geschwätzigen Ruhestörer nachts anderswo unterbringen musste.

Sprache ist offenbar sehr typisch für uns Menschen, und sie unterscheidet uns stark von der äffischen Verwandtschaft. Aber seit wann eigentlich? Wann haben unsere Vorfahren sprechen gelernt? Und wie und warum haben gerade wir als Einzige unter allen Tieren dieser Welt eine derart komplexe Sprache entwickelt? Kaum etwas in der Wissenschaft vom Menschen ist so schwierig zu beantworten. Zeitreisen zu den Neandertalern oder sonst wohin in die Urgeschichte der Menschheit sind nicht möglich (die Physiker arbeiten daran, aber machen uns derzeit nicht viele Hoffnungen). Es existieren auch keine fossilen Tonbänder, auf denen wir hören könnten, was die diversen urtümlichen Menschenarten so von sich gegeben haben und worum es dabei ging.

Wie in einem Detektivspiel müssen wir stattdessen versuchen, uns anhand von Indizien ein Bild zu machen. Solche Indizien stammen zum Beispiel aus unseren heutigen Sprachen, aber oft auch aus Verhaltensexperimenten an Tieren oder Menschen, aus den Neurowissenschaften, aus der Genetik und natürlich aus der Urmenschenforschung (Paläoanthropologie). In den letzten zehn, 15 Jahren sind hier fast überall neue, teils sensationelle Entdeckungen gemacht worden, die für den Ursprung der Sprache von Bedeutung sind – sodass eine heiße Debatte hierüber neu aufgeflammt ist. Dieses Buch versucht, die wichtigsten und spannendsten Erkenntnisse aus den verschiedenen Wissenschaften, die neuen und die älteren, auf dem aktuellen Stand zusammenzubringen. Wenn Sie weiterlesen, werden Sie eine abwechslungsreiche, manchmal abenteuerliche Reise erleben, die Sie durch Forscherlabore mit Reagenzgläsern ebenso führt wie durch eiszeitliche Landschaften und menschliche Gehirne. Sie werden unter anderem Graupapageien, Pantoffeltierchen, dem Homo erectus, merkwürdigen Sprachen und Menschen mit ganz besonderen Behinderungen begegnen.

Am Ende dieser Reise werden wir uns ein fundiertes Urteil darüber erlauben können, wann unsere Vorfahren zu sprechen begonnen haben und wie diese Anfänge aussahen. Vor allem aber werden wir ein ganz neues Bild von uns selbst gewonnen haben – und davon, wie Sprache mit Menschsein zusammenhängt.

ERSTER TEIL

TIERE, MENSCHEN UND IHRE GENE

DIE GRUNDFRAGE:
NATUR ODER KULTUR?

Besitzt der Mensch einen angeborenen, natürlichen »Sprachinstinkt«, wie es schon Herder behauptete?

Oder ist Sprache eine kulturelle Erfindung – so wie die Landwirtschaft oder die Dampfmaschine? Das war die Ansicht von Kant.

Mitte des 20. Jahrhunderts war die zweite Hypothese viel beliebter als die erste. Aus guten Gründen: Es schien kein Problem, neue Kunstsprachen wie Esperanto oder Volapük zu erfinden. Auch die Gebärdensprachen der Gehörlosen wurden von den Menschen neu »konstruiert«. Warum also sollte nicht auch Sprache insgesamt eine Erfindung sein?

Man konnte sich das zum Beispiel so vorstellen: Eines Tages hatte sich eine pfiffige Person überlegt, wie man mit einer Art lautlichem Code die Kommunikation zwischen den Menschen verbessern könnte. Irgendeine Lautfolge würde für »Wasser« stehen, eine andere für »Mammut«. Wenn das erst alle in der Gruppe wüssten, würde künftig bei der Rückkehr ins Lager jemand »Wasser Mammut« sagen und alle verstünden, dass es am Fluss eine zur Jagd einladende Mammutherde gab. Eine solche Erfindung hätte sich wegen ihrer vielen Vorzüge schnell durchgesetzt und nach einer Reihe von Verfeinerungen wären unsere heutigen Sprachen dabei herausgekommen.

Als biologische Voraussetzung würde demnach unsere allgemeine Intelligenz genügen, die uns befähigt, ein Codesystem zu entwickeln. Einen speziellen »Sprachinstinkt« gäbe es nicht.

Auf den ersten Blick spricht vieles dafür. Sprache ist ja ein frei variierender Code. Während die meisten Singvogelarten nur ein Lied singen können, gibt es unzählige unterschiedliche menschliche Sprachen. Jede davon stellt einen eigenen Code dar, und die Codes nicht verwandter Sprachen haben wenig Ähnlichkeit. Was bei Deutschen »Wasser« heißt, heißt für Türken *su* und für Israelis *mayim*. Die Laute sind offenbar ganz willkürlich dem von ihnen bezeichneten Gegenstand zugeteilt. Es handelt sich also um Konventionen, die in einer bestimmten Sprachgemeinschaft üblich sind und in anderen nicht. Solche regelhaften Gewohnheiten kann man als Außenstehender, zum Beispiel als Fremdsprachenschüler, lernen. Sie können sich mit der Zeit ändern, und das manchmal sehr schnell: In den Siebzigerjahren brauchten Politiker Leibwächter. Heute heißen die gleichen Personen fast immer Bodyguards – das englische Fremdwort ist auf dem besten Wege, den deutschen Begriff zu ersetzen.

Mit den Wörtern einer Sprache verhält es sich dabei auffällig anders als mit anderen Formen der menschlichen Kommunikation. Bitte ich in China um »Wasser«, bekomme ich wahrscheinlich keins, weil man mich nicht versteht. Ein plärrendes deutsches Baby aber signalisiert auch Chinesen erfolgreich sein starkes Missbehagen, ohne je eine Fremdsprache gelernt zu haben. Der Verhaltensforscher Eibl-Eibesfeldt hat die Verständlichkeit von Gesichtsausdrücken bei den entlegensten Völkern getestet. Es fanden sich nirgendwo Menschen, die eigene Gesichtsausdrücke für Grundemotionen wie Furcht, Freude, Überraschung oder Ekel benutzten. Ein fröhliches Gesicht wird überall auf der Welt als fröhlich erkannt. Sogar von Geburt an Blinde zeigen die entsprechende Mimik, ohne sie jemals bei anderen Menschen gesehen zu haben.

Bei Säuglingsschreien und Gesichtsausdrücken handelt es sich nicht um *willkürliche, konventionelle* Festlegungen, sondern um *angeborene* und *unwillkürliche* Verbindungen zwischen dem Signal und seiner Bedeutung. Die Muttersprache ist dagegen niemandem angeboren. Nehmen wir an, ein Kind, dessen Eltern Chinesisch sprechende Chinesen sind, wird ab dem Säuglingsalter von deutschen Adoptiveltern aufgezogen. Weltweit gibt es Tausende von Auslandsadoptionen im Jahr; die Kinder lernen genauso perfekt Deutsch wie leibliche Kinder deutscher Eltern. Die Sprache ihres Ursprungslandes wird für sie zur

Fremdsprache wie für jeden Deutschen. Die Muttersprache ist also immer die Sprache, mit der man als Kind aufwächst. Welche das ist, wird nur durch die Umgebung festgelegt und nicht durch die Gene.

Ein weiteres starkes Indiz für diese These sind die grausamen Schicksale, die manche Kinder auch heute noch erleiden müssen. Der historische Fall des Kaspar Hauser ist ein wenig zweifelhaft, doch zwei andere Fälle gelten als authentisch. Einer handelt von einem kalifornischen Mädchen, das bis zum Alter von über 13 Jahren von seinem Vater festgebunden in völliger Isolation von Sprache gehalten wurde.

Als die Behörden das Mädchen 1970 befreiten, wurde es zum Forschungsobjekt von Sprachwissenschaftlern und Psychologen, die sich ihrerseits, das soll nicht unerwähnt bleiben, nicht immer menschlich korrekt verhielten. Sie gaben dem Mädchen den Namen Genie (sprich: *Dschieni*) und überschütteten es zunächst mit Zuwendung. Es blühte auf und begann mit großer Neugier, die Menschen und die ihm zuvor völlig unbekannte Welt außerhalb seines Gefängnisses zu erkunden. Ein Forscherehepaar nahm Genie als Pflegekind auf. Dort machte sie große Fortschritte. Doch als einige Jahre später die Forschungsgelder ausliefen und Genie sozusagen wissenschaftlich ausgelutscht war, ließen ihre neuen Bezugspersonen sie fallen. Sie kam in wechselnde, teils sehr schlechte Pflegefamilien; Rückschritte waren die Folge.

Ein für die Sprachwissenschaft wichtiges Ergebnis der traurigen Geschichte: Genie hatte, als sie mit 13 gefunden wurde, keine Sprache besessen. Ähnlich soll es sich mit dem zweiten anerkannten Fall eines isolierten Menschen verhalten haben. Der »Wolfsjunge« Victor war im Frankreich des späten 18. Jahrhunderts als Kind ausgesetzt worden und hatte offenbar im Wald bei einem Wolfsrudel gelebt. Auch er konnte zunächst nicht sprechen. Wer ohne eine Sprache aufwächst, der lernt auch keine.

Dies scheint die Auffassung zu bestätigen, Sprache sei dem Menschen nicht angeboren, sondern von klugen Geistern erfunden worden, ein rein kulturelles und kein biologisch vorgeprägtes Phänomen. Zumindest auf den ersten Blick. Doch genau hier, bei Genie und Victor, gibt es einen Punkt, der Zweifel aufkommen lässt.

Chomskys Idee

Victor, gefunden etwa im Alter von zehn oder elf Jahren, musste ganz von vorn anfangen, sprechen zu lernen. Das fiel ihm sehr schwer. Ebenso erging es Genie: Nach Jahren sprachlicher Zuwendung und Unterrichts konnte sie sich zwar in kleinen Alltagsdingen verständlich machen, aber ihre Sprache blieb bruchstückhaft.

Warum? Jeder von uns hat in der Schule erfahren müssen, dass Fremdsprachenlernen ein durchaus mühsamer Vorgang ist und das Ergebnis nicht immer befriedigend. Wir wissen auch, dass es Einwanderer gibt, die niemals die Sprache ihres neuen Landes gut lernen (wir treffen jeden Tag welche im Supermarkt). Auch solche Migranten, die die Sprache ihrer neuen Heimat bestens beherrschen, erkennt man erfahrungsgemäß am Akzent. Man denke an Arnold Schwarzenegger, der nicht annähernd so lange in Österreich gelebt hat wie in Amerika. An seinem Englisch merkt man gleich, wo er herkommt.

Man lernt eben als Erwachsener eine Fremdsprache nicht mehr so leicht wie als Kind die Muttersprache – dachten die Forscher in den Sechzigern. Die scheinbare Mühelosigkeit, mit der Kinder ganz gleich welcher Begabung ihre Sprache aufsaugen, kann in der Tat geradezu irritierend wirken. Komplizierte grammatische Strukturen, die Sprachkursteilnehmer an der Uni in Verzweiflung versetzen, lernen kleine Kinder so nebenbei, und niemand braucht es ihnen zu erklären. Eine »schwere« Sprache wie Japanisch scheint japanischen Kindern einfach. Und so manches Einwandererkind spricht die neue Sprache eindeutig besser als seine Eltern.

Behindert womöglich die Muttersprache das Erlernen neuer Sprachen? Prägt die erste gelernte Sprache das Gehirn so sehr, dass andere Sprachen danach schlechter aufgenommen werden?

Manches spricht für diese These. Da ist der Akzent, der den Klang der Muttersprache durchschimmern lässt. Da ist auch die Tatsache, dass gewisse Sprachen sich leichter lernen lassen als andere: Englisch und Französisch sind für Deutsche ein Klacks im Vergleich mit Chinesisch, Türkisch und Japanisch – während umgekehrt Japaner vergleichsweise leicht Türkisch lernen, sich aber mit Deutsch und Englisch abrackern müssen. Auf eine Sprache, die völlig anders funktioniert als die eigene, kann man sich offenbar schlechter einstellen.

Bremst die Muttersprache uns Erwachsene beim Fremdsprachenlernen aus? Es klingt plausibel. Doch man weiß aus Erfahrung: Kinder können sogar dann noch ausgezeichnet neue Sprachen lernen, wenn sie ihre »Muttersprache« schon beherrschen.

Ein Freund von mir kam 1970 mit dreieinhalb Jahren aus der Türkei nach Deutschland, mit altersgemäßem Türkisch, aber ohne ein einziges Wort Deutsch. Er hat sehr intensive Erinnerungen an seine ersten Tage im hiesigen Kindergarten, wo er damals das einzige türkische Kind in der Gruppe war. Er verstand zunächst nichts und niemanden. Doch als er zwei Jahre später den Kindergarten auf dem Weg in die Schule verließ, da war sein Deutsch von dem seiner deutschen Freunde nicht mehr zu unterscheiden.

An der prägenden Wirkung der Muttersprache kann es also nicht ausschließlich liegen, wenn wir uns als Erwachsene beim Sprachenlernen schwerer tun als Kleinkinder. Das Erlernen einer Muttersprache scheint vielmehr unerlässlich für das Erlernen weiterer Sprachen – sogar für die Gehörlosen.

In den letzten Jahren hat sich nämlich etwas erwiesen, das 100 Jahre Gehörlosenpädagogik auf den Kopf stellt: Früher verbot man den Kindern die Gebärdensprache in dem Glauben, dass sie so besser Deutsch lernten. Aber das Gegenteil ist richtig: Wer als Gehörloser in der frühen Kindheit als Muttersprache die Gebärdensprache erlernt, kann später in der Schule sehr gute Kenntnisse in (Schrift-)Deutsch erlangen. Diejenigen aber, denen in der Kindheit die Gebärdensprache verwehrt bleibt, die also ganz sprachlos aufwachsen, haben in der Schule erhebliche Probleme, überhaupt noch eine Sprache richtig gut zu lernen, sei es Gebärdensprache, sei es Schriftdeutsch.

Die Muttersprache ist die Voraussetzung dafür, später andere Sprachen lernen zu können. In den Sechzigerjahren schlossen Forscher daraus, es gebe in der Kindheit eine »sensible« oder »kritische Phase« für den Spracherwerb. Nur in dieser Phase sei das Gehirn aufs Sprechenlernen eingestellt. Der berühmteste Vertreter dieser These ist der Doyen der amerikanischen Sprachwissenschaft, Noam Chomsky. Er beschrieb die Sprachfertigkeit des Kindes in der »kritischen Phase« wie ein Wunder: »Hört es chinesische Sätze, produziert es mittels einer scheinbar fantastisch komplexen und plötzlichen Schlussfolgerung die Regeln der chinesischen Grammatik.«

Menschen und Dompfaffen

Eine spannende Annahme, denn das würde zugleich bedeuten: Das Lernen einer Sprache ist entwicklungsbiologisch für Menschenkinder vorgesehen. Das heißt: Die Sprache ist eine Arteigenschaft von Menschen, in den Genen verankert – nicht eine bestimmte Sprache natürlich, sehr wohl aber eine Art Lernprogramm, das nur während jener kritischen Kindheitsjahre »angeschaltet« ist. Ungefähr so, wie Amselkinder darauf programmiert sind, in einem bestimmten Alter fliegen zu lernen. Schon vor ihrem ersten Flug beginnen sie durch Auf- und Abbewegen ihrer Flügel die Muskeln zu trainieren. Ebenso üben Säuglinge durch Lallen und Brabbeln ihren Artikulationsapparat, lange bevor sie beginnen, »Mama« oder »Papa« zu sagen.

Doch die Parallele ist nicht perfekt. Von Tieren aufgezogene Menschenkinder lernen nicht »von selbst« sprechen, wie wir an Victor und Genie gesehen haben. Vogelkinder aber lernen fliegen, wenn sie von Menschen aufgezogen werden. Und wie sieht es mit dem Singen aus?

Bei vielen Singvögeln ist die Grundstruktur des arteigenen Gesanges und arteigener Rufe angeboren und muss dann am Vorbild der Eltern nur noch verfeinert werden. Aber es geht auch anders: Kleine Dompfaffen lernen den Gesang, den sie in ihrer Kindheit häufig hören. Unter normalen Bedingungen ist das natürlich das Dompfaffenlied. Oder vielmehr das örtliche Dompfaffenlied, da die »Gimpel« nicht überall gleich singen. Wie beim Menschen gibt es Dialekte: Ein Dompfaff aus Bayern singt anders als einer aus Mecklenburg.

Setzt man Dompfaffenküken zu einer anderen Vogelart ins Nest, lernen sie gar kein Dompfaffenlied, sondern den Gesang ihrer Adoptiveltern. Werden sie von Menschen aufgezogen, lernen sie einen Handyklingelton oder was auch immer man ihnen vorpfeift. Bei Freiburg war es vor Jahrzehnten Brauch, kleine Dompfaffen aus dem Nest zu nehmen und ihnen ein Volkslied beizubringen. Dann wurden die Vögel in die Wildnis entlassen – und gaben prompt das menschliche Liedgut an ihre Jungen weiter. Bis heute singen wilde Dompfaffen im Breisgau Volkslieder. Genetisch verankert ist also nicht das Lied selbst, sondern die Neigung, eins zu lernen.

Stellen wir uns vor, Menschenkinder würden von Vögeln aufgezogen. Vielleicht würden sie deren Gesang oder Warnrufe imitieren. Doch das wäre ein schlechter Ersatz für menschliche Sprache. Der Dompfaffengesang hat wahrscheinlich nur eine Bedeutung: Ich bin hier, hier ist mein Revier. Wir Menschen können mehr ausdrücken: Es gibt in unseren Sprachen unendlich viele mögliche Sätze mit unendlich vielen Bedeutungen.

Dies ist ein Hauptcharakteristikum aller menschlichen Sprachen – eine Konstante, die sich bei den unterschiedlichsten Völkern findet, so sehr sie sich auch sonst in soziokulturellen Gewohnheiten von Kleidung bis Gesellschaftsstruktur unterscheiden mögen. Die von Chomsky begründete Schule und ihre Ableger waren daher der Ansicht, dass wir ein arteigenes »Sprachorgan« im Gehirn besitzen, das uns auf genau diese und andere Besonderheiten der menschlichen Sprache programmiert.

Babys – genial vorprogrammiert?

Chomsky ging noch weiter. Wie konnten Babys aus dem bisschen gehörten »Guck mal da!« und »Ei wie fein!« ihrer Eltern die gesamte Grammatik ihrer Muttersprache rekonstruieren? Dazu waren nicht einmal Computer fähig, hatten der Sprachwissenschaftler und seine Schüler herausgefunden. Sabbernde, windelnpupsende Babys schienen den Computern überlegen – wie konnte das sein?

Der gewagte Schluss der Chomskyaner lautete: Bei der kindlichen Sprachentwicklung handele es sich mitnichten um einen Lernvorgang. Noch 1994 erklärte Stephen Pinker in *Der Sprachinstinkt* unsere gerade so auf zwei Beinen tapsenden Ein- und Zweijährigen für unfähig,

Grammatikregeln abzuleiten. Vielmehr entfalte sich bei ihnen durch den kleinen Anstoß, den das Hören der Muttersprache gebe, nur ein bereits im Gehirn vorhandenes, genetisch fixiertes, abstraktes Sprachwissen. Dieses vorprogrammierte Wissen sei, so der Harvard-Professor, die »universelle Grammatik«: die in allen menschlichen Sprachen gleichen Grundstrukturen. (Chomskyaner legen Wert darauf, dass sich Hindi und Thai, Deutsch und Suaheli nur marginal unterscheiden – zumindest aus der Perspektive eines Marsbewohners. Irdische Fremdsprachenlerner sehen das für gewöhnlich etwas anders.) Die Kinder müssten lediglich ein paar oberflächliche Sonderanpassungen vornehmen für die jeweilige Muttersprache, die sie nach der Geburt zu hören bekämen. Und das sei dann im wahrsten Sinne des Wortes kinderleicht.

Bis heute ist dies die dominante Lehrmeinung in der Sprachwissenschaft. Mittlerweile allerdings rumort es mächtig unter den Forschern. Am lautesten bei Psychologen und Biologen. Auch in der Linguistik mehren sich die Häretiker gegen die These vom angeborenen Grammatikwissen.

Denn das meiste von dem, was Chomsky und seine Schüler ursprünglich behaupteten, ist längst widerlegt. Zum Beispiel die Annahme, Kleinkinder würden viel zu wenig Sprache hören, um daraus ohne Weiteres die Regeln der Muttersprache erschließen zu können. Chomsky hatte es nie getestet. Inzwischen wissen wir jedoch: Sprechen lernende Kleinkinder bekommen Unmengen von Sprachbeispielen geboten. Ein Durchschnittskind hat an seinem vierten Geburtstag mindestens 30 Millionen Wörter von seinen Eltern gehört. Sie haben keine Ahnung, wie viel 30 Millionen Wörter sind? Ein Tipp: Das Buch, das Sie gerade lesen, enthält insgesamt etwa 100 000 Wörter. Das Sprachmaterial, dem das durchschnittliche Kleinkind in den ersten Lebensjahren allein im sozialen Austausch mit den Eltern begegnet, entspricht dem Inhalt von 300 bis 500 Büchern à 300 Seiten! Zu wenig, um sprechen zu lernen? Wohl kaum.

Hier irrte Chomsky: Kinder brauchen keine vorprogrammierte Grammatik, um sprechen zu lernen. Möglicherweise lernt es sich ohne ein angeborenes Sprachwissen sogar besser.

Denn bis Anfang der Neunzigerjahre erwies sich durch Gegenbeispiele fast alles als untauglich, was die Chomskyaner an universellem Grammatikwissen vorgeschlagen hatten. Die Sprachen der Welt sind eben doch zu verschieden, um sie auf einen gemeinsamen Nenner zu bringen. Chomsky und seine Schüler disponierten um: Nun sollten plötzlich immer gleich mehrere Alternativen angeboren sein! Fragen Sie mal Ihr Baby, was es von so einer angeborenen »Lernhilfe« hält. (Warnhinweis: Die folgende Regel der universellen Grammatik kann Verwirrungszustände verursachen und damit die Fahrtüchtigkeit einschränken.) Also, bitte konzentrieren:

Von einem Bezugswort abhängige Elemente folgen in einer Sprache entweder immer dem Bezugswort oder sie stehen immer davor. Es sei denn, es handelt sich um ein Adjektiv, was wir hier ausklammern, weil es sonst schon auf Englisch nicht stimmt. Und es sei denn, es handelt sich um eine jener Sprachen, in denen es manchmal so und manchmal so ist. Aber meistens tendieren sie dann stärker in die eine oder andere Richtung. Und dann gibt es noch jene Sprachen, bei denen es ebenfalls manchmal so und manchmal so zu sein scheint, dieses Phänomen jedoch in Wahrheit nur die Oberflächenstruktur betrifft.

Wenn Ihr Baby jetzt dumm guckt, hat es völlig recht. Ihm helfen solche Entweder-oder-Regeln wenig. Wie es sich in seiner Muttersprache verhält, muss es am Ende ja doch alleine herausfinden!

Natürlich haben die Sprachen dieser Welt einige echte, absolut universelle Gemeinsamkeiten. Aber die sind höchst allgemeiner Natur. Einzelne Regeln gehören garantiert nicht dazu. Eher schon die Tatsache, dass es überhaupt Regeln gibt.

Warum das so ist und ob es an einem speziellen »Sprachorgan« im Gehirn liegt, das werden wir in diesem Buch noch klären müssen. Hier wollen wir festhalten: Die sprachlichen Universalien – seien sie nun angeboren oder nicht – sind zu wenige und zu allgemein, um einem Baby beim Lernen der Muttersprache sehr viel Arbeit abzunehmen. Denn vom allgemeinen Wissen über die regelhafte Struktur der Sprache hat man diese Struktur noch lange nicht gelernt. So wie das Wissen, dass Menschennahrung Eiweiße enthält, im Fall der Fälle bestimmt nicht das Kochbuch *Indonesische Küche* ersetzt.

Und es kommt noch schlimmer. Sogar die These von der »kritischen Phase« in der Kindheit wankt.

Brillante Schüler, irrende Forscher

Wir alle haben Chomsky nur zu gerne geglaubt. Aus der Alltagserfahrung schien es so offensichtlich, dass kleine Kinder im Vergleich mit Jugendlichen und Erwachsenen Sprachgenies sind. Selbst der durchaus kritische deutsche Sprachkenner Dieter E. Zimmer ging 1985 davon aus: »Der ganze Fremdsprachenunterricht spielt sich in der ... entmutigenden Einsicht ab, dass er mit seinen jahrelangen Anstrengungen nicht erreicht, was sich sozusagen von selber einstellte, wenn man die Schüler in genügend jungem Alter einige Monate lang von morgens bis abends der fremden Sprache aussetzte.« Mit anderen Worten: Englischlehrer, packt ein! Wir verschicken unsere Dreijährigen auf drei Monate Sprachurlaub nach England, danach können sie die Sprache besser als jeder Abiturient.

Die Lehrer unter uns dürfen aufatmen: So einfach ist es nicht. Ein Kleinkind lernt in »einigen Monaten« keine Sprache. Chomsky hatte sich, was die Lerngeschwindigkeit betraf, sehr verschätzt. Kinder lernen nicht »fantastisch plötzlich«. Sie brauchen nicht Monate, sondern Jahre, bis sie eine Sprache perfekt beherrschen. Zwar scheinen knapp Dreijährige – nach immerhin drei Jahren Dauer-Input! – ihre Muttersprache oft schon zu »können«, so fließend sprechen sie und so wunderbar verstehen sie uns und die Bücher, die wir ihnen vorlesen. Doch Tests bringen es an den Tag: Dreijährige Muttersprachler sind noch lange nicht perfekt.

Ihr Wortschatz ist winzig im Vergleich mit Sechs- oder Zehnjährigen. Ihre Grammatik ist eine Basisausstattung. Zum Beispiel beherrschen polnische Kinder den schwierigen Genitiv Plural ihrer Muttersprache erst mit zehn Jahren so sicher wie Erwachsene. Und die passive

Struktur eines Satzes wird von deutschen Kindern erst zwischen sechs und acht wirklich gut nachvollzogen. Deshalb lesen ja Eltern ihren Dreijährigen auch den *Kleinen Eisbär* vor und nicht *Die Entdeckung der Langsamkeit*. Wir älteren Fremdsprachenschüler verstehen fremdsprachliche Kinderbücher ebenfalls leichter als Literatur für Erwachsene, eben weil sie sprachlich einfacher sind. Auch wir können mit leichten, bebilderten Texten »spielend« lernen.

Denn auch das war ein Trugschluss: Während man die Kinder in den Sechzigern und Siebzigern für genialer hielt, als sie es sind, hielt man ältere Sprachenschüler für tumber, als sie sich in der Praxis erweisen.

Das Englisch von Abiturienten lässt zwar in der Tat zu wünschen übrig. Aber das liegt mitnichten daran, dass die Schüler biologisch zu alt zum Sprachenlernen wären. Der Hauptgrund für die fehlende Perfektion unserer Schüler ist der gleiche wie bei einem kurzfristig ins Ausland verpflanzten Kleinkind. Für ein Dreijähriges sind ein paar wenige Monate England oder Amerika zu wenig, um die Sprache perfekt zu lernen. Für unsere Gymnasiasten sind drei Monate ebenfalls zu wenig – drei Monate Schulunterricht nämlich. Ja, sie haben nicht einmal so viel. Unser hypothetisches kleines Austauschkind hat nach seinen drei Monaten in der englischen Familie schon mehr »Unterrichtszeit« erhalten, als wir unseren Gymnasiasten im Verlauf ihres ganzen Schülerlebens gönnen!

Was, das kann nicht sein? Unsere Schüler haben doch mindestens acht Jahre Englischunterricht? Prüfen wir es nach. In Hessen haben Gymnasiasten circa 120 Zeitstunden Englisch pro Schuljahr. Das entspricht nur einer Woche bis zehn Tagen Dauerkontakt mit Englisch pro Jahr! Und aufs Schülerleben hochgerechnet sind das nicht mehr als zwei Monate Englisch in acht Jahren Gymnasium! Dafür schlagen sich unsere Schüler nun wirklich tapfer. Übrigens auch dank des ungeliebten Paukens von Regeln und Vokabeln. Das ist nichts als ein Trick, eine Abkürzung. Pubertierende Schüler sind durchaus noch in der Lage, wie ein Kleinkind Grammatikregeln und Vokabeln »von selbst« zu lernen. Dazu würden sie allerdings auch ähnlich viel Sprachkontakt – und Zeit – benötigen wie ein Kind!

Wie es aussieht, wenn man sich mehr Zeit für die Fremdsprachen nimmt, zeigt unser winziges Nachbarland Luxemburg. Die Muttersprache dort ist Luxemburgisch, eine kleine, international unbekannte Sprache, mit der man nicht weit kommt: nämlich nur ein paar Kilometer in jede Richtung, bis man vor der deutschen, belgischen oder französischen Grenze steht und nicht mehr verstanden wird. Die Luxemburger ziehen aus dem räumlich sehr begrenzten Gültigkeitsbereich ihres Idioms die Konsequenzen. Sie können allesamt nicht nur brillant Deutsch, sondern ebenso brillant Französisch. Wie schaffen sie das? Nahezu der gesamte Unterricht findet, zum Teil schon in der Grundschule, in den Fremdsprachen Deutsch und Französisch statt. Das gibt nicht nur ein breites akademisches Vokabular, da kommen auch viele Stunden »Sprachtraining« zusammen. So viele, wie man eben braucht, um eine Fremdsprache ähnlich gut wie ein Muttersprachler zu beherrschen. Ob man mit drei oder mit 13 oder auch später zu lernen beginnt, ist dabei viel weniger wichtig.

Ach ja! Kennen Sie den Boxer Luan Krasniqi? Um das Sprachniveau von Einwanderern zu testen, werden einer Jury Tonbandaufnahmen vorgespielt. Die muss dann entscheiden, ob es sich um einen Ausländer handelt oder einen Muttersprachler. Säße ich in solch einer Jury, würde ich bei Krasniqi sagen: Das ist ein Deutscher aus dem Schwabenland. Und Luan Krasniqi ist natürlich auch ein Deutscher aus dem Schwabenland – heute. Aber er kam erst mit 17 Jahren hierher und konnte zu diesem Zeitpunkt nach eigenen Aussagen kein Wort Deutsch. Krasniqi ist ungewöhnlich sprachbegabt, zweifellos. Er war allerdings auch ungewöhnlich ehrgeizig, hat sich mit seiner neuen Heimat stark identifiziert und wollte unbedingt dazugehören. Solche Faktoren spielen eine ebenso große Rolle wie das Alter.

Wir Menschen können wohl doch, anders als die Dompfaffen, jederzeit in unserem Leben ein »neues Lied« lernen – in zumindest sehr ansprechender Qualität. Die Ähnlichkeiten zwischen Sprache und Vogelgesang sind demnach nicht so stark, wie man früher glaubte.

Der britische Linguist mit dem passenden Namen David Birdsong war so irritiert von diesen neuen Erkenntnissen, dass er zu den Chomsky-Gegnern überlief, die heute wieder glauben: Die biologisch vorgegebene »kritische Phase« für das Sprachenlernen beim Menschen existiert nicht. Das verkündet eine der harschesten Kritikerinnen schon seit fast 20 Jahren. Es ist die Psychologin und Primatenexpertin Sue Savage-Rumbaugh. Nach ihrer Ansicht enthält unser Gehirn überhaupt keine sprachspezifischen Vorgaben. Sie leugnet nicht, dass es für das Lernen einer ersten Sprache wichtig ist, möglichst früh damit anzufangen. Doch sie bezweifelt, dass diese Phase der besonderen Lernbereitschaft eine natürliche Anpassung fürs Sprechenlernen darstellt. Vielmehr seien wir als Kinder nur allgemein darauf fixiert, alles zu lernen, was uns zu sozial kompetenten Wesen mache. Dies sei bei Affen nicht anders. Deshalb könnten Affen, wenn sie unter Menschen aufwachsen, im Prinzip genauso sprechen lernen wie wir.

Wie sie darauf kommt, werden wir im nächsten Kapitel sehen. Dabei werden wir weitere Puzzlestückchen sammeln für eine Antwort auf die Frage, was an Sprache angeboren ist und was nicht. Denn eines ist sicher: Diese Frage müssen wir nach dem Scheitern des Chomsky-Projekts ganz neu beantworten.

WENN TIERE SPRECHEN LERNEN

Der Pawlowsche Hund hat gelernt: Immer wenn die Glocke ertönt, gibt es Futter. Von da ist es sicher noch ein weiter Weg zum wirklichen, bewussten Verstehen, dass lautliche (oder andere) Signale *symbolisch* für ein Ereignis oder gar einen Gegenstand stehen können. Aber immerhin ist eine gewisse Lernfähigkeit offenbar vorhanden. So haben in den letzten 40 Jahren immer wieder Forscher versucht, Tieren menschliche Sprache beizubringen. Und vor allem manche Hunde erweisen sich als erstaunlich sprachbegabt.

Hunde und Kuscheltiere im Sprachlabor

Natürlich können Hunde nicht »sprechen«: Ihre Sprechwerkzeuge sind schlicht nicht in der Lage zu menschlicher Artikulation. Aber Hunde können sehr gut hören, viel besser als wir.

Der größte Teil unserer eigenen Sprachwahrnehmung ist gar nichts Besonderes, denn wir Menschen arbeiten hier mit einem uralten Erbteil aller Säugetiere. So ziemlich alles Pelzige, Vierpfotige auf dieser Welt besitzt Gehirnzellen, die Frequenzen von Klängen analysieren, so wie wir das beim Hören von Sprache unbewusst tun. Hunde machen dasselbe, wenn sie Winseln von Knurren unterscheiden. Anders, als man früher annahm, sind wir Menschen auch nicht die Einzigen, die von Geburt an so typisch menschliche Laute wie *t* und *d* auseinanderhalten können. Menschliche Neugeborene nehmen zwischen solchen Lauten eine klare Lautgrenze wahr, und das, obwohl der Übergang zwischen *t* und *d* physikalisch-akustisch gesehen fließend ist. Die subjektiv empfundene Lautgrenze zwischen den beiden hielt man daher lange für ein spezifisch menschliches Phänomen – bis man die Chinchillas darauf testete. Das Ergebnis: Chinchillas hören exakt die gleiche Lautgrenze zwischen *t* und *d* wie menschliche Babys! Weitere Tests an anderen Säugetieren gingen ebenso aus. Schockierender noch: Ratten lernten problemlos und in nur 20 Trainingssitzungen, den Klang von Japanisch von dem von Niederländisch zu unterscheiden. Wir dürfen also mit Fug und Recht unseren Hunden zutrauen, menschliche Sprache wahrzunehmen.

Begabte Hunde können Hunderte von Wörtern lernen. Die meisten Wissenschaftler hatten dies in menschlicher Arroganz für unmöglich gehalten – bis zu dem erstaunlichen Auftritt von Rico bei *Wetten, dass …?* im Jahr 2001. Der Border-Collie kannte die Namen von über 200 Kuscheltieren! Fasziniert davon war Julia Fischer, damals am Max-Planck-Institut für Evolutionäre Anthropologie in Leipzig. Dort interessiert man sich brennend für Unterschiede und Ähnlichkeiten zwischen Tier und Mensch. Die Wissenschaftlerin setzte sich mit Ricos Besitzern in Verbindung. Die kooperierten gerne mit Fischer und Kollegen, als diese den quirligen Collie einer überlegt konzipierten Testreihe unterzogen. Noch ahnte niemand, dass der Hund dadurch zu einer wissenschaftlichen Berühmtheit werden würde.

Rico zeigte Unglaubliches. Schon beim ersten Hören lernte er die Namen neuer Gegenstände – genauso schnell wie ein dreijähriges Kind. Und genau wie ein Kind war er in der Lage, einen unbekannten Kuscheltier-Namen im Ausschlussverfahren dem einzigen ihm unbekannten unter den gerade vorhandenen Tieren zuzuordnen. Er erschloss also die Bedeutung neuer Wörter auf höchst intelligente Weise aus dem Zusammenhang! Das war die eigentliche Sensation. Die Nachricht schaffte es bis in die Zeitschrift *Science*, die zusammen mit dem Konkurrenzblatt *Nature* als so etwas wie der Olymp der modernen Naturwissenschaften gilt. Bei einer Pressekonferenz in Leipzig drängten sich Fotografen um Rico wie um einen Hollywood-Promi.

Border-Collies gelten wohl nicht umsonst als die für das Lernen menschlicher Kommandos begabteste Hunderasse. Aber auch durchschnittlich talentierte und geschulte Hunde bringen es problemlos auf knapp 20 Begriffe, die meist Handlungen bezeichnen, die sie ausführen sollen. Am besten lernen die Tiere, wenn ein Befehl nicht nur aus einer Lautfolge besteht, sondern auch mit einer Geste verbunden ist. Und Hunde können nicht nur Befehle empfangen. Sie können selbst symbolische Signale verwenden: Ein für Blinde oder Körperbehinderte geschulter Hund kann lernen, durch ein Zeichen dem Halter zu sagen, dass ihn etwas daran hindert, einem Befehl seines Herrchens oder Frauchens zu folgen.

Natürlich reichen Hunde im Sprachverständnis nicht an Menschenkinder heran. Aber sie schlagen manch andere Tiere mit Abstand. Experimente an Wölfen sprechen dafür, dass den Hunden einige Elemente ihres Talents, menschliche Sprache, Mimik und Gestik zu verstehen, von uns erst angezüchtet wurden. Wir haben vor Jahrzehntausenden Wölfe deshalb als Jagdgefährten und Hütehelfer zu uns genommen, weil sie uns als soziale Jäger in Vielem so ähnlich waren – einschließlich einer hohen Begabung zur sozialen Kommunikation. Und wir haben durch Zucht diese Eigenschaften von Generation zu Generation verstärkt, bis Hunde unsere allerbesten Freunde wurden: verspielt, treu und sprachbegabt!

Papageien – alles nur nachgeplappert?

»Lorrrra!« Seit Jahrtausenden halten Menschen Papageienvögel, weil diese eine ganz besondere Eigenschaft haben. Sie ahmen unsere Sprache nach, und zwar ohne dass wir es ihnen angezüchtet hätten.

Eigentlich ist es höchst merkwürdig, dass Papageien und manche Rabenvögel dazu in der Lage sind. Vögel sind nicht gerade die nächsten Verwandten des Menschen, stammesgeschichtlich stehen sie uns nicht näher als Krokodile. Das Vogelhirn unterscheidet sich stark vom typischen Säugerhirn: Vögel »denken« anders als wir. Auch ihr Stimmapparat ist anders aufgebaut. Sie produzieren Sprachlaute mit ganz anderen Techniken als Menschen. Anschaulich klar wird das, wenn man einen Papageien »Papagei« sagen sieht. Er reißt beim *p* den Schnabel weit auf. Wir hingegen pressen bei *p* die Lippen zusammen.

Eine wichtige Gemeinsamkeit teilen wir dennoch mit den sprachbegabten Vögeln: Wie wir sind sie soziale, kommunikative Wesen, die Körpersprache und arteigene Laute verwenden. Übrigens zeigen sie auch Verhaltensweisen, die als Zeichen für hohe Intelligenz und Lernbereitschaft gelten: Die meisten Papageienarten sind ausgesprochen neugierig und verspielt; Krähen hat man schon oft Werkzeuge benutzen sehen. Beide werden wie Menschen recht alt und haben in ihrem Leben viel Zeit zu lernen.

Eigentlich ein gefundenes Fressen für Sprachwissenschaftler: Ungewöhnlich intelligente Tiere, die menschliche Sprachlaute reproduzieren! Doch während an der Sprachfähigkeit von Menschenaffen schon seit Mitte des vergangenen Jahrhunderts eifrig geforscht wird, ließ man die Vögel links liegen. Was so wenig menschlich wirkte und nur ein walnussgroßes Gehirn besaß, das konnte nicht wirklich sprachfähig sein, sondern bestenfalls hirnlos vor sich hin plappern. Ich habe Ende der Achtziger- und Anfang der Neunzigerjahre studiert und meinen ansonsten sehr geschätzten Linguistikprofessor in Rage versetzt, als ich unschuldig und mit guten Gründen behauptete, mein Graupapagei assoziiere Wörter mit Situationen. Purer, hanebüchener, anthropomorphisierender Unsinn, befand der mit Papageien persönlich nicht bekannte Professor.

So negativ gegenüber den sprechenden Vögeln war die Stimmung, als die Chemikerin und Biologin Irene Pepperberg in den USA auf eigene Faust zu forschen begann. Sie wurde ausgelacht: Wie könne sie nur glauben, dass die tumben Graupapageien die Bedeutung auch nur eines einzigen Wortes lernen würden! Selbst als die ersten positiven Ergebnisse vorlagen, reagierten die Kollegen mit einem hochnäsigen »Ja, aber« – woraufhin Pepperberg sich sofort daranmachte, die Einwände zu widerlegen. Über Jahre konterte sie jeden Einwand mit einem Gegenbeweis. Heute ist sie Professorin; Elite-Institutionen wie das Massachusetts Institute of Technology schmücken sich mit ihrem Papageienprojekt. Aber der Weg dorthin war lang und steinig.

Pepperbergs Ergebnisse haben so manches Forscherweltbild gründlich durcheinandergewirbelt. Vieles, was nur Menschen oder Menschenaffen können sollten, können Graupapageien nämlich auch. Und vor allem können sie mit Training lernen, eine ganze Menge vereinfachtes Englisch zu verstehen und zu verwenden. Pepperbergs Graupapageien-Schüler Alex und Griffin kennen um die 50 Wörter für Farben, Formen und verschiedene Materialien und beantworten, mit einem beliebigen Objekt konfrontiert, Fragen nach Farbe, Form und Material problemlos. Sie reagieren auch auf eine Frage wie: »Was hat die gleiche Form wie …?« korrekt, indem sie ein entsprechendes Objekt auswählen. Sie suchen sogar aus einer Gruppe von Objekten alle heraus, die zum Beispiel sowohl blau als auch aus Holz sind – klassische Mengenlehre-Aufgaben, mit denen manche Kinder im ersten Schuljahr Probleme haben. Und natürlich erinnern Alex und Griffin ihre Trainer gern lautstark daran, wenn eine Belohnung fällig ist: »Will Nuss«, »Will Popcorn« oder »Will Banane«, je nachdem. Alex hat sogar Buchstaben mit Lauten zu verbinden gelernt. Als er einmal bei einer Vorführung seiner »Lese«-Fähigkeiten für Studenten auf wiederholte Aufforderung keine Nuss bekam, beschwerte er sich mit Nachdruck: »Wanna nut! N – U – T!«

Pepperbergs Schlüsse aus ihren Erfahrungen mit Graupapageien: Die allgemeine Intelligenz eines komplexen Tierhirns reicht, um mit Training Grundlagen eines sprachähnlichen Kommunikationssystems zu erwerben.

Menschenaffen, unser Spiegel

Schimpansen, Gorillas und Orang-Utans sind unsere nächsten Verwandten im Tierreich. Als Mitte des letzten Jahrhunderts die Neuro-, Verhaltens- und Sprachwissenschaften einen großen Aufschwung erlebten, wurden sie deshalb zu einem außerordentlich beliebten Forschungsobjekt. In den Vierziger- und Fünfzigerjahren betonte man zunächst die Kluft, die den Menschen vom Affen trennt. In den brüderlich gestimmten Sechzigern gab es dann aber viele, die Schimpansen als unsere nur zufällig kulturell zurückgebliebenen Geschwister ansahen. Sie fragten sich, ob eine menschliche Sozialisation Affen zu Menschen machen konnte – oder wenigstens zu Beinahe-Menschen. Und die wichtigste Frage war natürlich: Würden Affen sprechen lernen?

Damals hielt man Sprache beim Menschen noch nicht unbedingt für angeboren. Man stellte sich vor, dass Affen mit ihrer Intelligenz auch von unserer Erfindung des sprachlichen Codes profitieren könnten. Selbst hatten sie die Erfindung offenkundig noch nicht gemacht: Die Lautäußerungen von Menschenaffen schienen Warn- und Stimmungslaute zu sein, ähnlich wie Lachen, Weinen oder Schmerzensschreie beim Menschen. Diese dienen zwar auch der Kommunikation. Doch um einen willkürlichen Code, mit dem man immer neue Inhalte ausdrücken kann, handelt es sich eindeutig nicht.

Besonders die Schimpansen hatten es den Forschern angetan. Man ahnte schon, was sich später durch Genvergleich bestätigte: Sie stehen uns verwandtschaftlich noch näher als die anderen Menschenaffen. Umgekehrt sind nicht Gorillas, sondern wir die nächsten Verwandten der Schimpansen. Die genetische Linie von Mensch und Schimpanse hat sich erst vor etwa sechs Millionen Jahren aufgespalten, als letzte im Menschenaffenstammbaum. Aber natürlich stammen wir deshalb nicht vom Schimpansen ab. Diese gab es ja vor sechs Millionen Jahren noch ebenso wenig wie Menschen. Menschenaffen gab es allerdings sehr wohl, und der letzte gemeinsame Vorfahre war einer – er war also den heutigen Affen weit ähnlicher als den heutigen Menschen.

Daher erlauben uns Schimpansen, Gorillas und Orang-Utans eine Zeitreise zurück in die eigene Geschichte. Sie könnten es uns verraten:

Waren unsere frühesten Vorfahren an der Abzweigung zum menschlichen Stammbaum schon sprachbegabt? Oder hat sich unser Talent zu sprechen erst später auf dem Weg zum Menschen entwickelt?

Schimpansen lachen anders

Leider stellte sich bald heraus, dass Schimpansen, genau wie Hunde, die Laute der menschlichen Sprache nur sehr schlecht imitieren können. Zwar sind sie grundsätzlich recht gut darin, andere »nachzuäffen«. Das liegt wahrscheinlich an den sogenannten Spiegelneuronen, die es sowohl uns als auch den Affen ermöglichen, Fingerbewegungen und Gesichtsausdrücke eines anderen nachzuvollziehen und auf uns selbst zu projizieren. Bei der Sprache allerdings versagte die Imitationsfähigkeit der Schimpansen: Mehr als ein dumpfes, gehauchtes »Heh« oder »Eh« bekamen sie selbst bei gezieltem Training nicht heraus. So war es bald offensichtlich: Schimpansenkinder sind anders als Menschenkinder nicht für artikulierte Sprache »geschaffen«.

Liegt das an ihrem Stimmapparat? Affen haben Luftsäcke neben den Stimmbändern, die laute Rufsequenzen ermöglichen. Und das ist nicht der einzige Unterschied. Der Sprach- und Neurowissenschaftler Philip Lieberman hat Ende der Sechzigerjahre die Rachenräume verschiedener Primaten untersucht. Nach seiner – inzwischen umstrittenen – Ansicht sind Menschenaffen rein mund-anatomisch zur Artikulation wichtiger Sprachlaute nicht fähig. Eine der von ihm gefundenen Abweichungen betraf die Zunge: Unsere Zunge ist ziemlich dick, zweigeteilt, weit hinten angesetzt und liegt im Ruhezustand hoch im Mund. (Deshalb benutzen Hals-, Nasen und Ohrenärzte einen Holzspatel, um sie flach zu drücken.) Für die Artikulation vieler Konsonanten wie *k* oder *g* muss der hintere Teil der Zunge hoch und gegen die hintere Gaumenregion gedrückt werden. (Überprüfen Sie es im Spiegel: Wenn Sie *k* sagen, sind Rachen und Zäpfchen unsichtbar; beide werden von dem hochgedrückten Zungenkörper verdeckt.) Die dünne, flach und weit vorn im Mund liegende Zunge von Schimpansen schien Lieberman für das Sprechen um Klassen schlechter geeignet als unsere. Irgendwann also, nachdem sie sich von dem Schimpansen-Ast des Stammbaums abgespalten hatten, machten unsere Vorfahren einen Umbau ihrer Mund- und Rachenorgane durch. Seitdem sind wir fähig, ein breites Spektrum einzelner Laute hervorzubringen. Aber noch etwas anderes, sehr Wichtiges unterscheidet unseren Sprechapparat von dem der Menschenaffen. Lesen Sie einmal folgenden Satz laut vor:

> Menschen sind Menschen und Affen sind Affen,
> aber sie sind sich trotzdem ausgesprochen ähnlich.

An welcher Stelle des Satzes haben Sie eingeatmet? Die meisten Leute atmen zu Anfang des Satzes ein, bevor sie mit dem Lesen beginnen. Während des Satzes atmen sie entweder gar nicht oder nur ganz kurz, und zwar dort, wo das Komma steht.

Wir können unseren Atem kontrollieren – und das müssen wir auch. Versuchen Sie mal, beim Sprechen keine Luft ausströmen zu lassen oder einzuatmen! Es ist ziemlich hoffnungslos. Sprechen bedeutet reguliertes Dauerausatmen. Dieses wird bei gesunden Menschen nur gelegentlich unterbrochen durch ein kurzes Ansaugen neuer Luft – und zwar an Stellen, wo keine Wortgruppe auseinandergerissen wird. Dieselbe Fähigkeit erlaubt es uns, Blasinstrumente zu spielen. Blasinstrumente sind nichts anderes als eine Art verlängerter Mundraum. Es ist alles andere als selbstverständlich, dass wir das können. Schimpansen haben nämlich wie die meisten landlebenden Säugetiere so gut wie keine bewusste Kontrolle über ihren Atem. Das wurde dem Neurowissenschaftler Provine klar, als er das Lachen erforschte.

Schimpansen und andere Affen »lachen«. Schimpansenkinder tun das wie die Menschenkinder beim spielerischen Raufen, beim »Kriegen«-Spielen oder wenn sie gekitzelt werden (und genau wie Menschenkinder provozieren sie häufig solche Episoden). Sie machen dabei ein Gesicht, das wir Menschen von unseren Kindern kennen und intuitiv als fröhlich-verspielt interpretieren. Der Verhaltensforscher Eibl-Eibesfeldt nennt es deshalb beim Menschen wie beim Affen »Spielgesicht«. Wir sind hier also in einem Bereich, wo das Verhalten beinahe identisch ist.

Nur hört sich das Lachen von Schimpansenkindern anders an als das von Menschenkindern. Es klingt wie ein Keuchen, wobei das Ausatmen außer von Hauchgeräuschen auch von gutturalen Stimmlauten begleitet ist. Als Provine seinen Studenten ein Audioband mit Schimpansenlachen vorspielte und sie fragte, worum es sich hierbei wohl handele, tippten einige auf einen hyperventilierenden Menschen, andere auf Sex. Nur wenn man die Schimpansen beim Lachen sieht, weiß man sofort, worum es geht.

Provine versuchte, die hörbaren Unterschiede zwischen Schimpansenlachen und Menschenlachen zu analysieren und fand heraus: Den Affen wird der Rhythmus ihres Lachens von ihrem Atmen diktiert. Jedes Lach-Keuchen entspricht bei ihnen einem Ein- und Ausatmen. Bei uns ist das nicht so. Wir lachen »aus vollem Halse« – indem wir nach und nach die Luft eines *einzigen* Atemvorgangs kontrolliert in mehreren aufeinanderfolgenden »Lachpulsen« abgeben. Ein »Hi-hi-hi« ist nicht von Einatmen unterbrochen und daher viel markanter als das angestrengte »Lachen« der Schimpansen.

Atmen ist lebenswichtig. Deshalb liegt das Atemzentrum im Stammhirn an der oberen Wirbelsäule, einem sehr archaischen Hirnteil, den wir Menschen mit allen vierfüßigen landlebenden Tieren teilen. Eigentlich ist er der Kontrolle durch höhere Hirnzentren entzogen. Nun haben wir aber auf dem Weg zum modernen Menschen offenbar die Herrschaft über unseren Atem teilweise erlangt. Sie reicht exakt so weit, dass wir sprechen und lachen können, dabei aber nicht blau anlaufen und tot umkippen. Nur Schnell- und Dauersprechern wird beim Vorlesen oder Halten eines Vortrags schon einmal blümerant wegen der Sauerstoffunterversorgung.

Schimpansen kann das nicht passieren. Aber sprechen können sie eben auch nicht.

Zeichensprache für Schimpansen
Und wie steht es mit ihrer Sprachwahrnehmung? Können Schimpansen uns überhaupt hören? Manche Tonhöhen hören die Affen schlechter als wir. Bei Tests schneiden ihre Ohren bis 1 000 Hertz sehr gut ab,

das entspricht den Grundfrequenzen ihrer Rufe. Ab 2 000 Hertz sinkt ihr Hörvermögen rapide und bleibt relativ schlecht bis über 4 000 Hertz – genau in diesem Bereich liegen wichtige lautliche Informationen der menschlichen Sprache. (Darauf werden wir später noch genauer eingehen.) Unser Ohr hört diese Frequenzen ausgezeichnet, jedenfalls in jungen Jahren.

Schimpansen müssen also auch noch als etwas schwerhörig gelten. Kein Wunder also, dass die Versuchsschimpansen Probleme im »Sprechunterricht« bekamen. Die Verhaltensforscherin Beatrix Gardner und ihr Mann wollten dies bei ihrem Forschungsprojekt berücksichtigen. Ihre Idee war genial: Die Tiere würden eine gestische Zeichensprache lernen!

Doch Achtung: Wir Hörenden bilden uns manchmal ein, Gehörlosensprachen seien leicht. Weit gefehlt. Nur wenn Gebärdensprachen-Muttersprachler mit Hörenden sprechen, lassen sie sich zu den simplen, pantomimischen Gesten herab, die Menschen überall dort anwenden, wo man mit Sprechen nicht weiterkommt: im Ausland oder wenn der Presslufthammer jedes Geräusch schluckt. Die Gebärdensprachen selbst sind nur zum kleineren Teil pantomimisch, und sogar diese Elemente sind für Nicht-Sprecher der Sprache kaum verständlich und noch dazu in grammatische Strukturen eingebunden. Die Grammatik der Gebärdensprachen ist für Deutsche nicht leichter zu lernen als die japanische. Immerhin stimmt so ungefähr, dass eine Gebärde einem Wort entspricht. Jede Gebärde wiederum setzt sich aus variierenden Elementen zusammen, so wie gesprochene Wörter aus Lauten bestehen. Ein solches Element ist zum Beispiel die Position der Hand bei der Geste.

Wie das funktioniert? Folgendermaßen: In der *American Sign Language*, die die Gardners bei ihrem Affen-Projekt verwenden wollten, steht beim Wort für »Sommer« die Hand neben dem Gesicht auf der Höhe der Augen. Gleichzeitig haben die Finger eine bestimmte Konfiguration und der Zeigefinger bewegt sich in eine bestimmte Richtung. Hält man die Hand – in der gleichen Fingerkonfiguration und mit der gleichen Fingerbewegung – statt auf Augenhöhe auf der Höhe der Nasenspitze, ergibt sich eine völlig andere Bedeutung: Dann steht das

Zeichen statt für »Sommer« für »hässlich«. Da muss man als Lernender schon aufpassen, damit man sich nicht »verspricht«! Man vergleiche die deutschen Wörter *Wind* und *Kind*, die sich auch nur in einem Grundelement, hier einem Laut, unterscheiden, aber völlig verschiedene Bedeutungen haben.

Gehörlosensprachen sind also genauso anspruchsvoll zu lernen wie andere menschliche Sprachen auch. Wie würden die Affen sich dabei anstellen?

Die Gardners kauften der NASA 1966 eins ihrer Versuchstiere ab, die zehn Monate alte Washoe. Ein paar »Geschwister« kamen später hinzu, anders als Washoe teils schon von Geburt an. Die kleinen Affen sollten eine möglichst natürliche soziale Umgebung haben. Als der Mitarbeiter Roger Fouts die Leitung des Projekts übernahm, lebten die Schimpansenkinder in einer großen Gruppe mit Menschen zusammen, von denen einige gehörlos waren und die Gehörlosensprache als Muttersprache gelernt hatten. Alle anderen beherrschten die Gebärdensprache ebenfalls und versuchten, diese – leicht vereinfacht – untereinander und mit den Affen zu verwenden. Gleichzeitig bekamen die Affen mehrere Stunden am Tag ein gezieltes Sprachtraining. Neue Wörter wurden ihnen beigebracht und alte wiederholt, mit Techniken aus dem Gehörlosenunterricht für Menschenkinder.

Leider wird über das Projekt von Gardner/Fouts wie über andere, spätere Sprachexperimente mit Menschenaffen eine ideologisch aufgeheizte Debatte geführt, in der die Versuchsleiter wie stolze Eltern die sprachlichen Leistungen ihrer Schützlinge in den Himmel loben und mit denen von Menschenkindern gleichsetzen, während die Kritiker sie als bloße Zufallserfolge oder Beobachtungsfehler abtun und Affen jede Sprachleistung absprechen. Sue Savage-Rumbaugh machte als Studentin in der Gruppe Gardner/Fouts Beobachtungen, die auch sie eher skeptisch stimmten. Klar war, dass alle Affen gelernt hatten, mit ziemlich grob ausgeführten Gebärden von den Menschen das zu bekommen, was sie wollten: »Kitzeln Washoe«, »Ich Banane«, »Füttern Booee« waren typische Äußerungen. Die Tiere wirkten auf Savage-Rumbaugh wie egoistische Paschas, die mit immergleichen Befehlen Serviceleistungen einforderten, aber sehr wenig darauf achteten, was andere zu ihnen sagten. Das Potenzial der Sprache, Informationen an Dritte weiterzugeben, zu planen oder sich abzustimmen, wurde nicht genutzt. Und bei der schwierigen Schimpansin Lucy, der Psychologin zur speziellen Betreuung anvertraut, machte Savage-Rumbaugh eine Entdeckung, die sie noch viel skeptischer werden ließ. Man hatte ihr erklärt, Lucy besitze ein Vokabular von etwa 100 bis 130 Wörtern. Tatsächlich machte Lucy oft das Zeichen für Tee, wenn es Tee gab, für Auto, wenn ein Auto vorbeifuhr, und so weiter. Doch was diese Wörter bedeuteten, erfasste sie nicht wirklich. Sie hatte schlicht von ihren Trainern gelernt, immer dann, wenn ein Auto zu sehen war, eine bestimmte Gebärde zu machen. Mehr nicht.

Nun war Lucy erst im Alter von fünf Jahren zu den Gardners gestoßen und sicher nicht typisch für die Gruppe. Washoe dagegen verstand tatsächlich, dass Gebärden eine Bedeutung hatten, dass sie *für* etwas standen. Trotzdem festigte sich bei Savage-Rumbaugh insgesamt der Eindruck der Anomalie dessen, was von den Gardners als »kindliche« Sprache ihrer Schimpansen gefeiert wurde. Kinder, fand sie, verwenden Sprache völlig anders.

Sicher war die wahrscheinlichste Möglichkeit, dass Affen von ihren geistigen Fähigkeiten her einfach nicht in der Lage waren, Sprache ähnlich zu erlernen und anzuwenden, wie Menschen es tun. Aber sie sah noch eine zweite Möglichkeit: Hatte die Anomalie der »Affensprache«, die sie beobachtete, etwas mit der Anomalie der Lernsituation zu tun? Während Kinder verstehen, bevor sie sprechen, wurden die Schimpansen von Anfang an dazu gebracht, selbst zu gebärden, und es wurden ihnen gezielt ständig neue Wörter eingepaukt.

Savage-Rumbaugh war nicht die einzige Kritikerin. Herbert Terrace, enttäuscht von seinem eigenen Versuchsschimpansen namens Nim Chimpsky, zerpflückte 1979 die Ergebnisse der Gardners und Fouts als Augenwischerei: In Wahrheit könnten Affen nicht sprechen. Natürlich nicht, denn ihnen fehle ein menschliches »Sprachorgan« oder Sprachlernprogramm im Gehirn. Washoe und Co. hätten lediglich stupide und ohne Sinn und Verstand imitiert, was ihnen vorgemacht wurde.

Um sich gegen Kritik zu wappnen und die Ergebnisse für Außenstehende besser überprüfbar zu machen, verzichteten spätere Experimente auf die auch für Forscher schwer zu lernende Gebärdensprache und arbeiteten mit abstrakten Symbolen auf den Schaltern von Computerkonsolen, die, gedrückt, jeweils für ein bestimmtes Wort standen. So konnte man die Kommunikation zwischen Wissenschaftlern und Affen exakt aufzeichnen und nahezu alle Täuschungsmöglichkeiten und Fehlerquellen ausschließen.

Bei einem dieser neuen Experimente mit abstrakten Symbolen auf einer Tastatur kam ein völlig unerwartetes Ergebnis heraus. Das erregte in den Achtziger- und Neunzigerjahren nicht nur großes Aufsehen, nein: Es brachte die damals längst in der Mehrheit befindlichen Skeptiker zur Weißglut. Ausgerechnet Sue Savage-Rumbaugh gelang dieser Erfolg. Sie hatte es zuvor schon geschafft, definitiv nachzuweisen, dass zwei an einer Computerkonsole trainierte Schimpansen nach längerer Zeit den Codecharakter der Sprache verstanden und sie, zumindest gelegentlich – viel seltener als Kinder! –, auch verwendeten, um Handlungsabsichten anzukündigen oder sich gegenseitig simple Informationen mitzuteilen. Nicht einmal der Kritiker Herbert Terrace hatte an ihren Ergebnissen etwas auszusetzen. In der Öffentlichkeit kam davon jedoch nichts an: Die brüderlichen Sechziger waren vorüber, strikte Grenzziehungen zwischen Tier und Mensch wieder die Norm und es war mega-out, an die Sprachfähigkeit von Menschenaffen zu glauben.

Kanzi knipst das Licht an
Der Schlag für alle Kritiker war ein Experiment mit Bonobos oder Zwergschimpansen. Diese Tiere bilden eine eigene, weniger bekannte Art, sind sehr dunkelhäutig und etwas zierlicher gebaut, aber nicht kleiner als gewöhnliche Schimpansen. Nur ihr Verhalten ist auffällig anders: Bonobos haben ein von weiblicher Gruppensolidarität geprägtes Sozialleben, setzen Sex mit jedem und jeder zur Konfliktbewältigung ein und sind nicht ganz so aggressiv. Ihr Gesicht wird oft als besonders ausdrucksvoll beschrieben.

Sue Savage-Rumbaugh versuchte, einer erwachsenen, im Primatenzentrum in Atlanta gehaltenen Bonobo-Dame namens Matata Lexigramme (für Wörter stehende Zeichen) auf einer Tastatur und einer tragbaren Symboltafel beizubringen. Matata lernte leider so gut wie gar nichts. Eher zufällig war bei den Lernsitzungen ihr noch sehr kleiner Sohn Kanzi mit dabei. Der krabbelte fröhlich herum, störte ständig und interessierte sich scheinbar überhaupt nicht für die Lexigramme. Bis er sie eines Tages selbst gekonnt verwendete. Und bald nachdem Savage-Rumbaugh nun auch ihn in die Arbeit einzubinden versuchte, geschah etwas Sensationelles. Ein Mitarbeiter schlug beiläufig vor, das Licht anzumachen – worauf Kanzi zum Lichtschalter hüpfte und ihn anknipste!

Ähnliche Beobachtungen wiederholten sich. Bald war klar: Trotz seiner leichten Hörbehinderung für Sprachfrequenzen hatte Kanzi, ähnlich wie ein menschliches Kind, viele englische Wörter »aufgeschnappt«. Dabei hatte ihm Englisch gar niemand beibringen wollen! Savage-Rumbaugh erkannte, dass sich ihr mit Kanzi eine einmalige Gelegenheit bot, die offenbar überraschend menschenähnliche Sprachlernfähigkeit von Menschenaffen nachdrücklich wissenschaftlich unter Beweis zu stellen. Von nun an dokumentierte sie alles noch akribischer. Um Dressureffekten zu entgehen, verzichtete sie ganz darauf, Kanzi gezielt zu trainieren. Sie bemühte sich lediglich, ein Umfeld herzustellen, in dem Kanzi Sprache hören (und auf der Tastatur sehen) konnte und in dem sie auch für das verwendet wurde, was Savage-Rumbaughs Ansicht nach in dem Projekt der Gardners zu kurz gekommen war: Kooperation, Planung und Informationsaustausch. Kanzi – und oft auch seine Mutter und Schwester – verbrachten ihre Tage in Gesellschaft mit Savage-Rumbaugh und einigen anderen Menschen. Diese sprachen morgens darüber, was man an dem Tag unternehmen wollte, welche Plätze des Freiluftareals man gemeinsam aufsuchen wollte, wie und wo an Essen zu kommen sei. Das (vorher versteckte) Essen wurde gemeinsam gesucht, zubereitet und gegessen, es wurde wenn nötig aufgeräumt und sauber gemacht. Sprachunterricht gab es nicht und zunächst auch keine Sprachtests.

Kanzi enttäuschte nicht. Seine spontanen Versuche, menschliche Sprachlaute zu imitieren, waren wegen der anatomischen Beschränkungen nicht sehr erfolgreich – aber sie existierten und existieren immerhin. Vokale gelingen ihm sogar recht gut; die Konsonanten sind das Problem. Wenn er etwas mitteilen will, kommuniziert er mit den menschlichen Betreuern hauptsächlich mittels der Symbole auf seiner tragbaren Lexigrammtafel. Dies ergänzt er durch viele selbst erfundene, aus sich selbst heraus verständliche Gesten. So macht er mit der Hand eine Drehbewegung über einem Flaschendeckel, wenn ihm jemand die Flasche öffnen soll.

Die meisten seiner symbolsprachlichen Äußerungen sind kurz und ähneln strukturell denen der Schimpansenkinder im Gardner-Projekt. Doch Savage-Rumbaugh hegte keinerlei Zweifel, dass Kanzi die Sprache als Kommunikationsmedium voll verstanden hatte und nutzte. Nicht nur kündigte er eigene Handlungen und Absichten an, er konnte auch über die Vergangenheit sprechen, zum Beispiel der Pflegerin berichten, was sich in ihrer Abwesenheit ereignet hatte. »Matata beißen« etwa war die Antwort auf die Frage, wie er sich seine blutende Hand verletzt habe. Durch die Videoüberwachung stellte sich heraus: Kanzi sagte die Wahrheit, seine Mutter hatte ihn tatsächlich gebissen.

Und mehr noch: Heute behauptet Savage-Rumbaugh, Kanzi, seine Schwester und seine Mutter hätten eine für sie nicht ganz durchschaubare Form der Kommunikation miteinander entwickelt, die aus Gesten und Lauten bestehe. Kanzi und seine Schwester »übersetzen« anscheinend für ihre die Symbolsprache nicht beherrschende Mutter, wenn sie zum Beispiel mitteilen, Matata wolle an einen bestimmten Ort gehen oder etwas Bestimmtes essen – einmal sogar: Matata habe einen Mann im Baum gesehen. (Später stellte sich angeblich heraus, dass es sich um einen Mitarbeiter der Telefongesellschaft gehandelt hatte.) Kritiker verweisen solche Anekdoten in das Reich des Zufalls. Die Erkenntnisse Savage-Rumbaughs über die aktive Sprachbeherrschung Kanzis seien nicht unter kontrollierten, wiederholbaren Versuchsbedingungen gewonnen worden.

Tatsächlich unter solchen Bedingungen getestet wurde Kanzis Verständnis von gesprochenem Englisch. In der Versuchsreihe wurden ihm nach und nach 600 Aufforderungen (und als Gegenprobe einige Ankündigungen) vorgelegt. Zum Vergleich passierte exakt dasselbe mit einem zweieinhalbjährigen menschlichen »Testkind«. Kanzi konnte den/die Sprecher/in nicht sehen, teils waren die Stimmen computergeneriert, und alles wurde per Video dokumentiert. Um simple Dressur (Konditionierung) ebenfalls auszuschließen, standen auf der Liste viele ungewöhnliche oder unsinnige Aufforderungen, die Kanzi so bestimmt noch nie gehört hatte. Etwa: »Geh und erschrecke Matata mit der Schlange!« oder »Tu Wasser auf den Staubsauger!«

Kanzi befolgte mehr Aufforderungen richtig als das kleine Mädchen. Zudem war auffällig, dass er schwierige Satzstrukturen (wie »Hol den Ball, der in den Cornflakes ist!«) offenbar sehr gut verstand. Vorher waren sich alle Sprachwissenschaftler sicher gewesen, dass solche Nebensatzstrukturen das komplizierteste Element menschlicher Sprachen seien und wir im Gehirn dafür spezielle Verarbeitungsmechanismen ausgebildet haben müssten, die Tieren fehlen. Die wenigen Schwierigkeiten des gelehrigen Bonobos lagen woanders. Er kam mit Aufzählungen nicht gut zurecht und vergaß die Hälfte, wenn man ihn nicht nochmals erinnerte. Oder er war verwirrt, als das englische Wort *can* in mehreren unterschiedlichen Bedeutungen im selben Satz vorkam. *Can you open the coke can with the can opener?* (»Kannst du die Coladose mit dem Dosenöffner öffnen?«) stellte ihn vor schwere Probleme.

Für Savage-Rumbaugh war erwiesen: Kanzi verstand Satzstrukturen und Beziehungen von Wörtern im Satz (Syntax) analytisch, und zwar besser als ein zweieinhalbjähriges Menschenkind.

Wie »klug« ist Kanzi wirklich?

Diese Aussage löste bei den Skeptikern größte Verärgerung aus. Tatsächlich lässt sich überhaupt nicht sagen, ob Kanzi komplizierte sprachliche Konstruktionen wie »könntest du bitte« oder »den Ball, der in den Cornflakes ist« von der Struktur her durchschaut. Menschenaffen besitzen ja unzweifelhaft eine nonverbale Intelligenz, die die von zweijährigen Kindern übersteigt. Bei den meisten nichtsprachlichen Aufgaben sind erst vier- bis fünfjährige Kinder gleichaltrigen Schimpansen überlegen. Der damals sechsjährige Kanzi konnte also wirklich besser als das viel jüngere kleine Mädchen aus einzelnen bekannten

Wörtern eines Satzes erschließen, was von ihm erwartet wurde. Die eigentliche Satzkonstruktion muss er dabei nicht oder nicht vollständig entschlüsselt haben.

Kritiker streiten nach wie vor sogar grundsätzlich ab, dass Affen die gelernten Zeichen auch nur ansatzweise ähnlich wie menschliche Sprache verwenden. Richtig ist, kein Affe hat jemals so »sprechen« gelernt wie ein erwachsener Mensch oder auch nur wie ein durchschnittliches dreijähriges Kind. Viele von Affen stammende Ein- und Zweiwortäußerungen zeigen aber immerhin Ähnlichkeiten mit denen kleiner, soeben mit dem Sprechen beginnender Kinder. Wenn die Regeln zur Wortstellung nicht eigens trainiert wurden, wirken längere Äußerungen allerdings oft weniger regelhaft als Äußerungen entsprechender Länge in Kindersprache. Um ein extremes Beispiel zu zitieren: Als der Schimpanse Sherman während der von Terrace abgesegneten frühen Experimente Savage-Rumbaughs einmal »Holen Gehen Geben Spüle Pudding« sagte, war das eine Aufforderung an die Pflegerin, zur Spüle zu gehen und dort für Sherman Pudding abzufüllen. Jedes einzelne Wort der Äußerung war inhaltlich sinnvoll. Aber die Wörter waren auf eine derart ungrammatische Weise aneinandergereiht, wie man sie bei Menschenkindern nicht findet.

Dennoch: Die Begabten unter den Versuchsaffen können sich, insbesondere was eigene Wünsche und Ziele betrifft, ähnlich gut verständlich machen wie Kinder von ein bis zwei Jahren – und sie verstehen auch so viel. Daher ist heute völlig unumstritten, dass Menschenaffen grundsätzlich symbolische Codes (wie die menschliche Sprache einer ist) verwenden können. Und sie können das besser und auf menschenähnlichere Weise als alle anderen Tiere, die bisher darauf getestet wurden. Ob man ihre Leistungen nun »Sprache« nennt oder nicht, wird wohl eine Glaubensfrage bleiben.

Was wir mittels dieser »Sprache« über die Welt und unsere Menschensprache erfahren, ist indes erstaunlich. Roger Fouts fragte zum Beispiel die schwangere Washoe: »Was ist in deinem Bauch?«, und erhielt zur Anwort: »Baby.« Da können wir dann nicht mehr so tun, als seien wir die einzigen Wesen auf diesem Planeten mit einem Bewusstsein. Die Affen lehren uns auch, wie anders wir selbst das Medium

Sprache verwenden. Es sind Menschenkinder, die vom frühesten Alter an mit großen Augen und roten Ohren zuhören, wenn ihnen Geschichten vorgelesen werden. Sie sind es, die ihre Eltern mit Fragen über Gott und die Welt geradezu traktieren. Es sind wir, nicht Schimpansen, die als Erwachsene zusammensitzen und stundenlang nichts anderes tun als reden. Und am allerliebsten reden wir über diejenigen, die nicht dabei sind. »Sprechende« Schimpansen reden dagegen lieber über anwesende Personen – am meisten aber mit ihnen. Ihr wichtigstes sprachliches Anliegen ist es, anderen Aufforderungen zu erteilen. Dialoge kommen selten zustande. Für uns ist Sprache auch der Kitt für soziale Bindungen; genau das empfinden Menschenaffen (wie auch Papageien) offenbar anders. Verwunderlich ist das nicht: Diese Tiere organisieren ihr Sozialleben anders und können mit dem ständigen Geplapper von Menschen wohl ebenso wenig anfangen wie wir mit dem ständigen Genitalreiben von Bonobo-Weibchen.

Die von Affen gelernte menschliche Sprache ist also aus unserer Sicht eine plumpe und funktionell reduzierte Verwendung unseres Mediums. Doch sie zeigt uns, dass Sprache nicht aus dem Nichts entstanden ist. Erhebliche Voraussetzungen waren in der Menschenaffenlinie, aus der wir alle gemeinsam stammen, schon vorhanden:

Da ist das komplexe Sozialleben, ohne das eine Sprache überhaupt keine Funktion hätte. Schimpansen koordinieren ihre Aktivitäten von Wanderungen bis Jagd, sie bilden Freundschaften und Allianzen, sie küssen und streicheln sich, sie streiten und bekriegen sich, ärgern andere, helfen ihnen oder trösten sie, lernen voneinander, tradieren Wissen und Fähigkeiten (zum Beispiel wie man Nüsse knackt).

Da ist die allgemeine Intelligenz: Schimpansen und alle anderen Menschenaffen haben ein gutes Gedächtnis, ein gewisses Planungsvermögen und zumindest beschränkt die Fähigkeit, sich gerade nicht vorhandene Dinge vorzustellen.

Da ist die vergleichsweise lange, zum Lernen besonders geeignete Kindheitsphase.

Da sind sogar die ersten Anfänge eines Symbolsystems: Schimpansen haben im Sitzen und Stehen »die Hände frei« und können damit Willkürbewegungen ausführen. Lange bevor menschliche Sprachlehrer auf sie aufmerksam wurden, haben wild lebende Schimpansen für sich entdeckt, dass Hand-Arm-Gesten zur Kommunikation geeignet sind. Sie haben einige symbolische Gesten und Signale entwickelt, die nachweislich nicht angeboren sind, sondern in verschiedenen Gruppen voneinander abweichen und kulturell tradiert werden.

All diese Fähigkeiten und Eigenheiten besitzen wir in noch höherem Maße als Menschenaffen. Doch »erfunden« haben wir sie nicht. Sie sind das Erbe von uns allen, die wir Abkömmlinge unseres gemeinsamen Ur-Urahns, des Vorfahren von Menschen, Orang-Utans, Gorillas und Schimpansen sind. Und ohne diese Voraussetzungen hätte sich unsere menschliche Sprache niemals entwickelt.

EXKURS: SCHIMPANSEN-PROMIS – WOHER SIE KOMMEN, WOHIN SIE GEHEN

Es sei hier nicht verschwiegen, dass die meisten Schimpansen in den Sprachprojekten in medizinischen Versuchslabors geboren wurden, wo viele ihrer Artgenossen der medizinischen Forschung dienen. Washoe war (wie Matata) ein »Wildfang«; sie war in Westafrika von Jägern im Dienste der NASA ihrer getöteten Mutter entrissen worden.

Wenn sie dann ihren Beitrag geleistet hatten, bescherte ihnen der wissenschaftliche Erfolg nicht unbedingt ein artgerechtes Zuhause. Manche Sprach-Schimpansen wurden als nunmehr lästig gewordene Erwachsene in schlechte Haltungsbedingungen abgeschoben oder in die medizinische Forschung zurückverkauft. Um die Tiere in den Gruppen von Roger Fouts und Sue Savage-Rumbaugh muss man sich allerdings wenig Sorgen machen: Beide Forscher kämpfen mit vollem persönlichen Einsatz dafür, dass ihren Schützlingen gute, abwechslungsreiche Lebensbedingungen geboten werden, obwohl die meisten Forschungsgelder inzwischen ausgelaufen sind. Das gilt übrigens auch für Irene Pepperberg und ihre Graupapageien. Spenden sind willkommen.

EXKURS: SPRACHVERSUCHE MIT MENSCHENAFFEN – DIE ERGEBNISSE IM ÜBERBLICK

1. Menschenaffen können zwischen 100 und 300 und vereinzelt auch mehr Wörter einer Sprache oder eines sprachähnlichen Codes lernen. Darunter sind Wörter

   - für konkrete Dinge und Handlungen (»Banane«, »Kitzeln«)
   - für Gefühlsregungen (»Schreck«/»erschrecken«, »Überraschung«)
   - die beschreiben oder bewerten (»rot«, »sauber«, »dumm«, »schlecht«)
   - die als Pronomen für wechselnde Personen stehen (»du«, »ich«, »wer«, »mein«, »dein«)
   - für logisch-abstrakte Beziehungen (»gleich«, »anders«, »ja«, »nein«, »wenn – dann«)

2. Menschenaffen wissen, dass Wörter aneinandergereiht werden und dann inhaltlich zusammenhängen. Es wird noch debattiert, ob Sätze von ihrer Struktur her verstanden werden oder die genaue Bedeutung geschickt geraten wird.

3. Die eigenen, spontanen Äußerungen von Menschenaffen sind meist kurz. Das kann ein einzelnes Wort sein. Recht häufig sind aber auch Zwei- bis Vier-Wort-Reihungen. Beispiele:

»Geben Marmelade.« (Zu einem anderen Schimpansen, der die Aufforderung befolgt.)
»Geben Kaffee heiß.« (Zur Pflegerin.)
»Strohhalm geben Schreck raus!«

Das Letztere war eine inhaltlich ungewöhnliche Äußerung – die Beschreibung eigenen Empfindens, extrem selten bei Schimpansen – in einer ungewöhnlichen Situation: Ein Pfleger hatte eine Wunderkerze mitgebracht und auf dem Tisch des Labors entzündet. Der Schimpanse Sherman zeigte große Angst und versuchte, durch die Tür zu fliehen, die verschlossen war. Er rannte daraufhin zum Computer und tippte die wiedergegebene Äußerung ein, worauf ihm die Tür geöffnet wurde und er sofort nach draußen lief. (Die Beispiele stammen aus den von allen Kritikern akzeptierten frühen Experimenten Savage-Rumbaughs.)

4. Menschenaffen können Fragen erkennen und beantworten, insbesondere W-Fragen mit Fragewörtern wie Was, Wo, und Wer. Sie stellen selbst selten solche Fragen. Am häufigsten ist noch: »Was das?«

5. Schimpansen, die von klein auf Gebärdensprache gelernt haben, benutzen diese untereinander, auch wenn Menschen nicht anwesend sind. Ein Schimpansenkind aus dem Gardner/Fouts-Projekt hat die Gebärdensprache ausschließlich von anderen Schimpansen gelernt, insbesondere von seiner Ziehmutter Washoe. Sein aktives Zeichenrepertoire ist mit gut 50 Gebärden allerdings viel kleiner als das derjenigen Schimpansen, die von Menschen unterrichtet wurden.

6. Kreativer oder metaphorischer Sprachgebrauch kommt vor. Menschenaffen können Zeichen erfinden, umdeuten, neu kombinieren oder in ungeahnter Weise verwenden, zum Beispiel »Strohhalm« für die noch nie gesehene Wunderkerze.

VON SPRECHENDEN AFFEN ZUM »SPRACHGEN«:
DIE SELTSAME GESCHICHTE VON FOXP2

Sue Savage-Rumbaugh ist inzwischen der Ansicht, es seien überhaupt keine sprachspezifischen geistigen Anlagen im Gehirn nötig, um menschliche Sprachen zu lernen. Eine allgemeine Intelligenz sei vollkommen ausreichend, und die sei bei Affen durchaus vorhanden. Die meisten anderen Wissenschaftler widersprechen dem, am lautesten diejenigen, die nach wie vor an angeborene Grammatikstrukturen glauben. Sie jubelten, als Myrna Gopnik in den Neunzigern eine Entdeckung machte.

Das Rätsel einer erblichen Sprachstörung

In einer britischen Familie, nennen wir sie Brown, wurden im Verlauf von drei Generationen immer wieder Familienangehörige mit einer merkwürdigen Behinderung geboren. Und zwar eine, die anscheinend ausschließlich die Sprache betraf.

Gopnik, eine Chomskyanerin, »entdeckte« die Browns 1991. Diese hatten Schwierigkeiten, regelhafte grammatische Formen zu bilden, wie die Vergangenheit bei Verben oder die Mehrzahl bei Substantiven. In ihrer Muttersprache tun Menschen das sonst ganz automatisch. Nicht so die Browns. Bekamen sie Unsinnswörter vorgelegt, wie *zack*, mussten sie lange nachdenken, wie die Mehrzahl lauten könnte. »Zacko?«, schlug eine Probandin vor, bis sie irgendwann auf *zackes* kam, was immerhin dicht dran lag. Normalerweise wissen schon dreijährige englische Kinder: Der Plural von *zack* muss *zacks* sein.

Die Störung war in der Familie eindeutig vererbt. Mit den Browns schien der lebende Beweis dafür gefunden, dass Menschen ein »Sprachgen« besitzen.

Aber die Forscher, die sich nach Gopnik der Browns annahmen, erlebten eine weitere Überraschung: Die Browns besaßen nicht nur eine defektive Grammatik. Sie hatten auch eine schwer gestörte Aussprache, so sehr, dass man sie länger kennen musste, um sie überhaupt zu verstehen. Grammatik und Artikulation hängen wahrscheinlich eng zusammen, wie wir noch sehen werden.

Die Neurologin Vargha-Khadem vom renommierten Londoner Great-Ormond-Street-Kinderkrankenhaus untersuchte die Browns sorgfältig. Als auffälligster Befund erwies sich in der Tat die gestörte Artikulation. Sprachtypische Mundbewegungen waren so anstrengend, dass die Betroffenen Gespräche wenn möglich vermieden. Dabei waren der Kiefer und seine Muskulatur normal gebildet! Das Gehirn schien nur nicht in der Lage, die Sprechorgane richtig zu steuern. Selbst jahrelanges geduldiges Üben mit der Logopädin half wenig. Die Browns litten aber nicht nur sprachlich, sondern generell an einer schlechten motorischen Kontrolle der Bewegungen von Mund- und Gesichtsmuskeln. Das zeigte sich, wenn sie aufgefordert wurden, mehrere Bewegungen hintereinander auszuführen wie: Schmollmund – Naserümpfen – Schmollmund.

Reihungen von Bewegungen sind die Basis mündlicher Sprache. Bei uns geübten Sprechern läuft dieser Vorgang so routiniert ab, dass wir ihn normalerweise gar nicht bemerken. Wenn wir aufgeregt sind, kommt es natürlich schon einmal zu Versprechern. Ganz bewusst anstrengen müssen wir uns aber eigentlich nur bei Zungenbrechern wie dem »Potsdamer Postkutscher« oder ungewohnten Lautkombinationen in einer Fremdsprache.

Das Artikulationsproblem der sprachgestörten Browns war im Alltag ihre größte Behinderung. Doch sie schnitten auch in allen anderen sprachlichen Bereichen, von Grammatik bis Vokabular, schlecht ab. Beim Verstehen gerieten sie immer dann ins Schwimmen, wenn die Sätze komplizierter wurden. Geistig behindert wirkten sie allerdings nicht. Alles deutete auf eine sprachspezifische Störung hin. Mit medizinischen Bildgebungsverfahren versuchte Vargha-Khadem nun herauszufinden, welche Hirnstrukturen dafür verantwortlich waren.

Wenn es um Sprache geht, denkt ein Arzt sofort an das Broca-Zentrum im Stirnlappen der linken Großhirnrinde. Zerstörungen hier lösen die sogenannte Broca-Aphasie aus, die durchaus Ähnlichkeiten mit den Symptomen bei den Browns besitzt: Broca-Aphasikern fällt das Sprechen sehr schwer. Sie äußern sich stolpernd in einem telegrammartigen Stil, in dem grammatische Endungen oft wegfallen, und sie haben Probleme, komplexe Sätze zu verstehen. In den letzten Jahren hat man herausbekommen, dass bei gesunden Menschen immer dann ein erhöhter Sauerstoffverbrauch (und damit eine hohe Aktivität) im Broca-Zentrum vorliegt, wenn schwierige oder in einer Fremdsprache gelernte Grammatik produziert oder verstanden werden soll. Interessant für den Fall Brown ist, was man noch über dieses sprachwichtige Rindenareal weiß: Es grenzt an Regionen, die Willkürbewegungen auslösen. Das Broca-Zentrum ist ein Planungsareal; es hilft, artikulatorische Bewegungen koordiniert abzuspulen.

Bei den Browns fand Vargha-Khadem tatsächlich das Broca-Zentrum leicht beeinträchtigt. Aber die auffälligste Anomalie lag zur Überraschung der Ärztin ganz woanders: in den Tiefen des Gehirns, in den Basalganglien. Das ist der zusammenfassende Name für mehrere Strukturen, die stammesgeschichtlich sehr alt sind und die wir mit Reptilien, Amphibien und Vögeln teilen. Die Forscher haben sich früher wenig für sie interessiert. Die Basalganglien schienen für die Koordination von instinktiv gesteuerten, automatisierten Bewegungsabläufen zuständig zu sein – fürs Gehen zum Beispiel. Schon Krokodile und Frösche verlassen sich bei der Fortbewegung darauf. So edle, menschentypische Fähigkeiten wie Denken und Sprechen wollte man lieber in neueren Hirnbereichen ansiedeln, insbesondere in der beim Menschen stark erweiterten Großhirnrinde. Da lag ja auch das Broca-Zentrum.

Doch weit gefehlt!

Was passiert, wenn uns die Luft ausgeht

Fangen wir beim Denken an. Bei der Parkinson'schen Krankheit gehen Zellen in einer kleinen, untergeordneten Struktur der Basalganglien zugrunde (der Substantia nigra), weshalb die Patienten irgendwann Probleme beim Gehen und Greifen bekommen. Aber Angehörigen fallen weitere, psychische Veränderungen auf. Dazu gehört, wie sehr diese Menschen plötzlich auf eingefahrene Tagesabläufe fixiert sind und wie schlecht sie sich auf Unerwartetes einstellen können.

Ähnliche Symptome zeigen Extremsportler, von denen man es wegen ihrer Fitness nicht erwartet: Bergsteiger. Wer Achttausender erklimmt, muss mit einer Beeinträchtigung der Basalganglien rechnen. Diese reagieren sehr früh auf Sauerstoffmangel. Deshalb fällt irgendwann jeder Schritt schwer – und deshalb kommt es zu krassen Fehlentscheidungen, die Expeditionsteilnehmer das Leben kosten. Reinhold Messner muss sich immer wieder Vorwürfen erwehren, er sei für den Tod seines Bruders Günther verantwortlich. Er habe auf unverantwortliche Weise seinen geschwächten Bruder auf die noch niemals begangene Rückseite des Nanga Parbat mitgenommen.

Die Geschichte ist höchst umstritten. Aber es scheint, als ob die erste Fehlentscheidung lange vor dem Abstieg über die Rückseite des Berges stattfand. Im letzten Biwak auf dem Weg nach oben fühlte sich Günther Messner höhenkrank. Reinhold begann zunächst ohne ihn den Aufstieg. Dann kam der Bruder hinterhergeklettert: ohne Ausrüstung und Proviant, weil er nicht die Kraft hatte, um beides zu tragen. Nur ein Höhenkranker konnte auf solch eine Wahnsinnsidee kommen. Und Reinhold Messner kam dann seinerseits nicht darauf, den so offensichtlich nicht mehr bei Trost Befindlichen zurückzuschicken oder zurückzubringen.

Das Verhalten beider Brüder spricht nicht für übertriebenen Wagemut oder Ehrgeiz, sondern für Symptome der Höhenkrankheit. Lange nämlich, bevor man sich überhaupt schlecht fühlt, werden das Urteilsvermögen und die Flexibilität beeinträchtigt.

Philip Lieberman, von dem wir im Zusammenhang mit den Schimpansen schon einmal kurz gehört haben, hielt sich Ende der Neunziger einige Wochen am Everest auf. Der Hobby-Bergsteiger arbeitete an einem Forschungsprojekt über Höhenkrankheit und fand Folgendes heraus. Das erste Warnsignal für den Sauerstoffmangel in den tiefen Hirnregionen, lange vor den krassen mentalen Fehlleistungen, ist ein sprachliches: gestörte Artikulation. Die Bergsteiger selbst merken davon nichts. Doch mit Spektrogrammen lässt sich schon bei leichter

Sauerstoffunterversorgung der Basalganglien nachweisen: Die Abfolge bestimmter artikulatorischer Bewegungen gerät aus dem Takt. Zum Beispiel setzt die Stimme nach einem stimmlosen Laut wie *p* etwas zu früh ein, sodass sich der Unterschied zum stimmhaften *b* verringert (es geht hier um Millisekunden). Tests am Mount Everest bestätigen dies. Einmal war der erfahrene Leiter einer Gruppe betroffen. Er wollte trotz heftiger Schneefälle während der Nacht wie geplant weitersteigen lassen. Mitglieder seiner Gruppe hielten ihn davon ab – das waren jene, deren Artikulation im Spektrogramm noch einwandfrei aussah.

Was hier gemessen wurde, ist die Unschärfe in der zeitlichen Abfolge von Lauten. Im Spätstadium leiden Parkinsonkranke darunter so stark, dass man es auch hört: Wir können uns alle daran erinnern, wie mühsam und undeutlich Johannes Paul II. in den letzten Jahren seines Lebens sprach. Hinzu kommt ein verschlechtertes Verständnis von Grammatik. Spezifische Tests bringen es neuerdings an den Tag: Wessen Artikulation nicht mehr perfekt klappt, der braucht auch länger, selbst einfachste Sätze zu verstehen. Und bei grammatisch komplizierteren Sätzen versagt das Verständnis ganz. Ein paar Beispiele:

Da hinten steht der Junge, der gestern Thomas verprügelt hat.

Da hinten steht der Junge, den Thomas gestern verprügelt hat.

Der kleine Bedeutungsunterschied ergibt sich nur aus der Grammatik. Viele Parkinsonkranke müssten raten, wer hier wen verprügelt hat. Raten funktioniert immer dann gut, wenn sich aus der Bedeutung einzelner Wörter die Bezüge erschließen lassen:

Die Truhe wird von dem Mann geschoben.

Es ist viel wahrscheinlicher, dass der Mann die Truhe schiebt und nicht umgekehrt. Aber bei

Die Köchin wird vom Lehrling gestoßen.

sieht das anders aus. Genau bei solchen Aufgaben haben nicht nur Parkinsonkranke, sondern auch die Mitglieder der Familie Brown Probleme. Und die Bergsteiger? Lieberman testete es am Mount Everest: Die Sportler, bei denen leichte Artikulationsstörungen festgestellt wurden, brauchten erheblich länger, um den Inhalt simpelster, kindgerechter Sätze aufzunehmen!

Gegen Ende der Neunziger schien klar: Artikulation und Grammatik menschlicher Sprachen hängen zu einem erheblichen Teil von den Fähigkeiten der Basalganglien ab. Es ist eigentlich ein Rätsel, wie man sie zuvor so abtun konnte: Sie sind eine zentrale Schaltstelle, wo eintreffende Sinnesinformationen bearbeitet und mit Bewegungsabläufen koordiniert werden. Sprache, die wir hören oder lesen, wird von den Zentren in der Großhirnrinde immer zur Bearbeitung in die Basalganglien geschickt. Diese sind darauf spezialisiert, komplexe, sinnvolle Reihen und Folgen zu bilden und solche bei Bedarf als Reaktion auf die eintreffenden Sinnesinformationen kurzfristig abzuwandeln. Sehr wahrscheinlich werden diese Folgen hier nicht nur gebildet, sondern auch erkannt. Daher der enge Zusammenhang zwischen Defiziten in Artikulation und Grammatikverstehen bei Parkinson, Höhenkrankheit – und den Browns.

Aber wie ist es bei Broca-Aphasikern? Liegt nicht bei ihnen das Problem woanders: in der Großhirnrinde? Demnach sollte Broca-Aphasie mit den Basalganglien nichts zu tun haben.

Natürlich hat sie das doch, und nicht nur, weil dicke Stränge von Nervenleitungen sich vom Broca-Areal hinunter zu den Basalganglien ziehen. Seit den Neunzigern zeigen zahlreiche Untersuchungen an Schlaganfallpatienten, dass für die Broca-Aphasie keineswegs allein eine Verletzung im Broca-Zentrum verantwortlich ist. In allen Fällen mit voll ausgeprägter Broca-Sprachstörung waren auch tiefe Hirnstrukturen verletzt. Und ob der Patient seine Aphasie überwinden konnte, hing ganz allein davon ab, wie stark die Basalganglien, nicht das Broca-Zentrum, geschädigt waren.

Dort lag denn auch das eigentliche Problem bei den Browns. Vargha-Khadem sprang es auf den Computertomografiebildern regelrecht entgegen: Die krasseste Anomalie in den erkrankten Gehirnen lag in einer Struktur namens Nucleus caudatus. Dies ist eine wichtige, übergeordnete Schaltstelle der Basalganglien. Hier treffen Informationen unter anderem vom Broca-Areal ein und werden unter Berücksichtigung anderer, zum Beispiel aus der Hörrinde kommender Daten weiterverarbeitet. Die Ergebnisse werden dann in rasender Geschwindigkeit zurückgesandt. Offenbar ist der Nucleus caudatus eine extrem wichtige sprachliche Verrechnungsstelle – ohne die das Broca-Zentrum nicht in der Lage wäre, seine sprachlichen Aufgaben zu bewältigen.

Aus all dem schloss Vargha-Khadem: Ein Gendefekt beeinflusste die Hirnentwicklung bei den Browns und wirkte sich sowohl auf die Sprache als auch leicht auf die Intelligenz aus. Die Ergebnisse an Höhen- und Parkinsonkranken wiesen in dieselbe Richtung.

»Sprachgen« gesucht!

Aber wer war der Übeltäter? Die Wissenschaftler eröffneten die Jagd auf das »Sprachgen«; Ruhm winkte jedem, der es fand. Für Vargha-Khadem forschte nun das Zentrum für Humangenetik des Wellcome Trusts an der Universität Oxford weiter. Dort beginnt der zweite Teil dieser Geschichte, der große Wellen schlug. In Oxford machten sich Cecilia Lai und Simon Fisher daran, den Gendefekt der Browns zu lokalisieren. Für beide sollte es die Chance ihres Lebens werden. Doch wie das Gen finden?

Es gibt eine Technik, wie man einem einzelnen gestörten Gen unter Zehntausenden auf die Schliche kommt. Der hinterlistige Trick mit der Gen-Nadel im Gen-Heuhaufen funktioniert unter einer Bedingung: Man muss das Glück haben, eine große Familie untersuchen zu können. Und das war hier der Fall.

Fisher und Lai entnahmen von möglichst vielen Browns eine Blutprobe: In unseren Zellen verbergen sich die Chromosomen, darauf die Gene, und zwar jeweils in doppelter Ausführung. Bekanntlich hat ein Mensch von jedem Chromosom zwei. Aus dem Erbgang der Krankheit bei den Browns war dank der guten alten Mendelschen Gesetze abzulesen, dass ein einziges »krankes« Chromosom schon ausreichte, um krank zu werden. Ein an der Sprachstörung leidender Brown konnte also durchaus auch eine normale Version des gesuchten Gens aufweisen, was die Sache ebenso erschwerte wie folgende Tatsache: Nur eineiige Zwillinge sind genetisch völlig identisch. Alle Browns, ob normal oder sprachbehindert, würden sich an zahlreichen Stellen ihres genetischen Codes voneinander unterscheiden. Und nur einer von diesen vielen Unterschieden wäre verantwortlich für die Krankheit!

Es galt, nach solchen Code-Unterschieden zu fahnden, die Gesunde und Kranke in zwei Gruppen teilten. War eine Besonderheit bei allen Kranken gleichmäßig vorhanden und bei den gesunden Probanden überhaupt nicht, handelte es sich wahrscheinlich um das gesuchte Gen. Lai und Fisher machten einen sogenannten genomweiten Scan: Sie überprüften einige Hundert bekannte Stellen des genetischen Codes, von denen man weiß, dass sie sich von Mensch zu Mensch besonders oft unterscheiden. Und jetzt kommt der eigentliche »Trick«: Statistisch gesehen wird das gesuchte Gen sich zufällig in der Nähe einer dieser variablen Stellen befinden. Wenn dem so ist, dann ist wiederum die Wahrscheinlichkeit hoch, dass das kranke Gen in der Familie immer zusammen mit einer einzigen spezifischen Variante dieser variablen Stelle auftritt, weil beide gemeinsam vererbt werden.

Der Scan brachte tatsächlich einen Treffer. Er lokalisierte auf Chromosom 7 einen hochvariablen Abschnitt, von dem alle kranken Browns bei je einem ihrer beiden Siebener-Chromosomen dieselbe Variante aufwiesen. Gleichzeitig tauchte genau diese bei den Gesunden überhaupt nicht auf.

Im Labor brach Jubel aus. Das gesuchte »Sprachgen« lag zweifellos ganz in der Nähe auf Chromosom 7. Nur: Das infrage kommende Stück besaß zwischen 50 und 100 Gene. Die würden Fisher und Lai jetzt wohl nach und nach in quälender Fleißarbeit sequenzieren müssen. Da erhielten sie einen Anruf ihres Chefs, Professor Anthony Monaco. Er war seinerseits von einer Ärztin ganz in der Nähe von Oxford kontaktiert worden, die von dem Projekt gehört hatte. Dabei war ihr einer ihrer Patienten eingefallen. Der Junge, C. S., hatte ähnliche Probleme wie die Browns. Bei einer genetischen Untersuchung hatte sich herausgestellt, dass bei ihm ein Stück eines Chromosoms herausgebrochen und an einer falschen Stelle wieder eingewachsen war.

»Welches Chromosom ist denn betroffen?«, fragte Monaco die Ärztin.

»Chromosom 7«, erklärte sie.

Monaco musste sich beherrschen, um nicht »Bingo!« zu rufen.

Chromosom 7

Nicht nur hatten Lai und Fisher eine unabhängige Bestätigung ihres Ergebnisses erhalten. Sie konnten nun am Patienten C. S. direkt mikroskopisch überprüfen, wo die Bruchstelle lag. Die befand sich in der Gegend auf dem Chromosom, die man bei den Browns schon ermittelt hatte, und zwar mitten in einem Gen. Das musste der Übeltäter sein. Und siehe da: Bei den erkrankten Browns war in diesem Gen bei je einem ihrer beiden Chromosomen 7 eine codierende Base gegen eine andere ausgetauscht worden.

Dieser genetische »Buchstabe« stand an einer strategisch äußerst wichtigen Stelle. Das Gen war ein sogenanntes FOX-Gen; genetische Datenbanken führten es seit Jahren unter dem Namen FOXP2, allerdings unter der Annahme, es sei ausschließlich für die Entwicklung von Herz, Lungen und Darm zuständig. FOX-Gene können die Aktivität anderer Gene hemmen. Das geschieht über einen Abschnitt namens *forkhead domain* oder *forkhead box*. Genau hier wurde durch die Mutation bei den kranken Browns eine unsinnige Aminosäure eingesetzt, die die Bindungsstelle des Gens außer Gefecht setzte.

Das unscheinbare FOXP2 war wegen seiner Verbindung zur Sprache plötzlich sehr spannend geworden. Die Presse verkündete, das Sprachgen des Menschen sei identifiziert! Unterdessen stürzten sich die Wissenschaftler darauf, das gleiche Gen bei anderen Lebewesen anzusehen. Man fand: Auch Affen, Mäuse und Hefepilze besitzen ein FOXP2-Gen. Und sie alle tragen die »gesunde« Variante, wo die erkrankten Browns ihre tragische Mutation hatten!

War FOXP2 also nicht das Sprachgen? Doch. Jedenfalls *ein* Sprachgen, eins von mehreren, denn etwas so Komplexes wie Sprache hängt von weit mehr als nur einem einzigen Gen ab.

Anders als die Öffentlichkeit hatten die Wissenschaftler fest damit gerechnet, eine Variante des FOXP2-Gens auch bei anderen Lebewesen zu finden. Gänzlich neue Gene sind im Lauf der Evolution selten. Meistens werden alte Gene nur abgewandelt oder – gesteuert durch andere Gene und komplizierte Rückkopplungsprozesse – zu anderen Zeiten im Leben eines Organismus angeschaltet. Zudem ist der genetische Code sparsam: Das gleiche Gen erfüllt in verschiedenen Organen unterschiedliche Funktionen oder greift in mehrere Stoffwechsel- oder Wachstumsprozesse ein.

Man nahm also an, es handele sich um die Weiterentwicklung des vorhandenen Gens FOXP2 in der Evolution des Menschen, die ihm wichtige Funktionen bei der Sprache zugewiesen habe. Diese Entwicklung wollte man verfolgen. Schnell wurde klar, dass FOXP2 bei allen Tieren eine Funktion im Gehirn erfüllt – was man bisher übersehen hatte. FOXP2 ist besonders während der Embryonalentwicklung im Gehirn hochaktiv. Wollen Sie raten, wo? In den Basalganglien und den mit ihnen eng verschalteten Regionen.

Mäuse sind (wie alle Nager) mit dem Menschen relativ eng verwandt und das Versuchstier der Wahl, wenn man eine menschliche Krankheit studieren möchte. So spielte man auch die Behinderung der Browns am Mausmodell nach. In Philadelphia manipulierten die Wissenschaftler Mäuse gentechnisch so, dass sie pro Zelle nur eine statt der üblichen zwei funktionsfähigen Kopien des Gens besaßen. Das entspricht genau der Situation bei den Browns und bei C. S.

Ergebnis: Die Mäuse wirkten eigentlich ganz normal. Doch als man die Ultraschallaute aufnahm, die Mäusebabys von sich geben, wenn man sie von ihrer Mutter trennt, produzierten die manipulierten Tiere viel weniger solcher Laute! Einige Mäuse bekamen in jeder Zelle *zwei* defekte Kopien des Gens, sodass es überhaupt nicht funktionierte. Bei ihnen war das Bild noch eindeutiger: Sie gaben nicht die geringste Lautäußerung von sich. Gleichzeitig zeigten sich starke motorische Behinderungen bei der Fortbewegung.

Das war der Beweis: Die Basalganglien und die an sie angeschlossenen Hirnregionen brauchen zu ihrer Entwicklung FOXP2. Mangelt es daran, leiden diese samt den hier koordinierten Lautäußerungen als Erstes. Ohne FOXP2 keine Sprache – so viel war nun sicher.

Menschen, Vögel und die Evolution
Constance Scharff ist Neurowissenschaftlerin – und Vogel-Expertin. Vögel stehen uns Menschen (wie allen Säugern) stammesgeschichtlich recht fern. Zufällig aber ähneln manche uns darin, dass sie artspezifische Lautäußerungen erst lernen müssen. Da das FOXP2-Gen sehr alt ist, besaßen es wahrscheinlich auch die Vögel. Wie, wenn es bei ihnen den Gesang beeinflusste, so wie beim Menschen die Sprache?

Am Max-Planck-Institut für Molekulare Genetik in Berlin machte sich Scharff mit Sebastian Haesler an die Arbeit. Sie fanden ein FOXP2-Gen, und Haesler untersuchte, bei welchen Vogelarten und wann im Leben eines Vogels es im Gehirn aktiv ist. Das Ergebnis der blutigen Vogel-Studie, bei der zahllose Tiere für die Dünnschnitte des Hirngewebes geköpft wurden, war immerhin bemerkenswert: FOXP2 scheint das »Gesangsgen« der Singvögel zu sein! Bei allen »lernenden« Vögeln war FOXP2 in einem ganz bestimmten Areal der Basalganglien stark überaktiviert – und dieses entspricht dem Nucleus caudatus, der bei den Browns derart stark geschädigt war. Die Hochregulation von FOXP2 war übrigens nur zu ganz bestimmten Zeiten im Leben eines Singvogels zu beobachten: in der kritischen Phase, in der Vogelkinder ihren Gesang lernen.

Mit all dem hatte bei der phylogenetischen Ferne zwischen Menschen und Vögeln niemand ernsthaft gerechnet.

Untersuchungen an Kanarienvögeln und Zebrafinken haben inzwischen das Bild bestätigt, verfeinert und vervollständigt. Regelrecht einen Schreck bekamen die Forscher, als sie Hirnschnitte von frisch geschlüpften männlichen Zebrafinken mit solchen menschlicher Tot- und Fehlgeburten verglichen. Die Aktivitätsmuster von FOXP2 waren sich bei den so wenig verwandten Spezies zum Verwechseln ähnlich!

Es ist ein bisschen unheimlich. Aber es könnte sein, dass Menschen mit ganz ähnlichen neuralen Mechanismen sprechen lernen wie Vögel singen.

Sprachwissenschaftler haben auf die Vogel-Studien bislang kaum reagiert. Ihre Aufmerksamkeit war durch eine andere FOXP2-Folgeuntersuchung abgelenkt, die mit Pauken, Trompeten und einer Pressekonferenz Aufsehen erregte. Hier ging es um die Evolution von Sprache beim Menschen. Welche Rolle spielte FOXP2? Hatte es im Lauf der Menschheitsentwicklung eine Mutation an diesem uralten Gen gegeben, eine, die uns zu sprechenden Wesen gemacht hat?

Diese Frage stellte sich eine Gruppe um den Doktoranden Wolfgang Enard vom Max-Planck-Institut für Evolutionäre Anthropologie in Leipzig. Als Genetiker hat Enard so viel wie kaum jemand über die funktionellen genetischen Unterschiede zwischen Menschen und Schimpansen gearbeitet. Mit Begeisterung stürzte er sich darauf herauszufinden, ob und wie stark sich FOXP2 in seiner Evolutionsgeschichte verändert hat.

Er sequenzierte FOXP2 erstmals bei verschiedenen Affen. Und es stellte sich heraus: Die beiden uns am nächsten verwandten, Schimpansen und Gorillas, besitzen eine untereinander identische Variante von FOXP2. Das aber ist nicht die menschliche. Das FOXP2 von Gorillas, Schimpansen und Rhesusaffen unterschied sich von dem der Mäuse nur um eine einzige Base – statt wie bei uns um drei.

Zuerst hatte sich also in der Primatenlinie im Verlauf von 70 bis 100 Millionen Jahren bei FOXP2 nur eine neue Mutation durchsetzen können. Aber in der folgenden, viel kürzeren menschlichen Stammesgeschichte von nur etwa sechs Millionen Jahren war es dann gleich zu zwei weiteren Änderungen gekommen! Die meisten Beobachter waren sich sicher: Zumindest eine der Mutationen in FOXP2 trug mit dazu bei, uns zu dem zu machen, was wir sind: sprechende Wesen.

Die eigentliche Sensation stand aber noch bevor. Enard ließ seine Mathematik liebende Kollegin Molly Przeworski mit den Daten populationsgenetische Berechnungen durchführen, um den Zeitpunkt der beiden Mutationen ungefähr zu datieren. Mit aufwendigen statistischen Methoden kann man eine neutrale Mutation (die sich durch bloßen Zufall, »Gendrift«, durchgesetzt hat) von einer Mutation unterscheiden, die einen starken Selektionsvorteil mit sich brachte. Solche vorteilhaften Mutationen können wie eine Welle durch die Bevölkerung laufen und aus evolutionsbiologischer Sicht binnen kurzer Zeit die alte Variante des Gens verdrängen. Die Spuren einer solchen schnellen Welle haben die beiden Leipziger Wissenschaftler beim menschlichen FOXP2 entdeckt. Die neue Variante muss also einen großen Vorteil für ihre Träger mit sich gebracht haben. Das passte gut zu der Annahme, zumindest eine der beiden neuen Mutationen habe das alte FOXP2 zu einem Sprachgen gemacht.

Nun lassen dieselben statistischen Methoden, durch die man eine neutrale Mutation von einer vorteilhaften unterscheidet, auch Rückschlüsse über den Zeitpunkt zu, an dem die Mutation stattfand. Und eben das war die Sensation: Das mutierte »Sprachgen« schien noch jung zu sein. Viel zu jung eigentlich: Uns schon recht ähnlich sehende Urmenschen mit im Vergleich zu Affen vergrößerten Gehirnen gibt es seit etwa zwei Millionen Jahren. Das Gen aber war anscheinend nur mindestens 10 000 und höchstens 200 000 Jahre alt.

Die Meldung schlug in der Wissenschaftsgemeinde ein wie eine Bombe. Sehr schnell stellte man Zusammenhänge her.

FOXP2, archaische Menschenformen und die Sprachentstehung

Genau in dem Zeitraum, in dem die Mutation offenbar entstanden war, hatte sich eine Zäsur in der Menschheitsgeschichte ereignet. In afrikanischen und israelischen Knochenfunden tauchen vor rund 100 000 Jahren Menschen auf, die sich als Homo sapiens – als moderner, heutiger Mensch – klassifizieren lassen. Wohl vor 65 000 Jahren begannen diese neuen Menschen in mehreren Wandererzügen, die ganze Welt zu besiedeln. Doch die Welt war nicht leer. Fast überall trafen die afrikanischen Auswanderer auf menschliche Wesen. Auf solche, die die derzeit üblichste Klassifizierung einer Reihe von Urmenschenarten zuordnet.

Nehmen wir das Beispiel Europa. Dorthin kamen die ersten modernen Menschen recht spät. Die mit Abstand frühesten zuverlässigen

Daten liefern die Schädel- und Skelettreste aus Pestera cu Oase (»Knochenhöhle«) in Rumänien, die etwa 40 500 Jahre alt sind. (Gemeint sind hier gewöhnliche Kalenderjahre. Achtung: In der Literatur findet man für die späte Altsteinzeit meist Angaben in davon abweichenden sogenannten Radiokarbonjahren.)

Die Einwanderer kamen nicht direkt aus Afrika, obwohl man ihren langen, grazilen Gliedmaßen die Herkunft aus heißen Regionen noch ansieht. Ihre Vorfahren hatten wohl schon ein, zwei Jahrzehntausende im Vorderen Orient oder in Westmittelasien verbracht, bevor sie langsam auf unserem Kontinent einstreuten. Denn in Europa war es nicht nur unwirtlich kalt, sondern es gab auch besonders starke Konkurrenten in Form der örtlichen Urbevölkerung: Neandertaler. Das waren Menschen, die hochriskante Formen der Großwildjagd betrieben, hart im Nehmen waren, gestählt durch mehrere Eiszeiten und ausgestattet mit den größten Gehirnen, die Menschen je besessen haben.

Doch trotz ihres Heimvorteils waren es die Neandertaler, die am Ende den Kürzeren zogen: Sie starben aus. Bald gab es nur noch den Homo sapiens in Europa.

Schon länger kursiert eine populäre, aber umstrittene These, wonach der Erfolg der modernen Afrikaner in dem Verdrängungswettbewerb mit den archaischen Urbevölkerungen im Rest der Welt etwas mit Sprache zu tun hatte. Die Nachrichten über eine junge Mutation im sprachwichtigen FOXP2-Gen schienen die These zu bestätigen. Demnach entstand die Sprache im eigentlichen Sinne durch eine einzelne genetische Mutation, und das sehr spät in der menschlichen Stammeslinie: vor 50 000 oder 70 000 oder vielleicht auch etwas über 100 000 Jahren in Afrika in einer einzigen Menschengruppe. Die neue Möglichkeit der Kommunikation, der Auseinandersetzung miteinander und mit der Welt habe eine geistige Revolution ausgelöst. Fantasiewelten entstanden (Götter, ein Jenseits, Ahnengeschichten), Wissen und Gedanken wurden tradiert, Pläne gemeinsam geschmiedet, diskutiert oder verworfen. Die Welt bestand nicht mehr nur aus dem, was man sehen und anfassen konnte.

Die Sprache sei es gewesen, die den Nachkommen dieser Afrikaner einen Überlebensvorteil in der Konkurrenz mit den nicht oder kaum sprachbegabten Altmenschen brachte. Alle, die wir heute leben, stammen von jener kleinen Gruppe ab, die das Glück hatte, von einer Zufallsmutation die Sprache in den Schoß gelegt zu bekommen, und zugleich die Weisheit und Kreativität, diese zu nutzen.

So oder so ähnlich geht die Geschichte. Sie hat den Vorzug, sehr einfach zu sein. Und die brandaktuellen Erkenntnisse über FOXP2 passen auf den ersten Blick ausgezeichnet hinein. Allerdings gibt es starke Hinweise darauf, dass diese These zu einfach ist, um wirklich wahr zu sein.

Uralte Knochen sind es, die in den letzten Jahren durch neue Untersuchungsmethoden zu sprechen begonnen haben und uns zeigen, dass die Sprachentwicklung doch früher eingesetzt haben muss. Was die Knochen unserer Vorfahren uns über Sprache zu erzählen haben, davon handelt der nächste Teil des Buches. Wie sich das mit den FOXP2-Ergebnissen vereinbaren lässt, das werden wir an seinem Ende sehen.

ZWEITER TEIL

SPRECHENDE KNOCHEN

GRUNZ, SCHNALZ, GRUNZ: MODERNE LAUTLEHRE UND DIE SPRECH-APPARATE VON ARCHAISCHEN MENSCHEN

N – U – T!, beschwerte sich der englischsprachige Graupapagei Alex, als er keine Nuss bekam: Er hatte verstanden, dass wir Menschen die Wörter unserer Sprachen aus einzelnen Lauten zusammensetzen.

Die meisten Sprachen haben zwischen 20 und 60 Grundlaute (Phoneme). Und es gibt in jeder Sprache gewisse Konventionen oder Regeln, wie man diese Laute zu Wörtern kombiniert. Nicht alles ist möglich. »Nleger« zum Beispiel besteht aus uns Deutschen wohlbekannten Lauten (sprechen Sie es mal rückwärts!). Trotzdem könnte »Nleger« niemals ein deutsches Wort sein, weil eine Konvention unserer Sprache lautet: Kein *nl* am Wortanfang.

Auch in anderer Hinsicht ist die Lautlehre komplizierter, als man denkt. Zwischen den meisten verwandten Lauten gibt es in der Wahrnehmung nämlich fließende Übergänge. Dass wir beispielsweise *e* und *i* (oder *a* und *o*) als zwei getrennte Laute auffassen, ist gar nicht selbstverständlich. Deshalb setzen verschiedene Sprachen nicht immer dieselben Grenzen zwischen den Lauten. *L* und das Zungen-*r* können Deutsche, Engländer und Italiener problemlos auseinanderhalten, für japanische Ohren aber sind dies extreme Varianten des gleichen Lautes. Denn auf Japanisch gibt es nicht *l* und *r*, sondern nur einen Laut, meist als *r* wiedergegeben, der irgendwo dazwischenliegt. In *yoru*, »Nacht«, hört er sich ziemlich nach *r* an, aber *arigato*, »Danke«, sprechen Japaner meist wie *aligato*. Japaner bemerken den Unterschied nicht: Sie sind der Meinung, immer das Gleiche zu sprechen.

Ähnlich geht es uns mit dem *k*. Das *k* in »Kufe« ist unserer Ansicht nach der gleiche Laut wie das k in »Kiefer«. Araber jedoch sehen das unter Umständen anders. In ihrer Sprache verläuft bei dem k in »Kufe« eine Grenze zwischen zwei Lauten, die für deutsche Ohren beide mehr oder weniger wie k klingen, aber auf Arabisch unterschiedlich wahrgenommen und geschrieben werden. Tatsächlich sind k in »Kufe« und k in »Kiefer« nicht identisch. Sprechen Sie einmal die jeweils ersten Silben hintereinander und achten Sie genau auf Ihre Zunge: Bei »Kufe« legt sich der Zungenrücken automatisch eine Spur weiter hinten an den Gaumen als bei »Kiefer«. (Wir passen nämlich die Zunge beim k schon an den jeweils folgenden Laut an.) Araber haben keinen solchen Automatismus. Daher können sie auch vor einem i ein »hinteres« k sprechen und umgekehrt – ja, sie artikulieren sogar ihr hinteres k noch etwas weiter hinten als wir unser deutsches k in »Kufe«. Das verstärkt den Kontrast. Auf Arabisch sind die unterschiedlichen k-Laute bedeutungsunterscheidend, genau wie l und r in den meisten europäischen Sprachen. *Kalb*, mit vorderem k gesprochen, heißt auf Arabisch »Hund«, und *kalb* mit hinterem k heißt »Herz«. Man darf die Laute auf keinen Fall verwechseln!

Lautlehre? Wen interessiert das?
Babys – und Urmenschenforscher

Wenn sie die Laute ihrer Muttersprache lernen, vollbringen Babys also eine große analytische Leistung: Sie müssen erkennen, dass manche kleinen Unterschiede zwischen Lauten wichtig für das Verständnis ihrer Sprache sind, andere hingegen nicht. »Kiefer«, »Kufe«, »kurz«, »kürzer«, »Karte«, »Kärtchen« – alles unterschiedliche k-Laute, die im Deutschen in ein und dieselbe Kategorie fallen! Kleine Kinder in Bayern oder im Westerwald trifft es noch ärger: Sie müssen begreifen, dass ein Zungen-r ihrer Eltern, obwohl es lautlich dem l sehr ähnelt, in eine ganz andere Kategorie gehört und es sich etwa bei »reiten« und »leiten« um zwei Wörter mit zwei Bedeutungen handelt. Und dann klingt auch noch jeder Mensch anders! Sogar die spezifischen Klangfarben der verschiedenen Sprecher stehen auf dem Lehrplan unserer Babys. Zum

Beispiel unterscheidet sich ein *i*, von einem Mädchen gesprochen, rein akustisch stark vom *i* eines erwachsenen Mannes. Das Baby muss lernen, beide Male *i* wahrzunehmen. Solche komplexen Leistungen vollbringen unsere lieben Kleinen, während sie unschuldig Daumen lutschen und mit dem Teddy kuscheln.

Kein Wunder, dass Chomsky und seine Schüler glaubten, die Babys bräuchten dazu ein angeborenes Sprachlernprogramm. Doch Zweifel sind angebracht. Natürlich hat der Bonobo Kanzi zumindest einige Grundlagen des englischen Lautsystems richtig analysiert, sonst würde er die Sprache nicht so gut verstehen. Und Pepperberg berichtet von ihren Papageien, sie würden spielerisch Unsinnssilben produzieren – mit den englischen Lautregeln. Wenn Affen und Papageien so etwas gelingt, müssen auch unsere Kinder nicht unbedingt ein Sprachlernprogramm besitzen.

Die Psychologin Athena Vouloumanos entdeckte Ende 2005 bei einem »Schnuller-Test« ein neues Indiz dafür. Sie untersuchte, wie aufmerksam Neugeborene auf Geräusche reagieren und wie gerne sie hinhören: Die Kinder bekamen einen Schnuller in den Mund, dessen Sensoren bei starkem Saugen ein Geräusch »anschalteten« und so lange angeschaltet ließen, wie das Baby fest saugte. So konnten die Kleinen selbst entscheiden, wie lange sie zuhören wollten.

Da die Sprache aus einer schnellen Reihung von lautlich kontrastierenden rhythmischen Einheiten (Silben) besteht, hört sie sich völlig anders an als die Töne anderer Primaten. Mit ihrem genetischen »Vorwissen«, glaubte man, würden Babys instinktiv menschliche Sprache erkennen und lieber ihr zuhören als anderen Klängen. Die Hypothese stimmte – allerdings nur, solange die Babys die Wahl zwischen Sprache und bloßem Rauschen hatten. Vouloumanos testete aber auch, wie Babys auf die Rufe von Rhesusaffen reagieren. Und siehe da, die völlig artfremden Klänge der Affen begeisterten die Neugeborenen genauso stark wie menschliche Sprache!

»Es war absolut schockierend«, berichtet Vouloumanos. »Ich war völlig sicher gewesen, die Babys würden menschliche Sprache bevorzugen. Ich habe dann immer noch mehr Babys getestet, weil ich es nicht glauben konnte.«

Erst bei drei Monate alten Kindern fand Vouloumanos den Effekt, den sie suchte: Die älteren Säuglinge interessierten sich wirklich mehr für Sprache als für die Rufe von Affen. Sie hatten ihren Eltern in den ersten drei Lebensmonaten wohl so aufmerksam zugehört, dass sie nun wussten, wie es sich anhört, wenn Menschen sprechen. Bei der Geburt beschränkte sich ihre Vorliebe aber anscheinend darauf, Stimmlauten in einem bestimmten, für Primaten üblichen Frequenzbereich zuzuhören. Damit hätten sie, was die Lautstruktur menschlicher Sprache betrifft, nicht mehr genetisches Vorwissen als Bonobos (oder Rhesusaffen).

Aber wie sollen Menschenkinder (oder Kanzi) ohne Spracherkennungsmodule im Gehirn in der Lage sein, das wirre Klangrepertoire einer Sprache selbstständig in einzelne Grundlaute aufzuteilen? Ihnen wird geholfen. Und zwar von uns Erwachsenen.

Beinahe alle Menschen verfallen in einen ganz merkwürdigen Tonfall, wenn sie mit kleinen Kindern sprechen. Erwachsene – besonders die Frauen – schrauben die Stimme hoch, sprechen mit einer stark übertriebenen Satzmelodie und scheinen geradezu mit ihren Wonneproppen um kindlichen Tonfall zu wetteifern. Vielen älteren Kindern und Jugendlichen ist das Ganze peinlich, und sie schwören sich, selbst niemals auf so blöde Weise mit ihren Sprösslingen zu reden (woran sie sich später nicht halten). Auch manche Elternbücher raten Müttern und Vätern davon ab, in »Babysprache« zu verfallen.

Kleine Kinder von ein bis zwei Jahren haben da allerdings ihre eigene Meinung. Sie finden »Babysprache« toll und hören einem Erwachsenen viel aufmerksamer zu, der so mit ihnen spricht. Dem Computerlinguisten Bart de Boer fiel auf, dass diese an kleine Kinder gerichtete Sprache nicht nur, wie man seit langer Zeit weiß, weniger grammatisch unsaubere und abgebrochene Sätze enthält als Gespräche unter Erwachsenen. Sie wirkt auch langsamer und deutlicher. Handelte es sich hier um eine lautliche Lernhilfe der Eltern?

De Boer beschloss zu testen, ob ein Computerprogramm in Kindersprache dargebotene Sprachklänge besser in Klassen einteilen konnte als »normal« gespochene. Er nahm sich die relativ leicht unterscheidbaren Vokale *a*, *i* und *u* vor. Seine amerikanischen Testmütter waren ahnungslos. Sie sollten lediglich, sagte er ihnen, die Wörter *sock* (in der amerikanischen Aussprache hat das Wort ein *a*), *sheep* (*i*) und *shoe* (*u*) Hunderte Male im Gespräch mit ihren Kindern benutzen. Danach entlockte de Boer ihnen dieselben Wörter nochmals genauso oft im Gespräch unter Erwachsenen. Und natürlich hatte er ein Tonband dabei.

Im Labor erteilte er seinem Computer die Aufgabe, für jede der getesteten Mütter das lernende Baby zu simulieren. Er fütterte das Programm mit den digitalisierten Aufnahmen von den immergleichen *a*, *i* oder *u* enthaltenden Wörtern. Das Programm sollte die Vokale aufgrund ihrer Eigenschaften in drei Gruppen einteilen. (Ein Kind macht das mit viel mehr Lauten und Lautgruppen, wenn es sprechen lernt, und es weiß vorher nicht, wie viele Gruppen es überhaupt gibt. Aber es bekommt natürlich auch Tipps aus dem Kontext und insgesamt viel mehr Beispiele zu hören.) Außerdem sollte das Programm feststellen, wie ein besonders typischer Vertreter der drei Lautgruppen sich anhört. (Auch das leisten Kleinkinder nämlich, um die Laute beim Sprechen selbst gut zu treffen.)

Als de Boer sein virtuelles Baby mit »Babysprache« fütterte, erledigte es seine Aufgabe ganz gut: Das Programm schaffte es, jeden gehörten Vokal einer der drei Gruppen zuzuordnen. Und als idealer Vertreter der drei Gruppen kam jeweils ein erkennbares *a*, *i* oder *u* heraus. Dann musste der Computer mit der Erwachsenensprache arbeiten, und er versagte katastrophal. Immer lagen die »typischen« Werte für mindestens einen, wenn nicht alle Vokale weit neben dem, was noch ein gut erkennbares *i*, *a* oder *u* ist. Ja, manchmal hatte das Programm nicht einmal erkannt, dass es sich um drei verschiedene Laute handelte.

Die Ursache? Im Gespräch untereinander schludern wir Erwachsenen bei der Artikulation, wobei viele Vokale dicht an ihre nächsten Nachbarn im Lautsystem rücken. Uns Muttersprachlern fällt das nicht auf, weil wir inzwischen wissen, wo wir zum Beispiel ein *u* hören sollen und wo ein *o*. Aber ein lernendes Baby muss die Norm erst noch erschließen und die Zahl und den Charakter der Laute »heraushören«. Das fällt ihm mit »Babysprache« viel leichter.

Das Fazit lautete: Die Lernhilfe »Kindersprache« hilft so gut, dass das Gehirn unserer Kinder keine spezifischen Informationen über den

Charakter menschlicher Sprachlaute enthalten muss. Eine allgemeine Bereitschaft, Lautäußerungen geliebter Betreuer verstehen zu lernen, dürfte ausreichen. Und die teilen Menschenkinder zumindest teilweise mit Menschenaffen wie Kanzi! Aber de Boer schränkte gleich ein: Seine Aussage beziehe sich nicht auf die Sprache insgesamt, sondern auf einige gut kontrastierende und daher leicht lernbare Vokale. Nur die hatte er getestet, und bei eng verwandten Lauten ist die zu lösende Aufgabe schwieriger.

Doch es gibt ja viele Laute, die gut voneinander zu trennen sind! Ein *a* kann man nicht mit einem *p* verwechseln, ein *t* kaum mit einem *l*. Dies gibt lernenden Babys Ansatzpunkte, von denen aus sie sich zu schwierigeren Lautunterscheidungen vorarbeiten. Die großen, leicht erkennbaren Gegensätze helfen ihnen auch, schon eine Menge zu verstehen, bevor sie das Lautsystem ihrer Muttersprache als Ganzes gemeistert haben.

Und wir Erwachsenen? Brauchen wir die großen Kontraste auch noch? Stellen Sie sich mal absurderweise Folgendes vor: Eine Kultusministerkonferenz beschließt, Deutsch solle der Einfachheit halber künftig nur noch drei Vokale haben: *ü*, *u* und *o*. Eine offizielle Wörterliste wird veröffentlicht: »Wann« heißt künftig *wunn*, »wenn« heißt *wonn*, »wir« heißt *wür*, »war« heißt *wur*, »wer« heißt *wor*… Hoppla: Da kriegen wir plötzlich eine ganze Menge Wörter, die sehr ähnlich klingen. Die Deutschen müssen ab jetzt langsam und deutlich miteinander sprechen statt schnell und schludrig, damit sie sich nicht dauernd missverstehen. Nun merken es auch die Kultusminister: Es ist viel praktischer, wenn die Vokale einer Sprache sich nicht alle ähneln. Klassisches Arabisch hat genau wie unser Reformdeutsch aus Absurdistan nur drei Vokale – aber es sind *a*, *i* und *u*, die nicht leicht zu verwechseln sind.

Halten wir fest: Eine Sprache sollte eine ganze Menge stark kontrastierender Laute im Repertoire haben. Nur so ist sie für Babys gut lernbar und nur so erlaubt sie uns Erwachsenen rasche und sichere Kommunikation.

Und wie war es bei Urmenschen? Waren sie schon in der Lage, gut kontrastierende Laute zu produzieren? Das ist eine Hauptfrage der Sprachevolutionsforschung.

Lange guckten die Forscher nur an einer Stelle nach der Antwort: im Hals. Es war die falsche Stelle.

Aber der Irrweg führte auch zu einem Ergebnis, wie wir gleich sehen werden.

EXKURS: DAS GEHEIMNIS DER KONTRASTE

Wir Menschen haben viele trickreiche Techniken entwickelt, Laute zu kontrastieren. Linguisten haben ihrerseits viele Fachausdrücke entwickelt, um diese Techniken zu beschreiben. Aber es geht auch (beinahe) ohne Spezialvokabular. Sehen wir uns hier nur die wichtigsten Kontrast-Tricks an, die in fast allen Sprachen verwendet werden:

Der Kontrast nasal/nichtnasal:

Einen Laut einmal durch die Nase zu sprechen und einmal nicht, ergibt zwei Laute. So entsteht zum Beispiel der Kontrast zwischen *m* und *b* nur dadurch, dass bei *m* die Nase offen bleibt. Halten Sie die Finger vor die Nasenlöcher: Dann spüren Sie bei *m* einen Luftzug, bei *b* nicht. (Weil bei *m* die Luft noch strömen kann, wenn auch nur durch die Nase, kann man *m* auch länger anhalten als *b*.)

Variieren des Artikulationsortes:

Bei allen Konsonanten bilden wir eine Engstelle im Mund, und die kann an unterschiedlichen Orten liegen. So entsteht zum Beispiel der Unterschied zwischen *b* und *g*. *B* hat die Engstelle an den Lippen, *g* hat sie hinten im Gaumen (wohin wir den Zungenrücken bewegen).

Der Kontrast stimmhaft/stimmlos:

Die Laute *b* und *p* unterscheiden sich dadurch, dass wir bei *b* die Stimmbänder vibrieren lassen, bei *p* nicht.

Der Kontrast Totalverschluss/Verengung:

Die Laute (stimmloses) *s* und *t* unterscheiden sich dadurch, dass wir bei *t* mit der Zunge den Stimmtrakt zuerst ganz verschließen und dann plötzlich wieder öffnen, während wir bei *s* einen Spalt lassen, durch den immer etwas Luft strömt.

Kombiniert man diese vier Techniken, erhält man eine Menge verschiedener Möglichkeiten. Nehmen wir nur mal den Artikulationsort »vorderer Gaumen« (der Wulst direkt über den Zähnen, Fachausdruck: die Alveolen). Auf Deutsch produzieren wir allein hier die folgenden verschiedenen Laute:

n	Totalverschluss an den Alveolen
	Nase offen
	stimmhaft
d	Totalverschluss an den Alveolen
	Nase verschlossen
	stimmhaft
t	Totalverschluss an den Alveolen
	Nase verschlossen
	stimmlos
s (wie in »essen«)	Verengung an den Alveolen
	Nase verschlossen
	stimmlos
s (wie in »Susi«)	Verengung an den Alveolen
	Nase verschlossen
	stimmhaft

An den Alveolen bilden wir übrigens auch das *l*, das sich durch eine weitere Technik – eine besondere Zungenposition – auszeichnet (sie heißt *lateral*, lateinisch für »seitlich«, weil die Luft hier seitlich an der Zunge vorbeiströmt).

An dieser kleinen Liste kann man es sehr schön ablesen. Manche Konsonanten unterscheiden sich in der Bildung stärker als andere:

D und *t* sind sich ähnlich, nur ein Merkmal (stimmhaft/stimmlos) ist verschieden. Bei solchen Lautpaaren müssen Babys erst einmal mitbekommen, dass der Unterschied wichtig ist. Sie werden in Dialekten und verwandten Sprachen auch besonders leicht gegeneinander ausgetauscht: Beispielsweise bei Niederdeutsch »Vader«/«Moder« im Gegensatz zu Hochdeutsch »Vater«/«Mutter«. *D* und *s* wie in »essen« sind sich schon weniger ähnlich, weil sie sich in zwei Merkmalen unterscheiden. Am unähnlichsten in der Sammlung sind sich *n* und *s*, die nur in einem Merkmal (dem Artikulationsort der Alveolen) übereinstimmen. Sie sind auch wirklich nicht leicht zu verwechseln. Diese stärker kontrastierenden Paare werden viel seltener gegeneinander ausgetauscht oder vermischt. Vielleicht kennt ja ein polyglotter Leser trotzdem ein Beispiel für einen dialektischen Austausch von *n* und *s*? Ich muss hier passen.

Die Liste zeigt auch, dass bei unseren deutschen »alveolaren« Lauten die Kombination stimmlos/nasal fehlt. Ja, stimmlose Nasale kommen im Deutschen sogar überhaupt nicht vor. Wenn Sie wissen wollen, wie sich ein solcher Konsonant anhört, dann sagen Sie einfach mal »nasal« und versuchen Sie, erst nach dem *n* die Stimmbänder vibrieren zu lassen. Falls Ihnen das gelingt (Isländer können es!), wissen Sie jetzt, warum stimmlose Nasale in den Sprachen dieser Welt selten sind: Man hört sie kaum.

Wie alles anfing:
Lieberman guckt den Neandertalern in den Hals

Philip Lieberman haben wir als Experten für Höhenkrankheiten am Mount Everest erlebt. Aber am bekanntesten ist er natürlich für seine klassische Untersuchung über die Sprachfähigkeit der Neandertaler. Es waren Menschenkinder, die ihn darauf brachten.

Schauen Sie einmal einem jungen Säugling beim Trinken zu: Das Kind atmet friedlich und saugt dabei gleichzeitig die Milch ein. Wir Erwachsene würden uns verschlucken. Schimpansen und Babys bekommen es jedoch problemlos hin. Bei ihnen sitzt der Eingang zur Luftröhre viel höher im Rachen und kann beim Trinken oder Essen wie ein

Periskop noch ein Stück nach oben geschoben werden. Flüssigkeit und Brei rutschen so rechts und links an der Luftröhre vorbei, während man gleichzeitig wunderbar durch die Nase atmen kann.

Ab etwa drei Monaten beginnt der Luftröhreneingang bei unseren Babys tiefer zu rutschen; nach und nach wird auch ihnen das kombinierte Atmen und Trinken unmöglich. Die Nahrung muss nun erst über den Eingang zur Luftröhre hinweg, wenn sie in die Speiseröhre soll. Vom Risiko des Verschluckens abgesehen, bedeutet das eine komplizierte Koordinationsaufgabe verschiedener Muskeln. Eine so merkwürdige Konstruktion gibt es bei keinem anderen Primaten. Kein Wunder, dass Philip Lieberman sofort annahm, sie müsse mit der Sprache zu tun haben. Im Eingang zur Luftröhre sitzen ja die Stimmbänder (der Kehlkopf), und wenn sie tief sitzen, wird der Rachen zum Resonanzraum. Der Resonanzraum im Rachen schien Lieberman unerlässlich, um möglichst viele verschiedene Laute zu artikulieren.

Hatten ihn die Neandertaler? Wie sollte man das herausfinden? Weichteile wie Zunge, Luftröhre, Stimmbänder und Rachenraum verwesen schnell und sind natürlich an Menschenformen der Vergangenheit nicht erhalten. Doch gemeinsam mit dem Anatomen Crelin befand Lieberman, es gebe ein knöchernes Indiz für die Lage des Kehlkopfs (also des Eingangs zur Luftröhre mit den Stimmbändern). Und zwar die Form der Schädelbasis, des unteren Teils des Hirnschädels. Crelin und Lieberman hatten nach ein paar Vergleichen den Eindruck, dass der Kehlkopf umso tiefer liegt, je stärker geknickt die Schädelbasis ist. Bei Neugeborenen und Affen ist die Schädelbasis flach. Da lag es nahe, sich ihre Form bei einem Neandertaler anzusehen. Lieberman brachte Crelin einen im New Yorker Naturkundemuseum gekauften Schädelabguss des alten Mannes von La Chapelle aux Saints, ein etwa 60 000 Jahre altes Fossil. Als Crelin den Neandertalerschädel von unten betrachtete, war sein erster Kommentar: »He's a big baby.«

Tatsächlich war die Schädelbasis des Neandertalers flach. Also schlossen Lieberman und Crelin, dass der Kehlkopf auch wie bei Babys sehr weit oben im Hals gesessen haben müsse. Der Rachen war demnach sehr klein. Und noch etwas fiel ihnen auf: das vorspringende Gesicht des Neandertalers. Nase und Kiefer lagen vor dem Hirnschädel anstatt, wie bei uns, darunter. Die Neandertaler hatten also eine bedeutend längere Mundhöhle als wir, aber einen stark verkürzten Rachen. Jetzt wurde es spannend. Lieberman und Crelin versuchten zu simulieren, welche Laute die Neandertaler mit dieser verqueren Mund-Rachen-Konstellation hervorbringen konnten. Der alte Mann von La Chapelle aux Saints bekam, anders als erwartet, die meisten Vokale ganz gut hin. Doch dann versagte er ausgerechnet bei den wichtigsten: Der Ärmste war unfähig, *a*, *i* oder *u* zu produzieren. Diese drei sind nun aber von allen unseren Vokalen diejenigen, die untereinander maximal kontrastieren und daher also von den Babys am leichtesten als eigenständige Laute erkannt werden. Wohl deshalb kommen sie in nahezu allen bekannten Sprachen vor.

I hat sogar noch eine Sonderfunktion für das Sprachverständnis. Oben wurde schon erwähnt, dass einige Laute unterschiedlich klingen, je nachdem, ob sie von Kindern, Frauen oder Männern gesprochen werden. Das liegt an der unterschiedlichen Länge des Stimmtrakts bei verschieden großen Menschen. Probieren Sie es selbst: Stülpen Sie die Lippen und das Kinn einmal »äffisch« nach vorn, dann wieder ziehen Sie die Lippen und das Kinn wie zu einem Lächeln weit zurück und sprechen abwechselnd in der einen und der anderen Stellung ein *a*. Hören Sie den feinen Unterschied in der Klangfarbe? Bei großen Längenunterschieden ist der Effekt so stark, dass ein *a* von einem großen Mann akustisch die gleichen Qualitäten hat wie ein offenes *o* von einer zierlichen Frau. Ja, tatsächlich! Ein isoliertes *a* auf dem Tonband wird deshalb oft nicht richtig verstanden. Hören wir aber ganze Wörter oder Sätze, nehmen wir den Laut als *a* wahr, auch wenn er eigentlich wie *o* klingt. Wie gelingt uns das? Wir verrechnen unbewusst die Klänge mit unserem Wissen über die Stimmtraktlänge des Sprechers. Experimente zeigen, dass wir anhand eines bestimmten sprachlichen Signals die genaue Stimmtraktlänge einer Person blitzschnell identifizieren können. Dieses Signal ist der Klang des Vokals *i* (wie in »Biene«). Ein *i* klingt natürlich ebenfalls unterschiedlich je nach Stimmtraktlänge. Aber es ist immer eindeutig erkennbar und dient als Messlatte: Hören wir das *i* eines Sprechers, wissen wir sofort, in welchem Maßstab sich seine anderen Vokale verschieben. Die Neandertaler hatten aber laut Lieberman kein *i*.

Und es kommt noch schlimmer. Wegen der hochstehenden Luftröhre seien sie nicht in der Lage gewesen, mit dem Gaumensegel den Nasen- vom Rachenraum fest zu trennen, weshalb immer, wenn sie sprachen, etwas Luft durch die Nase entwich. Vokale, bei denen die Nase offen bleibt, nennt man nasaliert. Wir kennen das aus dem Französischen: *chanson* hat zwei durch die Nase gesprochene Vokale. Für Deutsche sind diese eher lästig auszusprechen. Wir machen das meist etwas halbherzig oder sagen lieber gleich mit Jan Ullrich »Tour de Frangs« oder »Tour de Frongs«. Doch das Deutsche hat auch Laute, die mit offener Nase artikuliert werden, und zwar unter den Konsonanten: *M* und *n* gehören dazu sowie ein Laut, dessen Existenz uns nicht so bewusst ist, weil wir keinen eigenen Buchstaben für ihn haben: *ng* wie in »singen«. (Halten Sie das *ng* eine Weile an, dann merken Sie, es ist tatsächlich ein eigenständiger Laut, nicht *n* und *g* hintereinander gesprochen!)

Nach Liebermans Untersuchung kannten die Neandertaler *nur* solche »nasal« klingenden Laute. Ein bisschen wenig. Nasale Laute sind weniger verständlich als nichtnasale. Sprechen Sie mal nacheinander *m, n* und *ng*! Hören sich die nicht ziemlich ähnlich an? Man kann sie viel schlechter unterscheiden als die nicht nasalen Laute *b, d* und *g*. Liebermans Fazit: Die Lautpalette, die die Neandertaler erzeugen konnten, war extrem reduziert und vor allem arm an starken, für das Verständnis und für lernende Kinder so wichtigen Kontrasten. Die Urmenschen hätten schon die in heutigen Sprachen äußerst seltenen Schnalz- und Klicklaute dazunehmen müssen, um ein paar richtig scharfe Kontraste zu bekommen.

Nasales Grunzen, unterbrochen von Schnalzen – hatte sich so die Sprache der Neandertaler angehört? Viele zogen nach Liebermans Ergebnissen einen noch extremeren Schluss: Neandertaler waren für Sprache anatomisch nicht gerüstet. Also besaßen sie keine.

Seit der ersten Veröffentlichung vor gut 35 Jahren ist so ziemlich alles an Liebermans berühmter Studie angezweifelt worden – angefangen von der schlechten Schädelrekonstruktion, die er verwendet hatte.

In vielen Einzelheiten konnte man ihm Fehler nachweisen. Allerdings: An den Ergebnissen selbst ließ sich nicht wirklich rütteln.

Nicht einmal, als 1989 bekannt wurde: Das einzige bislang gefundene Neandertaler-Zungenbein sah menschlich und keineswegs schimpansenähnlich aus. Auch wenn die Presse nun plötzlich frohlockte: Das Zungenbein sei der Beweis – die Neandertaler sprachen so wie wir. Dumm war daran nämlich, dass in Wahrheit niemand weiß, ob und wie sich die Form des Zungenbeins überhaupt auf die Artikulation auswirkt. Fest steht lediglich, dass die *Position* wichtig ist: Bei uns liegt das Zungenbein weit hinten im Mund, was uns hintere Konsonanten zu sprechen erlaubt. Die Untersucher des Skeletts glauben, dass auch bei dem Neandertaler das Zungenbein weit hinten angesetzt war. Allerdings hängen Zungenbeine an keinem anderen Knochen fest, und die Muskelansatzstellen als Indiz überzeugten Lieberman damals nicht. Ähnlich wenig richtete die Entdeckung aus, dass der Nervenkanal, der die Zunge versorgt, bei Neandertalern genauso groß war wie bei uns. Dieser Kanal ist bei Gibbons sogar noch größer, und die Werte moderner Menschen überlappen sich teils mit denen von Schimpansen. Die Aussagekraft des Kanals war also sehr gering.

Doch 1999 knallte es in der Forschung – das erste Mal seit 30 Jahren Stagnation. Es war das Fanal einer neuen Ära.

Liebermans Fehler

Philip Liebermans Sohn Daniel, sozusagen mit Neandertalern aufgewachsen und selbst Anthropologe, wollte eigentlich nur einige Details in der klassischen Untersuchung seines Vaters präzisieren. Röntgenuntersuchungen sollten zeigen, wie sich Schädel und Stimmtrakt während des Wachstums von Menschenkindern verändern. Das unerwartete Resultat: Anders als von Lieberman senior angenommen, hat die Form der Schädelbasis nichts, aber auch gar nichts mit der Position des Kehlkopfs zu tun. Beide ändern sich völlig unabhängig voneinander, wenn ein Kind wächst. 30 Jahre lang hatte es niemand gemerkt: Die

Schädelbasis der Neandertaler sagte ebenso wenig über ihre Sprachfähigkeit aus wie ihre Schuhgröße.

Jetzt wehte frischer Wind durch die Labore. Man musste ganz von vorn beginnen. Liebermans Ex-Doktorand Tecumseh Fitch fing an, Tiere zu röntgen. Alle Daten über Kehlkopfanatomie waren an toten Exemplaren gewonnen worden – jetzt sollten es lebende sein. Und wenn sie beim Röntgen Geräusche von sich gaben, umso besser, dann sah man den Kehlkopf in Aktion.

Heraus kam eine weitere dicke Überraschung. Bei allen untersuchten Tierarten war der Kehlkopf vertikal beweglich! Schwiegen sie, saß er oben, wo man ihn auch bei der Sektion findet. Aber Hunde zum Beispiel senken ihn beim Bellen so tief und die Zunge rutscht dabei so weit nach hinten, dass die Konfiguration ihres Vokaltrakts dann dem menschlichen sehr ähnelt. Den Clou lieferten die Hirsche: Bei ihnen ist der Kehlkopf auch in der Grundposition so weit abgesenkt wie bei erwachsenen Menschen. Und nicht nur das. Beim Röhren rutscht er noch ein Stück tiefer, bis in die Bronchien!

Warum machen die Tiere das, wenn sie doch gar keine Sprachlaute hervorbringen müssen? Um eine so kleine Zahl von unterschiedenen Lauten zu produzieren, wie es die meisten Tiere tun, würde ja der hochgestellte Kehlkopf ausreichen! Sie machen es, um zu imponieren, sagt Tecumseh Fitch. Tiere können aus dem von einem Artgenossen gesendeten Frequenzspektrum gut auf dessen Größe schließen. Und zwar, weil sich das Frequenzspektrum von Tierlauten mit der Länge des Vokaltrakts ändert – so wie bei uns Menschen die *a*-Laute von großen Männern eine andere Klangfarbe haben als die von Kindern. (Achtung: Hier ist nicht die »Tiefe« oder »Höhe« der Stimme gemeint, sondern die Klangfarbe, das »Timbre«. Das ist verlässlicher, wenn man Größen abschätzen will.) Den Kehlkopf beim Bellen oder Röhren zu senken, ist also eine Art Betrug: Das Tier streckt künstlich seinen Vokaltrakt und macht sich stimmlich größer, als es ist. Irgendwann hat unter den Säugetieren wohl einer damit begonnen, und dann mussten die anderen nachziehen. Das ist wie mit der Geweihgröße, die sich in einem ganz ähnlichen »Wettrüsten« während der Evolution immer weiter hochgeschaukelt hat.

Apropos Hirsche: Auch in unserer Spezies haben Imponiereffekte einen Einfluss auf die Kehlkopfposition. Natürlich brauchen wir Menschen den tief liegenden Kehlkopf hauptsächlich zum Sprechen. Aber bei erwachsenen Männern sitzt er doch tatsächlich ein gutes Stück tiefer, als es für die Artikulation optimal wäre! (Um die gleiche artikulatorische Klarheit zu erzielen wie Jugendliche und Frauen, müssen Männer daher mehr Zungenarbeit leisten.) Nachdem der Stimmapparat ausgewachsen ist, senkt sich bei ihnen der Kehlkopf nochmals tiefer Richtung Brustkorb. Dieser Vorgang ist oft erst mit Anfang 20 abgeschlossen und folgt dem, was wir als Stimmbruch wahrnehmen. Beim eigentlichen Stimmbruch wachsen dagegen die Stimmbänder im Kehlkopf in die Breite und machen die Stimmlage tiefer. Auch die tiefe Stimmlage lässt Männer größer wirken. Der männliche Imponiereffekt wird jedoch erst durch das Absenken des Kehlkopfes komplett: Dadurch bekommen Männerstimmen ihr unverwechselbares Timbre. Das berühmte hohe C der Tenöre liegt beispielsweise viel höher als die Sprechstimme von Frauen. Aber selbst wenn Luciano Pavarotti hoch sang, hörte er sich wegen der dunkleren Klangfarbe seiner Stimme dabei noch wie ein Mann an.

Um es deutlich zu sagen: Männerstimmen sind »frisiert«. Sie suggerieren unserem Unterbewusstsein ein viel größeres Individuum, als wir tatsächlich vor uns haben. Und der Betrug funktioniert. Denn es fällt uns sehr viel leichter, einer vollen, dunklen Politiker-Männerstimme Autorität und Entschlossenheit abzukaufen als einer »dünnen« Frauenstimme.

Das Timbre der Neandertaler

Nach Fitchs Ergebnissen war die Lehrbuchweisheit dahin, wonach wir Menschen nur dank unseres gesenkten Kehlkopfes gut artikulieren. Vielmehr können wohl alle Säugetiere den Kehlkopf beim Lautgeben senken! Wir viel sprechenden Menschen haben lediglich die tiefere Position zum Standard gemacht, damit wir für unser Dauergeplapper nicht ständig mühsam den Kehlkopf nach unten ziehen müssen.

Wenn also Tiere nicht oder kaum in der Lage sind, Sprachlaute zu artikulieren, dann liegt das am wenigsten an ihrem Stimmtrakt. Auch den Urmenschen müsste man demnach zur Sprachdiagnose weniger in den Hals sehen als in Gehirn und Nervensystem: Man denke an die Browns, bei denen die Sprachstörung von dort ausging.

Trotzdem war der Blick in den Hals nicht umsonst. Wir dürfen jetzt annehmen, dass Neandertaler kein schweres rachenanatomisches Sprachhindernis besaßen. Im schlimmsten Fall mussten sie sich um ein bisschen mehr Präzision bei den Zungenbewegungen bemühen, weil die Proportionen ihres Vokaltrakts mit dem langen Mund eine geringere Fehlertoleranz erlauben als bei uns. Das ist es jedenfalls, was Philip Lieberman von seinen alten Thesen noch retten zu können glaubt. Andere kontern allerdings, dass heutige Männer und Kinder ebenfalls suboptimale Proportionen haben, aber dennoch nicht schlechter sprechen als Frauen. Ein echtes Sprachproblem wäre nur ein auf Dauer halb in der Nasenhöhle sitzender Kehlkopf gewesen. Unter dem litten die Neandertaler allerdings nicht.

Dank Fitch wissen wir: Selbst wenn er bei ihnen so weit oben gesessen hätte, sie hätten ihn zum Sprechen nach unten ziehen können. Und dank Lieberman junior wissen wir: Es gibt ohnehin keinen Anhaltspunkt mehr für einen hohen Kehlkopf bei Neandertalern. Wir können sogar noch weiter gehen. Bei der Untersuchung des Zungenbeins hatten die Wissenschaftler bekanntlich Muskelansatzstellen gefunden, die indirekt darauf hindeuteten, dass er tief lag – nur hielt Lieberman damals sein Gegenindiz, die flache Schädelbasis, für stärker. Doch dieses Indiz hat sich ja als bedeutungslos erwiesen. Und ein französisch-japanisches Forscherteam fand nun an Neandertalerschädeln weitere Hinweise auf einen unten angesetzten Kehlkopf. Heute ist das der Stand der Forschung: Neandertaler hatten einen auf Dauer tiefgestellten Kehlkopf, genau wie wir.

Eine Anpassung ans ständige Sprechen? Das ist sehr wahrscheinlich. Aber ausgeprägtes Imponiergehabe wie bei den Hirschen ist nicht auszuschließen ...

Ob sie nun röhrten oder sprachen: Wir wissen jetzt besser, wie ihre Stimmen klangen. Das französisch-japanische Team hat den Vokaltrakt mehrerer Neandertaler simuliert, dieses Mal natürlich unter der Voraussetzung, dass ihre Luftröhre so saß wie bei uns. Es war nicht überraschend, dass die simulierten Neandertaler das gesamte menschliche Lautspektrum artikulieren konnten. Doch etwas fiel auf: Kombiniert man die lange Neandertaler-Mundhöhle mit einem dank tiefstehendem Kehlkopf langen Rachen, so hatten die Neandertaler einen viel längeren Stimmtrakt als wir. Sie ahnen, was das heißt: Neandertalerstimmen klangen unglaublich sonor und männlich! Sogar die Frauen hätten noch ein männliches Timbre gehabt.

Die Methode, den Urmenschen in den Hals zu sehen, um etwas über ihre Sprache zu erfahren, war damit um das Jahr 2000 endgültig ausgereizt. Der frische Wind bei Liebermans Schülern löste jedoch einen kreativen Schub bei den Anthropologen aus: Gab es nicht noch andere Möglichkeiten, alte Skelette auf die Existenz von Sprache hin zu untersuchen? Ja, es gab sie.

Sie haben uns einen ganz großen Sprung weitergebracht – und mich auf die Idee zu diesem Buch.

STARKE NERVEN: WIE LÖCHER IN DER WIRBELSÄULE UNS AUF DIE SPRÜNGE HELFEN

Erinnern wir uns an einen neurologischen Grund, warum Schimpansen nicht sprechen: Sie können ihren Atem nicht kontrollieren.

Irgendwann nach der Trennung unserer Vorfahren von denen der Schimpansen müssen wir diese Fähigkeit erworben haben. Wir brauchen die Atemkontrolle, um vielsilbige Wörter und zusammenhängende Wortgruppen an einem Stück zu sprechen. Wir brauchen sie, um mit der ausströmenden Luft die Stimmbänder zum Schwingen zu bringen und den Konsonanten ihren charakteristischen Klang zu verleihen. Sprechen Sie mal laut, rhythmisch abwechselnd und etwas übertrieben *p* und *t* und achten dabei auf Ihr Zwerchfell. Das drückt genau im richtigen Moment die Luft nach oben.

Aber wir benötigen die Atemkontrolle noch aus einem weiteren Grund: Sie hilft uns, einzelne Silben durch stärkeren Luftdruck betonen zu können. Nebensächlich ist das nur auf dem Papier, und »Papier« ist hier wörtlich zu verstehen: Betonung und Satzmelodie werden in den meisten Sprachen nicht geschrieben. Da Sprachlehrbücher auf die Schriftsprache fixiert sind, übergehen sie Tonfragen und beschäftigen sich lieber damit, unregelmäßige Verben aufzulisten. Genau genommen sind aber Satzmelodie und Betonung Teil der Grammatik. Sie strukturieren den Satz, machen Bezüge klarer und geben Hinweise, wie der Sprecher zu einer Äußerung steht oder welche Absicht er damit verfolgt. Wenn man dabei Fehler macht, kann man sich in einer Fremdsprache sogar tiefer in die Nesseln setzen als mit einem falsch gebildeten Verb. Man kann zum Beispiel den Satz

Das tut mir aber leid.

so sprechen, dass er Mitleid ausdrückt: Dazu braucht es eine monotone, leicht sinkende Melodie und eine Betonung auf »leid«. Man kann den Satz aber auch so sprechen, dass jeder weiß: Diese Äußerung ist ironisch gemeint und dem Sprecher tut es in Wahrheit nicht im Geringsten leid. Dazu verleiht man statt dem »leid« dem »Das« am Anfang einen starken Nachdruck. So schnell hat man sich einen Feind gemacht.

Wenn wir das alles zusammenfassen, müssen wir konstatieren: Unser sprachliches Leben sähe ohne Herrschaft über die Atemmuskeln traurig aus. Wir würden ewig für einen simplen Satz brauchen, weil wir nur mit Mühe zwei, drei Silben auf einmal pro Ausatmen herausbrächten. Und die würden wir dann auch noch ganz undeutlich und monoton aushauchen: »Das dut – – mir awer – – leid.« Sehr unpraktisch.

Die gängige Hypothese lautet daher: Die Menschen erwarben ihre feine Kontrolle über das Atmen im Zusammenhang mit der Sprache. Von dem Moment an, als es erstmals Wörter gab, waren diejenigen im Vorteil, die ihre Luft eine Spur besser dosieren konnten: Sie vermochten die einfache, frühe Sprache geschickter zu verwenden. Das erwies sich als nützlich für sie im sozialen Alltag, sodass sie entweder mehr Nachkommen zeugten (Männer) oder mehr Nachkommen durchbrachten (Frauen). Die Eigenschaft »Atemkontrolle« kam unter einen klassischen Darwin'schen Selektionsdruck und prägte sich in den kommenden Generationen immer stärker aus.

Es wäre also gut zu wissen, wann unsere Vorfahren die Atemkontrolle erwarben. Denn dann wüssten wir vermutlich auch, wann sie zu sprechen begannen.

Nur, wie das herausfinden?

Homo ergaster zum Ersten – athletisch, aber sprachlos?

Die Genetiker wissen noch nicht, welches Gen oder welche Gene die Atemkontrolle bewirken. Die Londoner Primatologin und Anthropologin Ann MacLarnon machte ihre entscheidende Entdeckung deshalb mithilfe der klassischen Anatomie. Bei jedem Tier wird die Atemmuskulatur über Nerven kontrolliert, die aus den Brustwirbeln in den Bauch und den Brustkorb ziehen. Auffällig: Der Nervenkanal in den Brustwirbeln ist bei Menschen größer als bei Affen. MacLarnon sah sich jetzt auch die Nerven selbst unter dem Miskroskop an: Bei Menschen sind es tatsächlich viel mehr Nervenleitungen, die sich durch die großen Kanäle ziehen. Kein Wunder, denn unsere Atemregulation ist ja komplizierter und neurologisch anspruchsvoller.

Ab wann wuchs bei unseren Vorfahren dieser Kanal? MacLarnon beschloss, sich die Brustwirbel von verschiedenen Arten im menschlichen Stammbaum vorzunehmen. Das Schwierigste war, an Material zu kommen: Man findet von Vor- und Urmenschen in den seltensten Fällen annähernd vollständige Skelette, bei denen auch Brustwirbel dabei sind. Und allzu zerdrückt oder zerbrochen durften sie auch nicht sein, um die Verlässlichkeit der Messungen nicht zu gefährden.

Sie begann bei den wahrscheinlichen direkten Vorfahren der Gattung Mensch, den in etwas watschelnder Weise aufrecht gehenden Affen der Gattung Australopithecus. Von ihnen gibt es eine Menge Funde, denn sie waren in der Zeit zwischen 4 und 2,5 Millionen Jahren sehr verbreitet in Afrika. Und ihre Brustwirbel? MacLarnon fand die gleichen Kanalmaße wie bei heutigen Menschenaffen. Definitiv stand nun fest: Die Australopithecinen haben nicht wie wir gesprochen.

Das Ergebnis hatte die Primatologin erwartet: Sicher, diese Wesen gingen aufrecht, und auch ihre Zähne weisen sie als Angehörige der menschlichen und nicht der Schimpansenlinie aus. Doch ihr Gehirn war nicht größer als das heutiger Menschenaffen.

Ein viel interessanterer Kandidat war der erste eindeutige Vertreter der biologischen Gattung Mensch: der frühe afrikanische Homo erectus, heute zur Unterscheidung von späteren Erectus-Formen meist Homo ergaster genannt. Vor etwa 1,8 Millionen Jahren besiedelten diese Menschen die alte Welt von Südafrika bis in den Kaukasus und wahrscheinlich noch weiter nach Asien hinein. Überall passten sie sich an örtliche Gegebenheiten an und entwickelten neue Strategien des Überlebens. Sie bearbeiteten Feuerstein zu scharfen Werkzeugen, mit denen sie unter anderem Tierkadaver zerlegten. Unternähme man eine Zeitreise, würde man sie wahrscheinlich aus der Ferne gesehen für normale Menschen halten. Beim Näherkommen wäre man allerdings befremdet.

Sehen wir uns den am vollständigsten erhaltenen Fund an, den »Jungen von Turkana«: Es handelt sich um einen Jugendlichen, der, erwachsen, 1,85 Meter geworden wäre. Das Skelett ist rund 1,6 Millionen Jahre alt. Von watschelndem Gang wie bei den Australopithecinen war bei dem Jungen keine Rede: Sein athletischer, langbeiniger Körperbau erinnert an heutige Massai und weist ihn als ausgezeichneten Geher und Langstreckenläufer aus. Ja, er war darin vielleicht besser als der Homo sapiens: Sein Becken war schmaler! Doch es ist der Schädel, der auch dem Laien auf den ersten Blick klarmacht, dass wir hier keinesfalls einen Massai vor uns haben. Die Hirnschale wirkt viel zu klein. Das Gehirn des Jungen lag von der Größe her ungefähr in der Mitte zwischen heutigen Schimpansen- und Menschenhirnen – und das war bei

Homo ergaster auch schon die Obergrenze. Wichtig zu wissen ist auch, dass die frühkindliche Hirnentwicklung des Homo ergaster affenähnlicher ablief als bei unseren Kindern, mit weniger Hirnwachstum außerhalb des Mutterleibs. Das könnte die kindliche Lernfähigkeit beeinträchtigt haben.

Aber konnten diese frühen Menschen nun sprechen? Einige Brustwirbel des Jungen von Turkana sind gut erhalten, weshalb MacLarnon mit ihrer Methode erstmals eine fundierte Aussage über die Sprachfähigkeit der Spezies wagen konnte. Sie vermaß den fraglichen Wirbel und verrechnete ihn mit der Körpergröße. Merkwürdig: Der Kanal war sogar etwas kleiner, als es bei einem gleich großen Affen zu erwarten wäre! Der Durchschnittswert bei modernen Menschen liegt weit höher. MacLarnon schloss daraus: Der Homo ergaster hatte keine Sprache, jedenfalls ganz bestimmt keine hoch entwickelte Lautsprache, in der längere Wortreihungen an der Tagesordnung waren.

Es war ein Schlag für die wenigen unter den Forschern, die den Verdacht gehegt hatten: Wenn diese frühen Menschen größere Gehirne besaßen als alle Menschenaffen, dann hatte das etwas mit Sprache zu tun.

Homo ergaster zum Zweiten – doch sprachbegabt?

Die meisten allerdings sahen nur ihre Annahmen bestätigt. Insbesondere jene große Forscherfraktion, die unsere Sprache für das Resultat einer späten, quasi um fünf vor zwölf beim modernen Menschen geschehenen Mutation hielt. Ganz glücklich konnten aber auch sie mit MacLarnons Untersuchung nicht sein. Denn die Forscherin testete noch eine andere, jüngere Spezies, von der wir schon einiges gehört haben: die Neandertaler. MacLarnon hatte keine Probleme festzustellen, dass sich der entsprechende Nervenkanal bei ihnen durch nichts von unserem unterschied.

Demnach mussten die Neandertaler wohl doch eine gut entwickelte Lautsprache ganz ähnlich der unseren besessen haben! Die Entstehung der Sprache schien also weder ganz früh noch ganz spät in der

Menschheitsevolution zu liegen, sondern irgendwo in der Mitte, zwischen dem Turkana-Jungen und den Neandertalern.

Dann aber geschah das, was die Wissenschaft zuweilen zu einem spannenden Krimi macht und sie von religiösen Glaubenssätzen unterscheidet. Andere versuchten, MacLarnons Ergebnisse zu überprüfen. Unbeanstandet blieb ihre Grundthese, wonach sich die Atemfeinkontrolle an Wirbelkanälen festmachen lässt. Ihre Ausführungen wurden nur ergänzt um Kanäle, die das Zwerchfell statt die Brustmuskeln versorgen und die sie, wohl weil ihr Knochen fehlten, gar nicht berücksichtigt hatte. Diese Kanäle bestätigten das Bild, und die neuen Forschungen kamen für die meisten untersuchten Arten zu ganz gleichen Schlüssen wie MacLarnon: Fossile moderne Menschen und die Neandertaler besaßen sprachtypische Atemkontrolle, die Australopithecinen besaßen sie nicht.

Doch der Junge von Turkana bereitete Probleme. Wie die Kanäle der Brustmuskulatur waren auch die Zwerchfellkanäle bei ihm klein – und zwar so winzig, dass es schon verdächtig war. War der Junge überhaupt normal entwickelt? Man fand Anzeichen für eine Knochenwachstumsstörung aufgrund von Unterernährung in der Kindheit.

Es war der Doktorand Marc Meyer, Mit-Ausgräber an dem georgischen Ergaster-Fundort Dmanisi, der diesen Befund zum Anlass nahm, sich fortan auf Wirbelsäulenanatomie zu spezialisieren. Meyer verglich Tausende von Wirbeln und Wirbelkanälen verschiedener Affen und Menschen, darunter welche von zwei sehr altertümlichen Homo-Individuen aus Dmanisi und Kenia, die zur gleichen Zeit gelebt hatten wie der Turkana-Junge oder sogar zwei Jahrhunderttausende früher. Und falls Meyer noch einen Zweifel gehegt hatte, ob das Skelett des Jungen tatsächlich krankhaft war oder nicht, so verflog dieser jetzt. Denn bei den beiden anderen Ergaster-Exemplaren sah man es mit bloßem Auge: Die Nervenkanäle für die Atemmuskulatur waren geweitet. Als Meyer sie ausmaß, unterschieden sich die Werte nicht von denen heutiger Menschen.

Meyer stellte noch mehr fest. Die Wirbelsäule im Brust-Zwerchfellbereich schien für einen besseren Muskelansatz verstärkt, genau wie bei uns. Der Homo ergaster, die allerfrüheste Variante von Homo erectus, besaß offenbar bereits eine vollständig entwickelte menschliche Neuroanatomie der Wirbelsäule! Unsere heutige Sprache wäre für ihn atemtechnisch kein Problem gewesen.

Das war irritierend. Denn für eine derart weitgehende Anpassung an Sprache schienen diese beinahe zwei Millionen Jahre alten Menschen, mit Gehirnen teils nur halb so groß wie unsere, eigentlich noch zu fremd. Meyers Entdeckung ist aber nicht einmal das einzige Indiz für eine schon ganz zu Beginn des menschlichen Evolutionsweges weit gediehene Sprachentwicklung.

Hier kommt wieder das Zungenbein ins Spiel. Es ist fossil selten erhalten, sodass man bis Ende des letzten Jahrhunderts außer dem des israelischen Neandertalers kein einziges einer ausgestorbenen Menschenart besaß. Die britische Anatomin Margaret Clegg und die Anthropologin Leslie Aiello versuchten daher, per statistischer Analyse von Affen- und Menschenschädeln andere Indikatoren für die Form des Zungenbeins zu finden. 2002, ein Jahr vor Marc Meyers ersten Ergebnissen, berichteten sie dem Kongress der Amerikanischen Anthropologenvereinigung: Ihre Analysen würden zeigen, dass die Australopithecinen eine ähnliche Zungenbeinform wie Schimpansen und Gorillas gehabt haben müssten. (2006 bestätigte sich ihre Rechnung durch einen außerordentlich gut erhaltenen neuen Fund.) Doch schon bei den anatomischen Übergangsformen zwischen Australopithecus und der Gattung Homo, vor rund zwei Millionen Jahren, habe sich das Zungenbein dann in die menschliche Richtung verändert. Der frühe Homo ergaster habe dann nach ihrer Berechnung bereits die heutige menschliche Form besessen.

Wir wissen zwar nicht, was das für die Artikulationsfähigkeit bedeutete. Aber wenn sich die Zungenbeinform im Übergang zu Homo ergaster radikal änderte, so hat hier definitiv ein größerer Umbau der Mund-Rachen-Organe stattgefunden – und zwar, wie wir jetzt wissen, genau zeitgleich mit dem Erwerb der Atemkontrolle. Ein Zufall? Gewiss nicht. Deutlicher können Fossilien nicht sprechen. Die Lautkommunikation muss in diesen frühesten Anfängen der menschlichen Evolution revolutioniert worden sein!

Ob die neue Kommunikationsform Sprache in unserem Sinne war, lässt sich hiermit natürlich noch nicht belegen. Ja, die Mehrheit der Forscher bezweifelt dies sogar, da diese neuen Ergebnisse so vielen bisherigen Annahmen zuwiderlaufen. Dennoch: Was damals in den Homo-ergaster-Gruppen so geschnattert wurde, muss unserem heutigen Sprechen ähnlicher gewesen sein als alles, was wir von Menschenaffen kennen. Würden wir als Zeitreisende in das Tansania vor 1,8 Millionen Jahren versetzt und lauschend an einem belebten Seeufer sitzen, so würden wir allein am Klang, an der Art der Stimmmodulation, eine herannahende Gruppe des Homo ergaster von anderen, äffischeren Hominiden unterscheiden können.

Die Stimmen sind das eine. Doch würden wir von Homo ergaster auch Silben hören – diesen ständigen Wechsel von Konsonanten und Vokalen, der so charakteristisch für unsere Sprachen ist? Gerade an den Konsonanten waren die Affen stets gescheitert, die sich an menschlicher Lautsprache versuchten. Dabei sind sie unbedingt notwendig, um unseren Sprachen genügend kontrastierende Laute zu verleihen.

Wann wurden die Konsonanten Teil unserer Kommunikation? Neuerdings haben wir einen direkten Hinweis darauf. Ein spanisches Forscherteam präsentierte 2004 stolz eine Untersuchung, in der ihnen für Nachfahren von Homo ergaster etwas eigentlich Unmögliches gelungen war: Sie fanden heraus, was ihre archaischen Versuchsobjekte zu Lebzeiten gehört hatten.

HÖREN WIE DIE URMENSCHEN: DAS WUNDERWERK UNSERES STIMMAPPARATS UND WAS ARCHAISCHE OHREN DARAUS MACHEN

Schimpansen hören anders, hieß es im ersten Teil des Buches: Wie die meisten Affen zeigen sie ein Defizit im Frequenzbereich zwischen 2 000 und 4 000 Hertz, während unser Ohr diese Frequenzen ausgezeichnet wahrnimmt. Warum aber brauchen wir diese Frequenzen überhaupt? Männerstimmen haben eine Tonhöhe von gut 100 Hertz, Frauen sprechen bei 200 oder etwas darüber, Kinder bei 300 bis 600. Damit liegen wir mit der Stimmhöhe ja weit unter dem Bereich, in dem Schimpansen Hörprobleme haben!

Für das Verständnis von Sprachlauten ist jedoch etwas anderes viel wichtiger als die Grundfrequenz der Stimme. Und das sind die sogenannten Obertöne.

Warum Geigen nicht sprechen können

Wer sich mit Musikinstrumenten etwas auskennt, der weiß: Ein Ton, zum Beispiel einer Geige, besteht in Wahrheit aus mehreren Tönen. Der Klangkörper einer Geige bewirkt nämlich, dass bei jedem Ton, den der Musiker spielt, leise noch andere Frequenzen mitschwingen. Diese sind höher als der Grundton, weshalb sich für sie der Ausdruck Obertöne eingebürgert hat.

Schon mal bei einer schmalzigen Geigenmelodie mitgesungen? Wie wär's mit Beethovens Violinkonzert: La, la, la, la-la-laaaa-la… Nein, so etwas Peinliches würden Sie niemals tun? Sie könnten aber, denn unser menschlicher Stimmapparat ist ein Instrument, das sich vor der Geige nicht verstecken muss. (Falls Sie persönlich nicht so schön singen können wie Pavarotti, Aki und Co., trösten Sie sich, es ist ja auch nicht jede Geige eine Stradivari.) Und Obertöne produzieren wir natürlich auch. Unsere »lebendigen« Instrumente im Hals haben der

Geige sogar etwas Entscheidendes voraus: Wir sind in der Lage, willkürlich und binnen Bruchteilen von Sekunden die Form unseres Klangkörpers zu verändern. Deshalb können wir sprechen und Geigen nicht.

Machen wir ein Experiment.

Warum uns niemand ein *a* für ein *u* vormachen kann
Singen Sie mal in Höhe Ihrer normalen Sprechstimme ein *a*. Und jetzt runden Sie die Lippen zu einem hübschen kleinen Kreis, und bitte weiter *a* singen ... Geht nicht? Da kommt kein klares *a* mehr? Natürlich nicht, denn für ein *a* muss unser Resonanzraum im Mund eine ganz bestimmte Form haben. Sie erinnern sich, dass bei jedem Ton einer Geige durch Resonanz des Klangkörpers »Obertöne« mitschwingen. Welche Obertöne das sind, hängt von der Form des Klangkörpers ab. Bei der Geige ist die Form unveränderlich, sodass die Obertöne immer im gleichen Abstand zur Grundfrequenz mitklingen. Anders bei unserem lebenden Stimminstrument: Halten wir es in der *a*-Form, verstärken wir durch Resonanz bestimmte der mitschwingenden Obertöne und dämpfen andere. Verändern wir aber die Form, zum Beispiel indem wir den Resonanzraum runden (*o*) oder ihn breit und flach machen (*i*), dann werden andere Obertonfrequenzen verstärkt, die *a*-typischen jedoch geschwächt. Mit anderen Worten: *a* klingt anders als *u*, weil es andere Obertöne hat. Sprechen ist Obertonjonglage.

»Tante Herta hat angerufen.«
»Was sagst du?«
»TANTE HERTA HAT ANGERUFEN!«
»Nun schrei doch nicht so!«

So mancher Verwandte eines schwerhörigen Menschen hat solche Dialoge schon erlebt. Die Grundfrequenz unserer Stimmen hören die alten Herrschaften genauso gut und laut wie wir selbst. Es sind nur die Hörsinneszellen für die sehr hohen Frequenzen, die im Alter den Geist aufgeben. Vogelgezwitscher hört man dann kaum noch, ebenso gehen die Obertöne vieler Sprachlaute »flöten«, anhand derer man sie unterscheiden kann.

Wer selbst altersschwerhörig ist, weiß: *a*, *i* und *u* kann man meist noch prima auseinanderhalten. Doch *p*, *t* und *k* hören sich sehr ähnlich an, ebenso *s*, *f* und *ch*. Warum? Um die meisten Vokale zu unterscheiden, reicht es, die niedrigsten ihrer typischen Obertöne zu erkennen. Die allein sind schon sehr charakteristisch; bei *a*, *o* und *u* liegen sie zwischen 300 und 1 500 Hertz. Dieser moderat hohe Frequenzbereich bereitet den wenigsten Schwerhörigen Probleme. Und hier hören ja auch die Schimpansen noch gut. Bei den typischen Obertönen von *e* und *i* geht es schon höher hinaus – aber richtig dick kommt es erst bei den Konsonanten. Da werden Obertöne von weit über 2 000 Hertz wichtig. Das Frequenzspektrum von Telefonleitungen reicht bis mindestens 3 400 Hertz, um Sprachverständlichkeit zu sichern, und sogar da geht noch etwas verloren. Rufen Sie mal die beste Freundin, den besten Kumpel, Ihren Vater oder sonst jemanden an, der sich von solchen Experimenten nicht belästigt fühlt, und bitten Sie ihn, durchs Telefon abwechselnd *ess* und *eff* zu sagen. Wie gut können Sie die Laute erkennen? Wahrscheinlich nur schlecht, denn der charakteristischste Unterschied zwischen *s* und *f* liegt über 3 400 Hertz.

Nun ein Ratespiel:

> Ppei Pipepep pip pep Popppapapp ...

Haben Sie diesen Satz verstanden? Falls nicht, ein Tipp: Es handelt sich um den Titel eines bekannten deutschen Volksliedes, in dem alle Konsonanten durch einen einzigen ersetzt wurden. Üblicherweise macht man das bei diesem Lied nicht mit den Konsonanten, sondern mit den Vokalen: »Dra Chanasan mat dam Kantrabass« und so weiter. Das klingt dann allerdings wesentlich verständlicher.

Was dieses Beispiel sehr schön zeigt: Unser Sprachcode hängt am meisten von den Konsonanten ab. Es gibt einfach mehr davon. Sie stellen das Grundgerüst des Codes dar, mit ihrer Hilfe bilden wir den Großteil unserer Lautkontraste, während die Vokale beinahe nur die Füllsel sind, die die Konsonanten besser hörbar machen.

EXKURS: »WO, BITTE, IST HIER DER PLOPP?« –
WIE MAN EXPLOSIVE KONSONANTEN HÖRT

Beim *a* ist unser Stimmtrakt ganz Musikinstrument, aber bei Lauten wie *b, d, g, p, t, k* muss er noch andere Qualitäten beweisen. Irgendwo im Mund (an den Lippen, hinter den Zähnen …) bilden wir dann einen Verschluss, sodass zwischen 50 und 150 Millisekunden keine Luft entweicht. Bei *p, t* und *k* hören wir in dieser Zeit gar nichts. Bei *b, d* und *g* setzt immerhin bald eine leichte Stimmbandvibration ein, die aber uncharakteristisch ist: Sie enthält keine Obertöne, sondern nur die Grundfrequenz unserer Stimme. Wie schaffen wir es, trotzdem *p* von *t* oder *b* von *g* zu unterscheiden? Wie beim Sektkorken gibt es ein Plopp-Geräusch, eine »Explosion«, wenn der Verschluss gelöst wird. Wörter wie »pappt« oder »bockt« haben am Ende je zwei stimmlose explosive Konsonanten. Sagen Sie mal »pappt«! Man hört da sehr schön, dass diese Plopps ein Geräusch sind und kein Stimmlaut, und man hört auch, dass sich zur Not nur anhand dieses Geräuschs ein *p* von einem *k* unterscheiden lässt. Charakteristische Obertöne hat ein solcher Plopp nicht, vielmehr rauscht es auf allen Frequenzen, und die Unterschiede sind minimal. Bei Hintergrundlärm sind sie so gut wie nicht auszumachen. Die Plopps von *b, d* und *g* sind zudem extrem schwach: Generationen von Phonetik-Studenten haben verzweifelt über Spektrogrammen mit *b*-Lauten gesessen und sich gefragt, wo hier die Öffnung des Verschlusses (der Plopp) sein soll.

Was man zum Glück sehr viel besser erkennt, auf Spektrogrammen wie beim Hören, das ist die Wirkung, die ein explosiver Konsonant auf seine Umgebung hat. Nicht umsonst heißen sie Kon-Sonanten (Mitlaute), und nicht umsonst hängen wir, wenn wir sie benennen, dahinter oder davor einen Vokal: »*be*« und »*pe*«, »*en*« und »*em*«. Wenn wir unseren Mund auf einen bestimmten Konsonanten zubewegen, ändern wir allmählich seine Form. Das beeinflusst den Vokal davor und verleiht ihm eine charakteristische Färbung. Bei »ab« klingt das Ende vom *a* leicht anders als bei »an«. Das hilft uns, das *b* oder das *n* am Silbenende zu erkennen. Ähnlich ist es umgekehrt mit dem Vokal, der auf einen Konsonanten folgt: Das *a* von »kann« verrät an seinem Anfang noch die Mundposition des davor gesprochenen Konsonanten *k* (und es hört sich damit die ersten Millisekunden über anders an als ein isoliertes *a* oder das *a* in »Bann«). Im Spektrogramm sieht man es: Da erscheinen die Obertöne der Vokale als schöne dunkle Bänder und man erkennt, wie ein *k* den zweiten und den dritten Oberton eines folgenden Vokals verschiebt: Der zweite wird etwas höher, der dritte etwas niedriger. Den dritten Oberton eines Vokals, den brauchen wir nicht, um ein *a* von einem *u* zu unterscheiden. Dafür reichen die beiden niedrigsten Obertöne völlig aus. Aber um zu erkennen, was für ein Konsonant davorstand, dafür sind die höheren Obertöne sehr nützlich.

EXKURS: STURM IM WASSERGLAS – REIBELAUTE

Reibelaute (Frikative) sind zum Beispiel *f, s, sch* und *ch*. Bei ihnen wird der Luftstrom im Mund nirgends ganz abgeblockt, er muss sich aber an einer Engstelle vorbeibewegen. Nicht ohne Folgen. Luft wird genau wie Wasser verwirbelt, wenn sie auf ein Hindernis stößt, und sie wird beschleunigt, wenn es plötzlich eng wird. Das kann lästig sein (wie wenn der Durchzug einem den Schreibtisch leer weht) oder gefährlich – wie wenn der ruhige Gebirgsbach durch eine enge Schlucht hindurch muss und plötzlich zur schäumenden Todesfalle wird. Aber in erster Linie macht es Krach!

Testen Sie, wie sehr sich die Luft an einer Engstelle beschleunigt: Wenn Sie ein *a* sprechen, spüren Sie mit der Hand vor dem Mund kaum einen Luftzug. Aber nehmen Sie ein *f*, bläst Ihnen spürbar ein Strom dagegen. (Beim *f* liegt die Engstelle an den Lippen, sodass Sie mit der Hand die Stelle der maximalen Beschleunigung erwischen.) Und merken Sie noch etwas? Wenn Sie die Hand davorhalten, wird das *f*-Geräusch lauter! Jetzt wird die beschleunigte Luft an der Hand noch verwirbelt. Wegen dieses Effekts sind *sch* und stimmloses *s* wie in »Wasser« die lautesten unter den Reibelauten und werden zu Recht Zischlaute genannt. Bei beiden schlägt es den hochbeschleunigten Luftstrom nach der Engstelle an der Zungenspitze in vollem Tempo gegen die Schneidezähne.

Und das stimmhafte *s* wie in »Susi Sausewind«? Dabei versetzen wir zusätzlich die Luft mit den Stimmbändern in Schwingungen, sodass wir ihre Vibration leise kitzelnd an der Engstelle spüren, wo die Luftmoleküle sich drängeln. Wie bei allen stimmhaften Reibelauten gehen wir hier zugleich sanfter mit der Luft um. Probieren Sie es mit *w*, der stimmhaften Variante von *f*: Bei *w* spüren Sie ein weniger starkes und weniger kühles Blasen an der Hand als bei *f*.

Die verschiedenen Reibelaute haben alle ihr jeweils charakteristisches Luftströmungsgeräusch, das im Spektrogramm ungefähr so aussieht wie ein alter Fernsehbildschirm, wenn der Empfang versagt. Nur auf den zweiten Blick erkennt man sehr wohl Verdichtungsstrukturen, die von Laut zu Laut ein bisschen unterschiedlich sind. Und diese liegen bevorzugt bei Frequenzen über 2 000 Hertz.

Fazit: Die Konsonanten sind von allen unseren Lauten am typischsten für menschliche Sprachen. Sie sind es auch, die ein gutes Gehör im Frequenzbereich zwischen 2 000 und 4 000 Hertz erfordern. Wir hören hier optimal (jedenfalls in jungen Jahren!), während Schimpansen und andere Affen in diesem Bereich leicht schwerhörig sind.

Man könnte also meinen: Irgendwann im Verlauf der Menschheitsevolution hat sich unser Gehör an das Erkennen von Konsonanten angepasst.

Dumm nur, dass wir fossile Menschen keinem Hörtest unterziehen können.

Oder etwa doch?

Miguelón meets Martínez:
Die akustische Auferstehung eines alten Europäers

Die höhlenreiche Sierra de Atapuerca bei Burgos ist ein Paradies für Paläoanthropologen. Hier wurden Schädelfragmente und Werkzeuge der frühesten bislang bekannten fossilen Europäer gefunden, 800 000 bis eine Million Jahre alt. Doch der größte Schatz ist etwas jünger: In der »Knochenhöhle«, der Sima de los Huesos, lagerten rätselhafterweise dicht an dicht die Überreste von 28 jungen erwachsenen Urmenschen. Das sind 80 Prozent aller Menschenknochen, die überhaupt weltweit aus dem mittleren Eiszeitalter bekannt sind! Während dieses Buch in Druck geht, konnten sie erstmals genau datiert werden: Sie sind 600 000 Jahre alt.

In der Zeit zwischen 700 000 und 200 000 Jahren gab es in Europa, Afrika und Teilen Asiens Menschen, die man heute meist Homo heidelbergensis nennt, nach dem ersten Fundort Mauer bei Heidelberg. Charakteristisch für Homo heidelbergensis: Ein Gehirn, das so groß war wie das vieler Zeitgenossen des 21. Jahrhunderts, wenn es auch unter deren Durchschnitt lag. Diese Menschen hatten eine robuste, archaische Physiognomie mit dicken Brauenwülsten und fast ohne Stirn, aber sie stehen uns viel näher als der Junge von Turkana. Sie sind ja auch eine Million Jahre jünger!

Der weltweit besterhaltene Heidelbergensis-Schädel stammt, wie könnte es anders sein, aus der Sima de los Huesos. Er wurde 1992 gefunden, gehört zu einem jungen Mann und trägt den Spitznamen »Miguelón«, zu Ehren des Radfahrers Miguel Induráin. Miguelón hatte, seltener Glücksfall, ein intaktes Zungenbein. Dessen Form war menschlich. Das spanische Ausgräberteam war mit dem Freilegen und Sortieren der vielen Knochen aus der Sima zwar ziemlich überlastet. Aber das Zungenbein lockte sie, den Sprachfähigkeiten des Heidelbergensis-Jünglings genauer auf den Zahn zu fühlen. 2001 nahm man sich endlich die Zeit dafür. Die Forscher vermaßen den Schädel mit Liebermans klassischer Methode, begannen einen Artikel zu schreiben, wonach *a*, *i* und *u* für Miguelón ein Problem dargestellt hätten – bis sie von Fitchs und Lieberman juniors Arbeiten Wind bekamen und ihnen klar wurde, dass die alte Methode jeder Grundlage entbehrte. Doch während sie nun seufzend ihre Messergebnisse dem Mülleimer anvertrauten, klingelte es bei Ignacio Martínez, einem Veteran des Teams, in den Ohren.

Er dachte an die Hörschwäche für spezifisch menschliche Sprachlaute, die man von Schimpansen und anderen Affen kennt. An Miguelón war das knöcherne Ohr sehr gut erhalten. Ließ sich vielleicht sein Gehör untersuchen? Die Idee war genial. Denn dem Homo heidelbergensis ein Schimpansengehör nachzuweisen, wäre ein sehr klares

Indiz gegen Sprache bei ihm gewesen. Martínez recherchierte über Akustik und Ohranatomie und fand heraus: Die Form von Gehörgang und Mittelohr beeinflusst die Lautstärke, mit der die verschiedenen Frequenzen ans Innenohr weitergeleitet werden. Außerdem war längst bekannt, dass der knöcherne äußere Gehörgang, das Mittelohr und das Innenohr bei Menschenaffen anders geformt sind als bei Menschen.

Waren es also ihre Ohrknochen, die Schimpansen zwischen 2 000 und 4 000 Hertz schwerhörig machten? Martínez und Kollegen nahmen sich Schimpansenschädel im Computertomografen vor und erstellten ein dreidimensionales Modell des knöchernen Gehörgangs. Mit den zuverlässigsten Methoden aus der Akustik maßen sie dann, welche Schallbereiche im Affenohr verstärkt und welche gedämpft wurden. So erhielten sie eine virtuelle Hörkurve – und die entsprach genau den an lebenden Schimpansen gemachten Hörtests: Bei 2 000 Hertz sackte die im Innenohr ankommende Lautstärke plötzlich ab und fiel kontinuierlich bis zu einem Tiefpunkt bei 4 000 Hertz. Modelle von den Ohren moderner Menschen brachten das erwartete gegenteilige Ergebnis: Die Lautstärkenkurve war nur bis etwa 2 000 Hertz fast identisch mit der von Schimpansen, danach trennten sich die beiden Kurven; die menschliche schwang sich auf zu einem Höhepunkt bei 3 000 Hertz und fiel danach nur sanft. Bei 4 000 Hertz betrug der Unterschied zu Schimpansen fast 20 Dezibel. (Es ist ein bisschen, als hörten die Affen diese Frequenzen durch Ohrstöpsel.)

Damit war erwiesen: Fast der gesamte sprachrelevante Unterschied im Hörvermögen zwischen Schimpansen und Menschen beruht auf anatomischen Unterschieden in den Knochen von Gehörgang und Mittelohr! Martínez konnte tatsächlich Miguelón einem Hörtest unterziehen – und wie genial die Idee gewesen war, das wurde jetzt erst so richtig klar.

Denn zur gleichen Zeit, Ende 2003, wurde ein genetisches Ergebnis bezüglich des Gens EYA1 publik. Dieses Gen regelt die Anatomie von Gehörgang und Mittelohr. Die Genetiker hatten festgestellt: EYA1 ist bei Menschen und Schimpansen nicht identisch. Und sie hatten herausgefunden, dass es die menschliche, nicht die Schimpansenlinie war, in der das Gen sich unter Selektionsdruck verändert hatte. »Wir spekulieren«, kommentierten sie, »dass eine Neueinstellung der Hörschärfe nötig war, um gesprochene Sprache zu verstehen.« Martínez hätte jubeln können, als er das las. Wenn er jetzt Miguelón einem Hörtest unterzog, würde das noch viel aussagekräftiger sein.

Bei Miguelón lag der Gehörgang offen, sodass man die Maße per Hand nehmen konnte. Aber zur Sicherheit maßen Martínez und Kollegen mit dem Computertomografen nochmals nach. Dann gesellten sie dem Heidelbergensis-Jüngling noch vier seiner Artgenossen aus der Sima de los Huesos hinzu, bei denen der Gehörgang ausreichend erhalten war. Sie wollten wirklich ganz sichergehen.

Das Ergebnis: Bei den sprachwichtigen Frequenzen zwischen 2 000 und 4 000 Hertz liefen die Kurven der getesteten Urmenschen parallel zu denen der modernen Menschen, nicht der Schimpansen. Vor 600 000 Jahren, lange vor den Neandertalern, lange vor dem modernen Menschen, war das Gehör von Homo heidelbergensis bereits an menschliche Sprachlaute angepasst. Es war dafür ausgelegt, Konsonanten zu unterscheiden.

Ein Heidelbergensis-Sprachführer für Zeitreisende

Noch ist es dunkel in der Sierra de Atapuerca. Wir haben uns als zeitreisende Forscher im Gebüsch hinter einem Heidelbergensis-Lager positioniert und sind gespannt. Allerdings ahnen wir schon, was wir aus dem Lager hören werden, wenn die schnarchenden Urmenschen aufwachen: Konsonanten mit Vokalen im Wechsel, kontrastierende Silben also, jene charakteristische Lautstruktur menschlicher Sprachen. Es wird sich, bis auf die etwas fremdartigen Stimmen, sehr vertraut anhören.

Achtung: Es könnte durchaus sein, dass sie sich nur so anhören, als sprächen sie. Vielleicht sind ihre Silben bedeutungslose Lautreihungen wie in Vogel- oder Walgesängen. Wir müssen die Möglichkeit berücksichtigen. Aber da diese Menschen uns eng verwandt sind, ist es wahrscheinlicher, dass wir bald an ihrem Verhalten erkennen werden: Ihre Silben sind nicht bedeutungslos. Sie kombinieren Laute aus dem gleichen Grund wie wir. Bloß – warum machen wir das eigentlich?

Wenn Nachbars aggressiver Bonzo uns mit »Wuff!« oder »Knurr!« begrüßt, dann hat er diese »Wörter« nicht wie wir aus einzelnen Lauten zusammengesetzt. Jeder Laut, den Bonzo überhaupt produzieren kann, ist zugleich ein Signal. Damit kann er nur so viele verschiedene Signale (oder »Wörter«) erzeugen, wie er Laute zur Verfügung hat. Viele sind das nicht. Genau diese Beschränkung ist es, über die wir Menschen uns mit unserem genialen kombinatorischen Lautsystem hinwegsetzen!

Wir Menschen können natürlich mehr unterschiedliche Laute bilden als Bonzo. Aber nach Bonzos Prinzip »ein Laut – ein Wort« würde auch unser Wörterbuch keine zwei Seiten füllen. Unser Trick: Wir geben den Lauten einzeln gar keine Bedeutung, sondern benutzen sie als Baukastenelemente, aus denen wir unsere Signale basteln. Die Signale werden dadurch zwar komplizierter und schwerer auszusprechen. Aber der Vorteil ist unschätzbar: Wir können so nicht nur 10 oder 100, sondern Abertausende verschiedener Wörter bilden! Deutsch hat rund 40 Laute – denken Sie mal an die Lottoziehung 6 aus 49. Klar, Laute sind nicht so frei kombinierbar wie Lottozahlen. Doch selbst wenn man die Einschränkungen durch Lautregeln berücksichtigt: Es gibt überwältigend viele Möglichkeiten, aus 40 Lauten ein Wort zusammenzustellen!

Hatten unsere Heidelbergensis-Forschungsobjekte schon Wörter mit sechs oder mehr »Buchstaben«? Zumindest kannten sie die Kombination von Konsonanten und Vokalen zu Silben (denn viele Konsonanten sind nur in dieser Kombination gut hörbar). Wenn Sie nur einfache Silben wie »ba« kannten und jede Silbe ihrer Sprache als ein Wort ansahen, kamen Sie damit auf 60 bis 100, höchstens 200 Wörter. Dann müssten wir als Zeitreisende kaum Vokabeln lernen. Vielleicht hatten sie aber schon kompliziertere Silben entdeckt: solche mit mehr Konsonanten zum Beispiel (»brak«). Oder sie nutzten wie Chinesen die Möglichkeit, lautlich gleiche Silben durch die Melodie, also durch hohen oder tiefen, steigenden oder fallenden Ton, zu unterscheiden. So hätten sie auch mit einer »einsilbigen« Sprache Tausend Wörter zusammenbekommen. Das ist der Basiswortschatz heutiger Sprachen! Zudem wissen wir: die Atemregulation dieser Menschen erlaubte, Silben rasch hintereinander zu sprechen. Es wäre Miguelón und seinen Artgenossen leichtgefallen, zwei oder mehr Silben zu neuen Einheiten zusammenzufügen.

Homo heidelbergensis besaß also bereits das Lautmaterial, um Tausende von Wörtern zu bilden. Ob er seinen Baukasten auch voll ausnutzte, das werden wir noch erforschen müssen.

Wenn wir nun nächstes Jahr auf Heidelbergensis-Safari nach Deutschland statt in die Sierra de Atapuerca fahren, können wir unser Vokabelheft vom letzten Jahr übrigens zu Hause lassen. Denn diese Spezies besaß nicht nur eine Sprache, sondern mehrere!

Wer sich seine Signale (»Wörter«) aus dem Lautbaukasten zusammenstellt, dem stecken sie nicht in den Genen. Solche Signale lassen sich auch nicht spontan verstehen, wie man Kanzis Geste für »Mach mir die Flasche auf« spontan verstehen kann. Unsere Heidelbergensis-Forschungsobjekte mussten als Kinder ihre Sprache lernen, und eine gelernte Sprache verändert sich nach und nach, wie alles kulturell tradierte. So konnten sich im Lauf der Jahrzehntausende und Jahrhunderttausende regionale Sprachen herausbilden. Besonders tief wurde der sprachliche Graben zwischen Europa und Afrika, denn das Mittelmeer war schier unüberwindlich und der Kontakt nur an den Rändern (in Westasien und vielleicht auch Gibraltar) möglich. Diese Sprachbarrieren dürften mit dazu beigetragen haben, dass sich die europäischen und die afrikanischen Heidelbergensis-Varianten auseinanderentwickelten.

Denn genau das passierte: Die zunächst so ähnlichen afrikanischen und europäischen Heidelbergensis-Formen spalteten sich in klar unterschiedene Arten auf. In Europa wurde aus dem Homo heidelbergensis der Neandertaler – und in Afrika der moderne Mensch. Wahrscheinlich haben Sprachbarrieren bei der Spaltung mitgeholfen. Genetische Untersuchungen zeigen nämlich: Sprachgrenzen scheinen evolutionsbiologische Faktoren zu sein, die genau wie Bergketten oder Meere die Vermischung zwischen Bevölkerungsgruppen erschweren. Bei uns modernen Europäern mit unseren noch gar nicht einmal so lange differenzierten Sprachen laufen scharfe genetische Gradienten die Sprachgrenzen, ja sogar viele Dialektgrenzen entlang. Oft auch dort, wo es keine geografische oder politische Barriere zwischen den Bevölkerungsgruppen gibt. Eine solche genetische Grenze verläuft quer durch Deutschland: Sie trennt die historischen niederdeutschen Dialekte von den oberdeutschen! Die Genetiker sind sich noch nicht ganz sicher, ob in diesen Fällen die Sprach- und Dialektgrenzen ursächlich für die genetischen Grenzen verantwortlich sind. Es könnte auch sein, dass beide auf den gleichen geschichtlichen Ursachen beruhen. Vermutlich aber liegt die Wahrheit irgendwo in der Mitte: Sprachgrenzen sind nicht unbedingt die Ursache für die Entstehung genetischer Grenzen. Aber sie sind daran beteiligt, einmal entstandene Grenzen zu erhalten.

Es geht hier übrigens nicht nur um sprachliche Verständnisprobleme, sondern auch und gerade um die Sprache als soziales Signal, das wie andere Signale (Kleidung, Haartracht, Schmuck oder die Automarke) deutlich macht: Ich gehöre dazu, ich habe den gleichen Hintergrund wie du, vertrau mir – oder eben nicht. So gesehen ist Sprache eins der ehrlichsten Signale, die wir haben. Das Auto des Schickimicki kann geliehen sein, und hinter der Krachledernen kann sich ein »Preiß« verstecken. Aber den Nicht-Muttersprachler, den erkennt man sofort. Selbst wenn der »Preiß« bemüht »Grüß Gott« sagt statt »Guten Tag«, trennt ihn sein Akzent binnen Sekunden vom waschechten »Bazi«.

Wir wissen nicht, wie stark sich vor 600 000 Jahren die Sprachen des europäischen Homo heidelbergensis von denen des afrikanischen unterschieden. Sicher ist allein: Aus den afrikanischen Heidelbergensis-Sprachen, nicht den europäischen, gingen vor rund 100 000 Jahren die ersten Sprachen des modernen Homo sapiens hervor.

Hatte Homo heidelbergensis schon alle unsere heutigen sprachlichen Fähigkeiten? Oder gab es bei diesem Übergang zum modernen Menschen noch einschneidende Verbesserungen?

Natürlich, seit den neuesten Ergebnissen ist nicht mehr plausibel, dass Sprache beim modernen Menschen plötzlich und aus dem Nichts entstand. Die letzten Kapitel zeigen: Die Sprachentwicklung setzte extrem früh ein, vor mehr als 1,8 Millionen Jahren. Irgendeine Frühform oder Vorform von Sprache ist damit etwa so alt wie das biologische Genus Mensch (Homo). Dies ist das wichtigste Ergebnis aus den anatomischen Untersuchungen der letzten Jahre. Die erste Umformung des Gehirns von einem typisch äffischen Zustand hin zu menschlicher wirkenden Formen fällt zeitlich mit dem Beginn der Sprache zusammen. Und doch bleiben viele Forscher der Ansicht: Der entscheidende Schritt in der Sprachentwicklung sei erst vor 50 000 oder 100 000 Jahren beim modernen Menschen geschehen. Vorher habe es, wenn überhaupt, nur eine »Protosprache« gegeben, die vielleicht so etwas wie Wörter, aber keine Grammatik gekannt habe.

Woher kann man so etwas wissen? Nicht aus Fossilien, so viel ist klar. Aber wie ist es mit den Genen? Hier bietet sich ein brandneues Argument für eine späte »Sprachexplosion« an: Das Gen FOXP2 mit seinen relativ jungen Mutationen. Allerdings ist dieses genetische Indiz keine sichere Bank, wie wir gleich sehen werden.

Es ist hier nämlich Zeit, endlich zu klären, wie es sein kann, dass zumindest eine Vorform von Sprache beinahe zwei Millionen Jahre alt ist, obwohl doch die menschenspezifische Variante des »Sprachgens« FOXP2 angeblich erst vor circa 100 000 Jahren entstand.

NOCH EINMAL FOXP2:
LÖWEN, MENSCHEN UND VÖGEL

Wir erinnern uns: FOXP2, im Gehirn wichtig für die Entwicklung der Basalganglien, gilt als Sprachgen. Wenn es gestört ist, beeinträchtigt es beim Menschen die Sprache und bei Tieren die Lautäußerungen. Besonders aktiv ist dieses Gen bei Kindern zweier gar nicht näher verwandter Tiergruppen: Menschen – und Singvögel. Beide Gruppen zeichnen sich dadurch aus, dass im Kindesalter Lautreihen gelernt werden müssen.

Die Genetiker haben bekanntlich außerdem zeigen können, dass das FOXP2-Gen von Menschen seit deren Abspaltung von der Schimpansenlinie zweimal mutierte und zumindest eine der beiden Mutationen, die FOXP2 durchmachte, erst um die 100 000 Jahre alt ist – also viel jünger als Homo heidelbergensis und etwa gleich alt wie der moderne Mensch. Eine verbreitete Interpretation dieser Daten ist: Prämoderne Menschen hätten keine oder nur eine extrem reduzierte, unflexible Sprache aus einzelnen Kurzwörtern oder Ausrufen besessen. Demnach wären es erst die neuen, jungen Mutationen gewesen, die FOXP2 vom tierischen Laut-Gen zum menschlichen Sprach-Gen gemacht hätten. Doch eben das ist beim derzeitigen genetischen Forschungsstand alles andere als sicher.

Sehen wir uns dazu ein paar interessante Fakten an.

Inzwischen sind Tausende von sprachgestörten Menschen auf ihr FOXP2 gescreent worden, vordergründig, um die Ursachen von Sprachstörungen zu erforschen. Hintergründig will man aber unbedingt auf jemanden stoßen, der durch eine zufällige Rückmutation die Schimpansenvariante von FOXP2 in sich trägt. Bislang erfolglos. Zwar wurden bei einigen der getesteten Sprachgestörten tatsächlich Fehler in FOXP2 entdeckt, was dessen Rolle für Sprache neuerlich bestätigt. Doch diese Fehlermutationen lagen, wie jene der Browns, alle an Stellen des Gens, an denen Menschen und Schimpansen sich gar nicht unterscheiden. Es fehlt also bislang die Bestätigung, dass ein »äffisches« FOXP2 beim Menschen überhaupt eine merkliche Sprachstörung hervorruft! Mehr noch: Es gibt sogar Gründe, daran zu zweifeln.

Lauschen wir nochmals den Vögeln. Ihr FOXP2 ist keineswegs identisch mit dem von Menschen. Zuerst hatte man daraus geschlossen, das Vogel-FOXP2 habe sich einfach auf andere Weise als das menschliche an die Funktion »Vokaläußerungen lernen« angepasst. Dann stellte sich heraus: Fast alle untersuchten Vogelarten bewahren ein uraltes Reptilien-FOXP2. Und zwar unabhängig davon, ob sie ihren Gesang erst lernen müssen oder nicht. Bei lernenden Vögeln hat das Gen also die neue Funktion übernommen, ohne zu mutieren. Singende Männchen und nicht singende Weibchen der gleichen Vogelspezies besitzen ja auch immer dasselbe Gen. Nur ist es bei den Männchen in gesangstypischen Hirnregionen hochaktiv und bei den Weibchen nicht. Der Unterschied zwischen lernenden und nicht lernenden Vögeln liegt also nicht in der – bei beiden ja gleichen – Basensequenz von FOXP2. Vielmehr beruht er offenbar auf genetischen oder hormonellen Faktoren, die ihrerseits die Aktivität von FOXP2 im Gehirn steuern. Welche das sind, wissen wir derzeit noch nicht.

Das Vogel-Vorbild bringt es an den Tag: Eine Mutation, die FOXP2 aktiver macht und damit unser Gehirn sprachlernfähiger, die muss nicht unbedingt in FOXP2 selbst liegen. Was aber wäre dann der Sinn der menschlichen Mutationen in FOXP2? Es ist schließlich mathematisch bewiesen, dass sie ihren Trägern einen starken Selektionsvorteil brachten! Welcher außer der Sprache hätte das sein können? Wieder lässt der Vergleich zwischen verschiedenen Spezies ahnen, worum es gehen könnte.

Überall im Tierreich hat man inzwischen eifrig sequenziert: Bis heute sind um die 50 Tierarten darauf untersucht worden, ob sie die beiden menschlichen Besonderheiten teilen. Insbesondere bei Vögeln und Primaten hielt man Ausschau, jedoch vergeblich. Man stellte lediglich fest, dass kleinere Unterschiede in der FOXP2-Sequenz nahe verwandter Säugerspezies gar nicht so selten sind.

Und dann stießen die Genetiker auf eine Tiergruppe, die eine unserer beiden Mutationen teilt: fleischfressende Säugetiere. Ein Zufall? Wohl nicht. Sprache ist nicht der einzige Unterschied zwischen Affen und Menschen. Im Gegensatz zu Affen essen wir große Mengen tierisches Eiweiß und haben dies nachweislich in der Altsteinzeit noch mehr getan als heute. Nun fiel den Wissenschaftlern ein, was sie über FOXP2 schon lange wussten, bevor es als Sprachgen Furore machte: Das Gen ist nicht nur im Gehirn aktiv, sondern erfüllt auch wichtige Funktionen in Lunge, Leber und Darm. In einer der beiden letzteren, eher profanen Regionen des menschlichen Körpers dürfte denn auch die Funktion der FOXP2-Mutation angesiedelt sein. Anders als nach der ersten Untersuchung von Enard gab es dieses Mal allerdings keine Pressemeldungen à la »Darmgen entdeckt« oder »Fleischfressergen machte moderne Menschen Neandertalern überlegen«.

Bleibt noch die zweite Mutation in FOXP2, die nun allein auf Genkarten als menschentypisch hervorgehoben werden kann. Sie gilt jetzt als heißer Kandidat für eine »Sprachmutation«. Doch Vorsicht: Die zweite ausgetauschte Base liegt auffällig dicht an der ersten, in der gleichen Ableseeinheit (Exon) des Gens. Beide werden gemeinsam vererbt. Nicht auszuschließen, dass eine der beiden Mutationen viel älter ist als die andere und nur zum Schein deren junges Datierungssignal trägt.

Apropos Datierung: In der Genetiker-Gerüchteküche kursierte schon länger, dass Enard und Co. sich bei der Datierung der Mutationen verrechnet hätten. Und tatsächlich: Während dieses Buch in Druck geht, konnte erstmals das FOXP2-Gen zweier Neandertaler sequenziert werden – die angeblich nur dem Homo sapiens eigenen Mutationen waren bei den Altmenschen vorhanden! Homo heidelbergensis, der gemeinsame Vorfahre beider Arten, muss sie bereits besessen haben. Eine andere, unveröffentlichte Untersuchung kam zuvor schon zu dem Ergebnis, die menschlichen Veränderungen in FOXP2 seien in Wahrheit nicht 100 000, sondern 1,8 Millionen Jahre alt. Damit stammten sie ausgerechnet aus der Zeit, aus der es die ersten knöchernen Indizien für Sprache gibt!

Trotzdem sollten wir uns vorläufig noch damit zurückhalten, nun der einen verbleibenden menschenspezifischen Mutation in FOXP2 revolutionäre Bedeutung für die Sprache zuzuschreiben. Denn zu all den genannten Fakten über FOXP2, die das unsicher machen, kommt hinzu: Anders, als man vor wenigen Jahren noch dachte, müssen Mutationen von hirnwichtigen Genen nicht immer dramatische Folgen haben. Dies ist eine Erkenntnis aus dem berühmten Humangenomprojekt. Analysen an den großen menschlichen Gen-Datenbanken, über die wir jetzt verfügen, zeigen: Noch in historischer Zeit gab es beim Menschen vorteilhafte Mutationen an hirnaktiven Genen – und die geistigen Fähigkeiten haben sich keineswegs revolutionär verändert. Vor gut 5 000 Jahren begann sich beispielsweise eine Mutation im Microcephalin-Gen durchzusetzen, das die Gehirngröße zu regeln hilft. Die Mutation fing in Europa oder Westasien an und findet sich dort inzwischen bei einer Mehrheit der Bevölkerung. In Japan und China ist sie dagegen selten, amerikanische Indianer und Afrikaner haben sie überhaupt nicht. Bei Tausenden von Versuchspersonen ließ sich bislang nicht feststellen, wodurch sich Mutationsträger von den Nichtträgern unterscheiden.

Derzeit probieren die Genetiker, Mäusen die menschliche FOXP2-Variante einzupflanzen. (Ja, diese Untersuchungen an menschenartig veränderten Mäusen sind ein bisschen unheimlich!) Erst wenn hier die Ergebnisse vorliegen, werden wir wissen, ob die fraglichen Mutationen sich überhaupt auf das Gehirn und auf die Sprache auswirken. Ein wichtiges Fazit können wir dennoch schon ziehen. Und das lautet:

FOXP2 ist essenziell sprachwichtig. Aber es gibt derzeit keinen Grund anzunehmen, dass es diese Funktion erst beim Homo sapiens übernommen hat.

So sehen auch viele Forscher, die von einem späten, entscheidenden Sprachsprung bei Homo sapiens überzeugt sind, FOXP2 nicht als wichtiges Indiz für ihre These. Der Sprachwissenschaftler Derek Bickerton – er ist der bekannteste Vertreter der Idee einer späten Sprachexplosion beim modernen Menschen – drückt das so aus: »Es ist zumindest voreilig, ihm [dem menschlichen FOXP2] irgendeine spezifische Funktion zuzuschreiben, und schlicht unwissenschaftlich, es als einen Hauptfaktor in der Sprachentwickung anzusehen.«

Den späten Sprachsprung vermuten diese Forscher nicht aus genetischen, sondern aus ganz anderen Gründen. Um diese kennenzulernen, müssen wir ihnen auf neues Terrain folgen. Die vielleicht reichhaltigsten Anhaltspunkte für Einzelheiten in der Entwicklung der Sprache finden sich weder in den Knochen der Menschheit noch in ihren Genen. Sie liegen in unseren geistigen Fähigkeiten verborgen.

Also werden wir uns endlich dem menschlichen Geist zuwenden und seinem Produkt: der lebenden Sprache, die uns eine Menge über ihre eigene Geschichte erzählen kann.

DRITTER TEIL
GEISTIGE FINGERABDRÜCKE

VON DER HAND IN DEN MUND: WERKZEUGE UND KUNST ALS INDIZIEN FÜR SPRACHE

Der künstlerischen Kraft der Höhlenmalereien von Lascaux, Altamira und der vor Kurzem erst entdeckten Grotte Chauvet kann sich kaum jemand entziehen. Wie hier mit einfachen Strichen und Farbschattierungen die Schönheit und Lebendigkeit, ja die Essenz wild lebender Tiere eingefangen wurde, bezaubert zutiefst.

Es sind aus der späten Eiszeit und den nacheiszeitlichen Steinzeitepochen auch in anderen Gegenden der Welt Felsenmalereien erhalten geblieben. In Südskandinavien und Nordafrika zum Beispiel und natürlich in Australien. Überall dort sind die Tierbilder abstrakter und symbolhafter als die der französisch-spanischen Eiszeitjäger. Damit sind sie für uns – die wir mit den Mythen und Absichten ihrer Schöpfer nicht vertraut sind – auf den ersten Blick weniger zugänglich. Vieles hier lässt sich ohne Vorwissen über die Bedeutung überhaupt nicht interpretieren, genauso wenig übrigens wie die wiederkehrenden geometrischen Zeichen, die in den französischen und spanischen Bilderhöhlen neben den naturalistischen Darstellungen anzutreffen sind.

Das nötige kulturelle Wissen zum Verständnis all dieser Symbole kann eigentlich nur sprachlich tradiert worden sein.

Bilderwelten im Kopf

Wer hat diese Bilder geschaffen? Für die ältesten europäischen Felsenmalereien lässt sich dies nicht ganz sicher belegen. Doch da wir bei den jüngeren Bildern eine kulturelle Kontinuität beobachten können, geht man davon aus, dass sie alle von modernen Menschen stammen: von Abkömmlingen jener Auswanderer also, die vor etwa 65 000 Jahren ihre Heimat in Afrika und dem Nahen Osten verließen und im Lauf weniger Jahrzehntausende überall in der alten Welt einschließlich Australiens anzutreffen waren. Australien ist das Mekka der Felsenmalerei. So waren es auch zwei Australier, der Anthropologe Iain Davidson und der Psychologe William Noble, die 1989 die Entstehung der Sprache an den Malereien festmachen wollten. Sprache, argumentieren sie, beruhe auf symbolischem Denken. (Ein Wort steht ja symbolisch für das von ihm Bezeichnete.) Dieses Denken sei es hauptsächlich, das den Menschen vom Tier unterscheide. Beim ersten Schritt auf dem Weg zur neuen, symbolischen Denkweise seien die Symbole zunächst »ikonisch«. Und das heißt nichts anderes als bildlich. Ganz oder teilweise ikonische Symbole sind zum Beispiel das gehende grüne Männchen auf der DDR-Ampel oder Kanzis selbst erfundenes Zeichen für »Mach mir die Flasche auf«: die sich über dem Verschluss der Flasche drehende Hand.

Zurück zu Davidson und Noble. Ikonische Zeichen, erklären sie, seien der unabdingbare erste Schritt hin zu solchen Symbolen, die willkürlich dem Bezeichneten zugeordnet sind (wie fast alle Wörter einer Sprache). Erst komme das Bild, dann das Wort. Daher seien die ersten Felsenmalereien, als die ersten Bilder, die Voraussetzung und der Anfang der Sprache gewesen: Zunächst hätten die Menschen Pferde, Nashörner und Auerochsen malen oder als Skulpturen darstellen müssen (in der Tat tauchen zur gleichen Zeit wie die Malereien auch erste steinerne Figurinen auf). Dann erst hätten sie in einem zweiten Schritt Wörter für diese Tiere erfinden können. Da die ältesten Felsenmalereien 50 000 Jahre alt seien und vom modernen Menschen stammten, sei die Sprache erst dann (oder etwas früher) entstanden.

Tatsächlich? Einige der damaligen Annahmen von Davidson und

Noble darf man bezweifeln. Wer dieses Buch bis hierher gelesen hat, weiß längst, dass Menschenaffen, Hunde, Graupapageien und viele andere Tiere willkürlich zugeordnete Symbole verstehen lernen und sogar – seltener – selbst welche entwickeln können. Schimpansen und Gorillas schaffen in der Wildnis symbolische Gesten und tradieren diese in der Gruppe. Die Fähigkeit zu symbolischem Denken kann also nicht erst bei Homo sapiens entstanden sein. Was Schimpansen und Gorillas ganz gut beherrschen, dazu waren die archaischen Menschen bestimmt in noch höherem Maße in der Lage.

Und natürlich sind die späteiszeitlichen Felsenmalereien nicht der erste, stolpernde Schritt auf dem Weg zu symbolischen Fähigkeiten. Von Stolpern kann hier keine Rede mehr sein. Die großartigen Malereien, samt den sie von Anfang an begleitenden rätselhaften abstrakten Symbolen, sind ein sicherer Beleg für eine bereits existierende Mythen- und Vorstellungswelt, die in einer voll entwickelten Sprache tradiert wurde. Und obwohl einige Forscher dies so darstellen, haben wir nicht sehr viel Grund anzunehmen, dass eine Mythenwelt beim modernen Menschen vor 50 000 Jahren qua Urknall aus dem Nichts explodiert ist.

Es gibt durchaus Indizien dafür bei archaischen Menschen. Zugegeben, so unzweifelhaft aussagefähig wie die späteren Malereien oder Schmuckgegenstände sind diese nicht: Aber eine reiche Vorstellungskraft und kollektive mythologische Traditionen müssen sich nicht zwangsläufig in Höhlenmalereien niederschlagen, die Jahrzehntausende überdauern. Die wenigsten modernen Naturvölker bemalen Höhlen. Ihre Geschichten, Riten und Gesänge existieren, aber wären für spätere Archäologen kaum greifbar. Federschmuck, hölzerne oder aus anderen Pflanzenmaterialien hergestellte Masken und Kostüme oder Körpermalerei erhalten sich sehr schlecht über Jahrtausende. Das gilt übrigens nicht nur für rituelle Kunst, sondern auch für Gegenstände des täglichen Gebrauchs. Wenn es – mit extrem seltenen, in Torf konservierten Ausnahmen – keine Holzgeräte aus der Zeit vor dem modernen Menschen gibt, heißt das nicht, man hätte zuvor nur Stein bearbeitet. Die Holz-, Rinden-, Bambus- oder Riedgrasartefakte sind einfach längst verfallen.

Dennoch haben wir starke Hinweise darauf, dass zumindest eine andere Menschenform als der moderne Homo sapiens ein mythologisch-religiöses Weltbild kannte. Neandertaler bestatteten ihre Toten, sogar Früh- und Neugeborene, öfter in Erdgruben und setzten oder legten sie dabei in Ost-West-Richtung. Früher wurden auch Spuren des Pigments Ocker in den Gräbern als Teil eines Begräbnisrituals interpretiert, doch dabei mag es sich, wie Skeptiker inzwischen behaupten, um Verfallsspuren der Tierhäute handeln, mit denen diese Menschen bekleidet waren. Irgendetwas bemalt haben Neandertaler jedenfalls definitiv: mit schwarzem Mangandioxid, das sie zu »Stiften« formten. Und am Fundort La Ferrassie bedeckte eine mit merkwürdigen, regelmäßigen näpfchenförmigen Vertiefungen versehene Steinplatte ein Kindergrab. Die sich hier zeigenden, im weitesten Sinne religiösen Vorstellungen müssen tradiert worden sein, wahrscheinlich mittels einer Form von Sprache.

Was wir beim Neandertaler wie beim modernen Menschen finden, das dürfte aber auch bei deren gemeinsamem Vorfahren, dem Homo heidelbergensis, zumindest in Ansätzen vorhanden gewesen sein. Am 400 000 Jahre alten Fundort Bilzingsleben in Thüringen ist jedenfalls eine mit Steinplatten gepflasterte Struktur in der Nähe eines Wohnbezirks erhalten, die von dem Leiter der Grabung, Dietrich Mania, als Kult- oder Opferstätte gedeutet wird.

Viele Forscher neigen derzeit dazu, allen älteren Menschenformen kreatives religiöses Vorstellungsvermögen abzusprechen. Aber die genannten Indizien lassen das eigentlich nicht zu. Als Arbeitshypothese können wir zumindest einen ersten zarten Beginn von religiösen Ritualen und damit auch sprachlich tradierten kollektiven Mythen in die Zeit des späten Homo heidelbergensis datieren.

Technik, Tiere und Zungengymnastik

Was können wir sonst noch mit den materiellen Hinterlassenschaften der Steinzeitkultur anfangen? Sagen die bloßen funktionellen Steinwerkzeuge uns etwas über die Evolution von sprachlichen oder anderen geistigen Fähigkeiten?

Germanen – dümmer als Römer?

Bevor wir darangehen, von Steinwerkzeugen auf die »Mundwerkzeuge« zu schließen, sollten wir uns über die Grenzen dieser Methode klar werden. Grundsätzlich gilt: Technische Niveauunterschiede zwischen Kulturen sind kein hinreichender Beweis für angeborene geistige Unterschiede bei den Trägern dieser Kulturen. Warum nicht? Machen wir ein kleines Gedankenexperiment. Man stelle sich vor, unsere Nachfahren würden in sehr ferner Zukunft in Deutschland Ausgrabungen machen. Dabei würden sie an mehreren Fundorten reichhaltige Hinterlassenschaften vom Jahr 1000 bis 2000 finden. Zu Beginn der Epoche gab es als schnellstes Transportmittel Pferdewagen; zu Pferd oder zu Fuß reisende Boten waren das wichtigste Medium der Fernkommunikation. Die Menschen heizten mit Holz und Dung und betrieben hauptsächlich Landwirtschaft mit der Muskelkraft von Menschen und Arbeitstieren. Ein paar stellten in Handarbeit Holz- und Eisenartefakte her. Die meisten lebten in Dörfern.

An diesem Bild ändert sich – aus der Ferne gesehen – 800 Jahre lang rein gar nichts. Bis in die Dreißigerjahre des 19. Jahrhunderts, als die ersten deutschen Eisenbahnstrecken entstanden: Eine völlig neue Transporttechnologie, angetrieben durch einen neuen Energieträger, die Steinkohle. Schlagartig begann nun eine sich rasant beschleunigende technische Entwicklung, bis im Jahr 2000 nichts mehr war wie zuvor: Gerätschaften werden heute in maschinell gefertigter Massenproduktion hergestellt, teils aus bislang völlig unbekannten künstlichen Stoffen. Die meisten Menschen leben in Städten, die hoch technisierte Landwirtschaft wird nur noch von ganz wenigen betrieben. Arbeitstiere existieren nicht mehr, statt Holz dienen als Energieträger hauptsächlich Erdöl, Erdgas und Kernkraft, die per Strom in die Häuser und per Benzin in die Fahrzeuge kommen. Ein Brief läuft einen Tag; Personen auf der ganzen Welt kommunizieren ständig per Kabel- und Funknetz in Echtzeit-Verbindung miteinander. Auch körperlich haben wir uns zwischen den Jahren 1830 und 2000 verändert: Wir Menschen werden größer und leben viel länger.

Als Archäologe der Zukunft wäre man also versucht zu glauben, zu Beginn des 19. Jahrhunderts habe sich eine genetische Mutation ereignet, die die Deutschen größer, langlebiger und vor allem wesentlich intelligenter machte. Aber wie wir wissen, war das nicht der Fall. Genetisch unterscheiden wir uns nicht von unseren Vorfahren von vor 1 000 Jahren. Und doch ist der technologische Kontrast weit, weit größer als alles, was die gesamte, zwei Millionen Jahre währende Altsteinzeit an technischen Brüchen zu bieten hat.

Die Menschheitsgeschichte der letzten 2 000 Jahre ist voll von solchen Brüchen und Kontrasten. Mittelalter und Postmoderne, hinterwäldlerisches Germanentum und hochzivilisierte römische Stadtkultur, ungeheftete tasmanische Jäger- und Sammler-Steinmesser und das Cyberspace: Das alles gab es in den letzten zwei Jahrtausenden bei derselben Menschenform, Homo sapiens. Und Sprache hatten sie alle.

Wenn wir nun auf die Altsteinzeit zurückblicken, finden wir ein ähnlich verwirrendes Bild. Auch hier ist es so, dass man technische Niveaus nicht eins zu eins mit evolutionsbiologischen Entwicklungssprüngen gleichsetzen kann. Ein und dieselbe Spezies verwendete nämlich, je nach Region oder Zeit, einmal fortschrittliche und einmal weniger fortschrittliche Techniken. Umgekehrt stellen wir fest, dass ein und dieselbe steinzeitliche Technik von mehr als nur einer Menschenart verwendet wurde. Wir sollten uns daher hüten, von einer primitiveren Technik automatisch auf einen primitiveren Geist zu schließen! Ebenso gewagt wäre es, umgekehrt immer beim Erscheinen neuer Techniken anzunehmen, eine kurz vorher passierte genetische Mutation müsse die Ursache sein.

Dennoch ist all das kein Grund, das Kind mit dem Bade auszuschütten. Wenn unsere Vorfahren eine bestimmte Technik verwendeten, lässt sich damit immerhin etwas über die *mindestens* vorhandenen geistigen Fähigkeiten sagen (wenn auch nicht über das ungenutzte Potenzial).

Scharfe Kanten: Lowtech aus der Olduwai-Schlucht
Tasten wir uns also vorsichtig heran. Beginnen wir am Anfang, bei den ältesten und einfachsten Steinwerkzeugen, die überliefert sind.

In der Tat sind die ältesten die einfachsten. Eine Grundtendenz vom Einfachen zum höher Entwickelten gibt es schon in der technischen

Geschichte der Altsteinzeit, und sie setzt sich bis heute fort. Zumindest teilweise scheint dies inneren Gesetzen kultureller Evolution zu folgen: Je länger Zeit zum Experimentieren war, je mehr Wissen sich ansammelt, je mehr Menschen es gibt, von denen man sich etwas abschauen kann – desto höher ist die Wahrscheinlichkeit, ein hohes technisches Niveau zu erreichen.

Die ältesten frühmenschlichen Steinwerkzeuge heißen, nach dem ostafrikanischen Fundort Olduwai-Schlucht, Olduwan oder Oldowan. Das waren nicht die ersten Werkzeuge überhaupt – auch Menschenaffen benutzen welche! Aber sie waren die ersten, die aus Steinen durch Behauen mit anderen Steinen hergestellt wurden. So entstanden scharfe Kanten und Klingen. Schon in den frühesten Funden sind sie mit Tierknochen vergesellschaftet, die Schnittspuren tragen. Die Werkzeuge ersetzten beim Zerlegen von Tierkadavern und Zerschlagen von Markknochen fehlende Reißzähne und fehlende Kieferkraft. Olduwan-Werkzeuge schneiden sogar Elefantenhaut wie Butter! Oft wurde mit ihnen auch hartes Pflanzenmaterial wie Holz und Schilf bearbeitet – ein Hinweis auf weitere Gerätschaften aus diesen Materialien.

Die frühesten, zunächst noch immer recht affenartigen Vor-Menschen hatten offenkundig eine für Primaten neue ökologische Nische erschlossen. Sie waren, nimmt man an, Aasfresser geworden, die gezielt von Raubtieren frisch erlegtes Wild aufspürten, diese mit Gebrüll und Steinwürfen vertrieben, um dann gemeinschaftlich die fremde Beute zu verzehren. Offenbar hatten sie auch entdeckt, dass sich mit Holz und harten Gräsern manch Nützliches anfangen lässt: zum Beispiel wie heute die Schimpansen in Termitenhügeln zu stöbern, aber auch, um kalorienreiche Wurzeln und Stärkeknollen auszugraben.

Die neue Lebensweise mit ihrer vielfältigeren Nahrung verlangte und begünstigte ein neues Spektrum an Fähigkeiten. Wir wissen nicht mit Sicherheit, ob verbesserte Kommunikation dazugehörte. Wir wissen aber sehr wohl, dass die neuen Bedingungen und ihr Selektionsdruck relativ bald eine biologische Speziation bewirkt haben: Die ältesten bekannten Olduwan-Werkzeuge sind 2,6 Millionen Jahre alt, und etwa gleich alt, nämlich 2,5 Millionen Jahre, ist die früheste bislang gefundene fossile Übergangsform zwischen den damals häufigen aufrecht gehenden Menschenaffen (Australopithecus) und den ersten zweifelsfreien Urmenschen (Homo ergaster, der frühen Variante des Homo erectus).

Wie diese Übergangsformen zu benennen und zu klassifizieren sind, ob es zwei Arten sind (rudolfensis und habilis) oder eine, ob sie eher der Gattung Homo zuzurechnen sind oder noch Australopithecus (oder gar einer neuen Gattung Kenyanthropus), das ist ein Streit von Spezialisten, der uns hier nicht interessieren muss. Merken sollte man sich aber, dass sich bei diesen Übergangsformen das Gehirn verändert. Die Abspaltung von der Schimpansenlinie war zu dieser Zeit schon Millionen Jahre her. Doch jetzt erst treffen wir auf die ersten menschlichen Vorfahren, die Anstalten machen, sich vom typischen Menschenaffenhirn wegzubewegen. Bei der Herstellung der neuen, steinernen Schneidwerkzeuge bewiesen diese Vor-Menschen ein gar nicht so schlechtes manuelles Geschick.

Sprachforscher bekommen an dieser Stelle glänzende Augen. Warum?

Was die Hand mit dem Mund zu tun hat

Das Broca-Areal unserer linken Großhirnhälfte gilt bekanntlich als »Sprachzentrum«. Unter anderem hilft es, wie wir gesehen haben, im Zusammenspiel mit den Basalganglien, gelernte Bewegungen der Artikulationsorgane zu planen und zu koordinieren. Aber das sind mitnichten seine einzigen Funktionen.

Es waren maßgeblich deutsche Forscher wie Ferdinand Binkofski und Bernhard Haslinger, die erst in den letzten Jahren herausfanden: Das Broca-Areal ist nicht allein fürs Sprechen, sondern auch für die Planung und Koordination der feinen Motorik *der Hand* zuständig! Kein Wunder also, dass die Gebärdensprache für Gehörlose eine so gute Alternative zur Lautsprache darstellt: Die Handmotorik kann hier die gleichen neuroanatomischen Nachbarstrukturen und interregionalen Verschaltungen des Broca-Zentrums nutzen, wie es sonst die Mundmotorik tut.

Als typische Menschen sind wir die geschicktesten Handwerker im Tierreich. Wir schaffen es problemlos, so komplizierte Präzisionsaufgaben wie Häkeln, Laubsägen, Origami oder Blinddarmoperationen auszuführen. Nur können unsere frühesten Vorfahren nicht ganz so begabt für Origami und Gefäßchirurgie gewesen sein wie wir. In der menschlichen Linie hat sich nämlich neben der Mund- auch die Handmotorik noch erheblich verbessert. Nicht nur weil bei uns Daumen und Finger etwas günstiger zueinander stehen als bei Affen. Wir können unsere »Handlungen« auch besser planen und koordinieren! Papierflieger basteln oder Topflappen häkeln mag wie Kinderkram erscheinen, aber es sind hochkomplexe, wohl koordinierte motorische Leistungen, die charakteristisch für unsere menschliche Welt und unser menschliches Wesen sind. Oder haben Sie schon mal einen Affen einen Papierflieger falten sehen?

Die schlechter koordinierte Handmotorik machte sich übrigens auch bei den »Sprachschimpansen« Washoe und Co. bemerkbar. Die Gebärden der Tiere waren höchst grob ausgeführt und wirkten völlig anders als die rasant schnellen, feinmodulierten Handbewegungen menschlicher Sprecher der Gehörlosensprachen. Mit anderen Worten, die Schimpansen hatten auch im »händischen« Sprachmodus ein dickes Artikulationsproblem!

Viele Anthropologen gingen früher davon aus, dass Affen gar kein Broca-Zentrum besitzen. Solange man es für ein reines Sprachzentrum hielt, schien das auch logisch. Und als man dann bei alten Vorfahren wie Australopithecus oder Homo habilis die Spuren einer linksseitigen Broca-Wölbung an Schädelinnenabdrücken erahnte, da glaubte man zunächst, einen Beleg für frühe Sprache gefunden zu haben. Dummerweise besitzen Menschenaffen aber doch ein Broca-Zentrum. (Es ist mit dem Gehirn wie mit den Genen: Selten in der Evolution entsteht eine völlig neue Struktur. Eher werden alte abgewandelt.) Und noch eine Sensation gab es in den letzten Jahren: Sogar bei nur entfernt mit uns verwandten kleinen Äffchen ist ein Broca-Vorläufergebiet im unteren Stirnlappen darauf spezialisiert, willkürliche, feine Bewegungen des Mundes und vor allem der Hand zu planen. Äffchen brauchen das auch. Im Vergleich mit manch anderen Säugetieren wie Katzen oder

Kühen sind sie bei der Fortbewegung und der Nahrungsaufnahme stark auf flexible Bewegungen der Finger und ein Stück weit auch der Lippen angewiesen. (Sonst würden sie bei wechselnder Astgröße ständig vom Baum fallen oder könnten keine leckere Made unter der Baumrinde hervorpulen und mit den Lippen aufnehmen.)

Es waren Experimente mit diesen viel geplagten kleinen Versuchstieren, die zum ersten Mal zeigten, was sich später in Untersuchungen am Menschen bestätigte: Die Zellen in diesem motorischen Planungsareal dienen nicht nur dazu, eigene Bewegungen auszuführen. Sie dienen auch dazu, die Mund- und Handbewegungen anderer *im Geiste nachzuvollziehen*. Ein Affe, der einen anderen Affen (oder den menschlichen Versuchsleiter) mit zwei Fingern eine Rosine heben oder mit den Lippen schmatzen sieht, bei dem feuern die Neuronen ganz ähnlich, wie wenn er selbst nach der Rosine greifen oder schmatzen würde. Exakt das Gleiche passiert im Broca-Zentrum von Menschen, wenn sie gezielte Finger- oder Lippenbewegungen beobachten oder sich Handbewegungen vorstellen!

Es sind offenbar diese sogenannten »Spiegelneuronen«, die den motorischen Planungsarealen im Stirnlappen ermöglichen, uns beim Verstehen von Sprache zu helfen. Wenn wir selbst sprechen, feuern sie auf ganz ähnliche Weise, wie wenn wir Sprache hören (oder lesen)! Neurologisch entspricht »Verstehen« von Sprache also zumindest zum Teil dem Nachempfinden von gesehenen Bewegungen. Dass dieses virtuelle Nachvollziehen zugleich die Möglichkeit zum Lernen und zur Imitation bietet, ist offenkundig.

Nun ist klar, dass Affen weder sprechen noch Origami betreiben. Unser Broca-Zentrum ist ja auch viel größer als ihres. Es ist ein Teil der Großhirnrinde, und die als Ganze ist beim Menschen unverhältnismäßig stark angewachsen. Kein Zweifel: Wir sind zum Sprechenlernen und für komplizierte Handwerksaufgaben auch deshalb so begabt, weil wir besser entwickelte, »mächtigere« motorische Planungsareale besitzen.

Kanzis geschickte Schwester
Ahnen Sie es? Mit diesem Wissen können wir echte Neuro-Archäologie betreiben: Die ersten behauenen Steinwerkzeuge in der Olduwan-Kultur könnten belegen, dass sich die erhöhte Leistungsfähigkeit des Broca-Zentrums bei den Affe-Mensch-Übergangsformen vor zweieinhalb Millionen Jahren bereits zu entwickeln begann.

Das war der Anthropologin Kathy Schick klar, als sie 1990 Sue Savage-Rumbaugh kennenlernte. Diese erzählte natürlich von Kanzi, dem sprachbegabten Bonobo. Schick brachte das auf eine Idee. Sie selbst und ihr Mann Nicholas Toth sind Experten für frühe Werkzeugtechniken. Wenn man die beiden vor einen Haufen Feuersteingeröll setzt, können sie daraus ohne jedes weitere Hilfsmittel mit routiniertem Geschick so ziemlich alles herstellen, was in altsteinzeitlichen Grabungen je gefunden wurde. Was würde wohl passieren, wenn sie Kanzi ein paar Steine zum Behauen gäben? Wäre sein Gehirn in der Lage, das Zielobjekt – ein scharfes Messer – durch mehrere Schläge aus einem Stein »herauszuschälen«?

In freier Wildbahn benutzen Schimpansen zwar Steine, doch sie bearbeiten sie niemals. Dank Kanzi sah Schick nun die Möglichkeit zu überprüfen, ob die Olduwan-Werkzeuge tatsächlich ein Indiz für eine beginnende typisch menschliche Gehirnorganisation waren. Kanzi sollte zunächst beobachten, wie Nicholas Toth ein Olduwan-Steinmesser herstellte und es dann benutzte, um eine Schnur zu zerschneiden und so an eine in einer Kiste verschnürte Leckerei zu kommen. Dann gab man Kanzi Steine und stellte eine ebensolche verschnürte Kiste bereit. Um es kurz zu machen: Kanzi musste nicht lange nachdenken, was hier gefordert war. Er schaffte es auch, eine Steinkante herzustellen, mit der er die Schnur zertrennen konnte, und er verbesserte über Monate und Jahre, in denen ihm immer wieder mal verschnürte Kisten vorgesetzt wurden, per Versuch und Irrtum seine Herstellungstechnik. Aber seine »Messer« waren längst nicht so gezielt hergestellt und scharf wie die Olduwan-Geräte. Unter anderem schien er beim Zuhauen nicht gut zu planen, an welcher Stelle er den Schlag ansetzen musste, um einen guten Effekt zu erzielen. Zeitweise schmiss er einfach den Stein mit Gewalt auf den Boden; gar keine dumme Taktik, weil beim Zerschellen oft verwendbare Kanten entstanden.

Das Ergebnis schien festzustehen: Die Olduwan-Geräte seien der Beleg für eine größere manuelle Geschicklichkeit, also eine bessere Kontrolle, Koordination und Feinplanung der Handlungen, als sie Menschenaffen leisten können. Damit belegten sie die beginnende Vergrößerung oder bessere Verschaltung jener Hirnareale, die zumindest später auch für Sprache zuständig sind.

Dann allerdings gab es eine Überraschung: Kanzis Schwester Panbanisha sah sich die neue Technik von Kanzi ab. Und sie brachte es darin zu viel größerer Meisterschaft als ihr Bruder. Anders als er suchte sie mit konzentriertem Blick vor jedem neuen Schlag nach genau den spitzen Winkeln im Stein, auf die auch ein moderner menschlicher Hersteller solcher Geräte bevorzugt einschlägt. Das war der Eindruck von Iain Davidson, dem Felsenmalerei-Experten, der extra aus Australien angereist kam, um mit eigenen Augen zu sehen, wie Bonobos sich als Steinmetze betätigten.

Die endgültige Bewertung von Panbanishas Werkzeugen steht noch aus. Auch ihre Ergebnisse bleiben offenbar noch etwas hinter denen der Olduwan-Industrie zurück. Doch der Unterschied ist längst nicht so augenfällig wie bei Kanzi. Dass Panbanisha sich ihrem Bruder überlegen zeigte, war vielleicht kein Zufall. Man weiß, dass in freier Wildbahn weibliche Schimpansen öfter als männliche Steinhämmer und Steinambosse zum Nüsseknacken benutzen und auch häufiger mit Werkzeugen nach Termiten und Ameisen fischen.

Und beim Menschen? In Tests zur Feinmotorik schneiden Frauen und Mädchen (wie bei Sprachtests) meist besser ab als Männer und Jungen. Ob dieser kleine Unterschied angeboren ist, lässt sich bezweifeln; wahrscheinlich spielen Gewohnheit und Übung die größere Rolle. Frauen sind aber definitiv nicht weniger begabt als Männer für alltägliche Hand- oder Handwerksarbeiten. Eine der ganz wenigen Kulturen, in denen heute noch Steinwerkzeuge verwendet werden, findet sich übrigens in Äthiopien. Behauene Feuersteinschaber dienen hier in einer Region zum Bearbeiten von Fellen. Es sind zu drei Vierteln Frauen, die diese Tätigkeit ausüben. Und natürlich stellen sie ihre Steinwerkzeuge selbst her.

Außerdem: Entgegen dem Klischee sind nur die wenigsten Steinwerkzeuge der Altsteinzeit Jagdwaffen. Sehr viel häufiger dienten sie zum Zerlegen von Beute und dem Bearbeiten von Fellen, Häuten und Pflanzenmaterial.

Wir sollten uns also an den Gedanken gewöhnen, dass es eher weibliche als männliche Affenmenschen waren, die vor über zweieinhalb Millionen Jahren die technische Entwicklung in Gang setzten. Denn es sind bei Schimpansen auch eher die Weibchen, die das tun, was für die Weitergabe komplizierter Techniken unerlässlich ist: lehren.

Schimpansen lernen den Werkzeuggebrauch nicht auf einen Schlag, sie probieren lieber mal ein bisschen herum. Die Mutter angelt mit einem Grashalm Ameisen? Irgendwann fangen die Jungen an, auch mit einem Grashalm in einem Ameisennest herumzustochern. Versuch und Irrtum ist ihr Weg, herauszubekommen, wie es am besten geht. Aber weil Affenkinder ihre Affenmütter meist begleiten, läuft die Verbreitung solcher Techniken dennoch von der Mutter über den Nachwuchs. Und bei einer einzigen Werkzeugtradition von Schimpansen ist ausnahmsweise auch ein echtes Lehren durch Mütter beobachtet worden: beim Nussknacken mit zwei Steinen in der Rolle von Hammer und Amboss. Im Wald von Taï (Elfenbeinküste) gibt es eine regelrechte Schimpansenwerkstatt, wo gute, seit Generationen verwendete Ambosssteine liegen und wohin sowohl Nüsse als auch geeignete Hammersteine aus einiger Entfernung geschleppt werden. Hier kümmern sich Mütter aktiv darum, dass ihre Kinder das Nussknacken lernen. Sie legen ihren Kleinen Nüsse und die nötigen Instrumente hin. Und sie greifen gelegentlich mit der eigenen Hand ein, um Fehler zu korrigieren.

Als vor Millionen Jahren Affenmenschenmütter erstmals ihren Kindern dabei halfen, eine scharfe Steinkante noch schärfer zu machen, lösten sie damit vielleicht einen Rückkopplungsprozess aus: Schneid-, Schlag- und Grabwerkzeuge taten eiweißhaltigere und kalorienreichere Nahrung auf wie das Knochenmark in den Langknochen von Büffeln und Antilopen oder Stärkeknollen im Boden. Waren die neuen Nahrungsquellen erst einmal entdeckt, hatten fortan die Gruppenmitglieder einen Vorteil, die die Werkzeuge geschickter als andere herstellen und verwenden konnten. Das waren oft jene, deren Planungsareale im Gehirn besser entwickelt waren. Die nicht unerhebliche Energie, die ein Mehr an Hirnmasse verbraucht, lieferten die neuen Nahrungsmittel gleich mit. Bei einer Spezies mit tendenziell wachsendem Gehirn wurden dann die Werkzeugtechniken zunehmend überlebenswichtig. Je mehr davon man sich von anderen abgucken oder seinem Kind weitergeben konnte, desto besser. Es gab nun einen starken Anreiz, die bei Menschenaffen vorhandene Begabung zum sozialen Lernen und Lehren stärker auszunutzen und im Lauf der Generationen – durch Überlebensvorteile der Begabteren – noch stärker herauszubilden.

Und die Sprache? Werkzeuge beweisen nicht ihre Existenz. Anders als oft angenommen, muss man nicht unbedingt sprechen können, um handwerkliche Fähigkeiten zu tradieren. Auch bei uns geübten Sprechern spielen Vormachen, Nachmachen und Üben die Hauptrolle, wenn es um das Lehren und Lernen manueller Techniken geht. Versuchen Sie mal, jemandem am Telefon beizubringen, wie man strickt oder tropfende Wasserhähne repariert. Die Sprache eignet sich so schlecht für handwerklichen Lehrstoff, dass Bücher über die Steinzeit stets zu Bildern greifen, um zu erklären, wie zum Beispiel ein mittelaltsteinzeitlicher Levallois-Abschlag hergestellt wird. IKEA-Bauanleitungen bestehen nicht ohne Grund fast ausschließlich aus Bildern.

Behauene Werkzeuge sind also kein definitiver Beweis für Sprache. Und ganz bestimmt nicht die mindestens 2,6 Millionen Jahre alten des Olduwan. Denn Nicholas Toth hat inzwischen zeigen können, welche Areale im Gehirn stark aktiv sind, wenn Menschen einen Olduwan-Abschlag herstellen. Zu seiner Enttäuschung war das Broca-Areal gar nicht dabei (sehr wohl allerdings Areale in der Großhirnrinde, die für räumliches Vorstellungsvermögen zuständig sind). Sein Schluss: Diese Technik sei zu einfach, um in den motorischen Hirnzentren Spezialisierungen merklich über das Menchenaffenniveau hinaus zu benötigen – wie auch Panbanishas gute Leistungen ahnen lassen.

Studenten und Urmenschen im Praktikum

Tatsächlich ist das Olduwan mit großem Abstand die einfachste Steintechnik der Altsteinzeit. Wollen Sie raten, wie lange ein moderner Mensch üben muss, bis er die Technik gut beherrscht? Etwa eine knappe Stunde. Bei der chronologisch nächsten von Menschen erfundenen Steinmetztechnik ist das ganz anders. Es sind die Acheuléen-Faustkeile (nach St. Acheul in Frankreich). Fast jeder hat Faustkeile irgendwann einmal in einer örtlichen Museumsvitrine liegen sehen, so häufig werden sie ausgegraben. Sie tauchen in ihrer einfachsten Form vor etwa 1,5 Millionen Jahren auf und gehören in dieser Zeit zum Homo ergaster, wiewohl sie auch später noch beliebt waren. Es wurde viel in die symmetrische, tropfenähnliche Form der Faustkeile hineingelesen, vor allem in Richtung »symbolisches Denken«. Möglicherweise ist aber die symmetrische Tropfenform der Faustkeile schlicht funktionell und wurde genau deshalb über unglaubliche 14 Jahrhunderttausende und mehrere Kontinente hinweg nie grundlegend abgewandelt.

Moderne Anthropologiestudenten haben die größten Probleme, wenn sie im Praktikum Faustkeile herstellen sollen. Man muss wochenlang üben. Eine ziemlich anspruchsvolle Aufgabe also für die Spezies Homo ergaster mit ihren vergleichsweise kleinen Gehirnen. Die ersten Jahrhunderttausende über wirken die Geräte denn auch deutlich roher gearbeitet als später. Das Acheuléen dürfen wir sicher als Indiz dafür werten, dass diese Menschen dabei waren, sich nicht nur im räumlichen Vorstellungsvermögen, sondern auch im Lernen und Planen von Handbewegungen über das Affenniveau hinaus zu entwickeln.

Machen wir nun einen Zeitsprung um eine Million Jahre zum Homo heidelbergensis, den wir in Afrika und im westlichen Eurasien vor 400 000 Jahren besuchen. Einige der ältesten Werkzeugtechniken waren noch immer in Gebrauch, teils verfeinert. Neue waren hinzugekommen. Man findet unter den Werkzeugen sogar welche mit liebevoll gearbeiteten dreidimensionalen oder um eine Achse gedrehte Symmetrien. Das räumliche Vorstellungs- und Planungsvermögen scheint damit heutiges Niveau erreicht zu haben. Mehr noch: Die gesamte Steinzeit hat keine schwerer zu erlernende Steinbearbeitungstechnik zu bieten als die ursprünglich vom späten Homo heidelbergensis entwickelte Levallois-Abschlagindustrie. Sowohl moderne Menschen als auch Neandertaler haben mit der Levallois-Technik gearbeitet, bis, kurz vor dem Aussterben der Neandertaler, eine geniale, aber handwerklich eigentlich einfachere neue Steintechnik aufkam.

Nimmt man das manuelle Geschick der Werkzeugherstellung zum Maßstab, so gibt es keinen Anlass, den späten Homo heidelbergensis für feinmotorisch weniger begabt als uns zu halten. Das passt zu der Tatsache, dass die Gehirngröße dieser Menschen im Bereich heutiger Werte lag.

Fazit: Die Werkzeugkulturen früher Menschen belegen zweimal deutlich, dass im Verlauf der jeweils vorhergehenden evolutionären Entwicklung eine Verbesserung in den neurologischen Voraussetzungen für Sprache eingetreten war – soweit sich diese an Werkzeugen ablesen lassen! Zum ersten Mal wird das bei der Spezies Homo ergaster sichtbar, die einige Jahrhunderttausende zuvor aus Affe-Mensch-Zwischenwesen hervorgegangen war. Neurologisch-planerisch war es jetzt viel eher möglich, gelernte sprachähnliche Laute zu artikulieren.

Erinnern Sie sich an Teil 2 des Buches! Merken Sie etwas? Das ist die Spezies, von der wir die ersten *anatomischen* Indizien für frühe Sprache haben.

Ein weiteres Mal wird ein solcher neurologischer Sprung bei den direkten Vorfahren von Homo sapiens und den Neandertalern in Steinen greifbar. Vielleicht nicht zufällig entsteht die handwerklich höchst anspruchsvolle Levallois-Abschlagtechnik erst, nachdem unsere Ahnen in weiten Teilen der alten Welt so gut wie ganz modern wirkende Gehirne entwickelt hatten. Detailliertere Aussagen für die sprachliche Entwicklung sind meiner Ansicht nach aus den Werkzeugkulturen altsteinzeitlicher Menschen nicht zu gewinnen.

Andere sehen das jedoch anders.

Form, Funktion und Fragezeichen

Die Levallois-Steinmetztechnik ist, wie erwähnt, ursprünglich eine Erfindung von Homo heidelbergensis, und sie ist nicht gerade leicht zu erlernen. Philip Lieberman hat 1975 aus dieser Technik einen sehr spezifischen Rückschluss auf die grammatischen Fähigkeiten ihrer Hersteller ziehen wollen. Wer die Levallois-Technik beherrsche, der müsse auch zu Sprache mit hochkomplexem Satzbau fähig gewesen sein. Der Grund: Bei dieser Technik entstehe erst über mehrere Zwischenprodukte aus einem Feuersteinklumpen (»Kern«) das rasiermesserscharfe Schneidgerät. Dieser Herstellungsprozess bilde eine Kette von Transformationen, die bestimmten grammatikalischen Umformungen gleichkomme. Wer das geistige Potenzial besitze, einen Levallois-Abschlag herzustellen, so Liebermans Argument, der müsse auch in der Lage gewesen sein, einen Satz wie »Maria wirft den Ball« in »Der Ball wird von Maria geworfen« umzuformen und die Beziehung zwischen beidem zu erkennen.

Aber sind die beiden Vorgänge überhaupt vergleichbar? Die Umformung des Steins ist nur in eine Richtung möglich, denn wir können aus der Klinge nicht wieder Geröll machen. Aus »Der Ball wird von Maria geworfen« kann man dagegen wieder den Aktivsatz »basteln«. Die Umformung vom Stein zur Klinge läuft über reale, greifbare Zwischenprodukte – bei der sprachlichen Transformation ist das keineswegs so deutlich.

Klar ist nur: Beide, der Levallois-Abschlag und der Passivsatz, sind Produkte eines hoch entwickelten menschlichen Geistes. Lieberman findet seine damalige Gleichsetzung heute selbst etwas weit hergeholt. In den Siebzigern neigte man allerdings sehr dazu, solche exakten Analogien zwischen Denken und sprachlichen Konstruktionen zu ziehen. So war zum Beispiel Sprachwissenschaftlern aufgefallen, dass Kinder Passivsätze wie »Der Ball wird von Maria geworfen« erst spät, mit etwa acht oder neun Jahren, perfekt beherrschen. Prompt postulierten Psychologen: Für jüngere Kinder sei die Unabhängigkeit von Form und Inhalt noch nicht nachvollziehbar. Sechs- oder siebenjährige Kinder erkennen oft noch nicht, dass Saft, der von einem hohen, schmalen Glas in ein niedriges, breites Glas gegossen wird, sich in der Menge nicht verändert hat. Eben deshalb könnten sie auch nicht verstehen, wie ein sprachlicher Inhalt von einer sprachlichen Form in die andere »gegossen« werden kann, ohne dass sich an der Aussage etwas ändert! (Es ist immer Maria, die den Ball wirft, ganz gleich ob man »Der Ball wird von Maria geworfen« sagt oder »Maria wirft den Ball«.) Angeblich, so glaubten die Forscher, beruhte das Verständnis von Passivsätzen und von Saftmengen in Gläsern auf der gleichen denkerischen Grundlage.

Aber das war zu weit gedacht. In anderen Sprachen lernen Kinder die Passivkonstruktionen nämlich um Jahre früher als im Deutschen oder Englischen. Schon zweijährige türkische oder Inuit-Kinder beherrschen das Passiv ihrer Muttersprachen! Diese Kleinen sind im logischen Denken natürlich nicht begabter oder erfahrener als unsere Zwei- bis Dreijährigen: Auch ihnen kann man noch wunderbar einreden, ein hohes, schmales Glas enthalte mehr Saft als ein kleines, breites. Türkische Zweijährige philosophieren sicher auch nicht darüber, dass man Passivsätze abstrakt als »Umkehrungen« von Aktivsätzen betrachten könnte. Sie lernen das Passiv einfach als eine von mehreren üblichen Verbformen. Denn im Türkischen (und in Inuktitut, der Eskimosprache) kommt es oft vor und weicht in der Form nicht sehr stark vom Normalverb ab. Deshalb ist es wohl einfacher zu verstehen. In den europäischen Sprachen dagegen müssen die Kleinen sich mit komplizierten Hilfsverbkonstruktionen herumplagen.

Nach so schlechten Erfahrungen mit den optimistischen Gleichsetzungen, die in den Siebzigerjahren zwischen spezifischen denkerischen und sprachlichen Leistungen üblich waren, sollte man heute zurückhaltender sein. Genießen wir daher lieber mit Vorsicht, was neuerdings von Forschern in die spät-altsteinzeitlichen, hauptsächlich mit modernen Menschen assoziierten Technikkomplexe alles hineingedeutet wird.

Im Ergebnis ist es so ziemlich das Gegenteil von Liebermans Umformungsthese, wonach ja schon die gemeinsamen Vorfahren von modernen Menschen und Neandertalern zu schwieriger Grammatik in der Lage gewesen wären. Nach anderen, heute einflussreicheren Forschern war das eben nicht so. Moderne geistige Fähigkeiten erkennen sie erst in den Neuerungen der späten Altsteinzeit, als es schon moderne Menschen gab: Aus dieser Zeit existieren erstmals in großer Zahl Kunstwerke wie Felsenmalereien, Skulpturen und Schmuckgegenstände. Eine neu entdeckte Steinmetztechnik – wiewohl technisch einfach – nutzte die Rohmaterialien besser aus, und das Werkzeugspektrum diversifizierte sich, unter anderem mit den vorher selten belegten in Holz gehefteten Klingen.

Dieser kulturelle Wandel der späten Altsteinzeit war besonders klar zwischen 40 000 und 30 000 Jahren in Europa zu beobachten, auffälligerweise beinahe gleichzeitig mit der ersten Einwanderung moderner Menschen hierher. Die Interpretation vieler Forscher kennen wir im Prinzip schon: Die Neandertaler und alle übrigen Altmenschen seien offenbar für die neue Kultur zu tumb gewesen, ihnen sei damit echte Sprachfähigkeit und zugleich menschliche Denkfähigkeit abzusprechen. Beides besitze nur der moderne Mensch. Diese These ist zumindest in den USA heute extrem verbreitet, hier exemplarisch von einem ihrer Begründer, dem Linguisten Derek Bickerton, formuliert:

»Die Entstehung unserer eigenen Spezies [d.h. des modernen Homo sapiens] setzte einen Sturzbach der Kreativität frei, der sich immer noch weiter beschleunigt. Was hat den Unterschied [zu älteren Kulturformen und anderen Menschenformen] bewirkt? Offenkundig eine krasse Verbesserung der Denkfähigkeit. Aber was hat die Denkfähigkeit so dramatisch verändert? Die Entstehung moderner grammatischer Sprache ist der plausibelste und wahrscheinlich der einzige ernst zu nehmende Kandidat.« Und: »Echte Sprache, also die Entstehung von Grammatik, war ein katastrophischer Umbruch, der sich während der ersten zwei, drei Generationen der [Spezies] Homo sapiens ereignete.« Bickertons These ist gewagt. Aus drei Gründen.

Zum Ersten ist der Übergang vom Homo heidelbergensis zum modernen Menschen nicht von einer Generation auf die nächste geschehen. Der anatomische Wandlungsprozess zog sich über mindestens zwei Jahrhunderttausende. Während all dieser Zeit wurden die archaischen anatomischen Merkmale allmählich schwächer und seltener; die modernen vermehrten sich und prägten sich stärker aus. Es gibt aber keinen bestimmten Zeitpunkt, von dem man sagen könnte, dass wir hier nun die »ersten zwei, drei Generationen« des Homo sapiens vor uns haben. Die 60 000 bis 90 000 Jahre alten modernen Menschen aus der Levante, ja selbst die als voll modern geltenden Afrika-Auswanderer, die vor 40 000 Jahren in Rumänien, Tschechien und in China auftauchten, hatten noch einige archaisch wirkende Merkmale.

Zum Zweiten erklärt Bickerton eine technische und kulturelle Veränderung mit einer »krassen Veränderung der Denkfähigkeit«, die durch Mutation unmittelbar davor geschehen sein soll. Wir haben schon gesehen, wie leicht man sich hier vertun kann: Hinterwäldlerische Mitteleuropäer im Jahr 1000 hatten ja biologisch kein schlechter funktionierendes Gehirn als ihre hoch technisierten Nachfahren im Jahr 2000.

Zum Dritten bringt Bickertons These jene aus kulturellen und technischen Änderungen geschlossene »krasse Veränderung der Denkfähigkeit« mit einer außerordentlich spezifischen sprachlichen Entwicklung in Verbindung: der angeblich plötzlich geschehenen Entstehung von Grammatik. Das ist spekulativ.

An Bickertons These ist dennoch etwas dran. Was genau, das werden wir noch klären müssen. Dabei werden wir auch feststellen, mit welchen Aspekten seiner Theorie Bickerton definitiv danebengreift.

BETRETEN AUF EIGENE GEFAHR: GRAMMATIK, KOMPETENZ, INTELLIGENZ UND WARUM MAN DARÜBER AM BESTEN GAR NICHT REDEN SOLLTE

Wir haben bezüglich des Broca-Areals und im Zusammenhang mit Parkinsonpatienten und Bergsteigern schon davon gehört: Aus neurologischer Perspektive gibt es neuerdings gute Anhaltspunkte für enge hirnorganische Zusammenhänge zwischen Grammatik und Motorik. Bei dem, was man für gewöhnlich unter »Denkfähigkeit« versteht, scheinen diese Zusammenhänge jedoch vager zu sein. Dennoch gehen Thesen wie die von Bickerton offenkundig davon aus, dass es sich bei Grammatik und Denkfähigkeit im Prinzip um zwei Seiten einer Medaille handelt.

Merkwürdig: Gerade in der Sprachwissenschaft gilt dies keineswegs als selbstverständlich. Ja, viele Forscher betonen eher das Gegenteil: »Beim Menschen scheint die Fähigkeit zum Spracherwerb von seiner Fähigkeit, ›Probleme zu lösen‹, relativ unabhängig zu sein«, schrieb 1967 Eric Lenneberg in seinem Standardwerk über die biologischen Grundlagen der Sprache, das bis heute jedes Linguistenbücherregal ziert. Und Noam Chomsky baute seine Theorie vom angeborenen Grammatikwissen unter anderem auf der Annahme auf, dass alle Menschen die Grammatik ihrer Muttersprache gleich gut lernten, unabhängig von Unterschieden in der Intelligenz.

Für die Evolution von Sprache würde das bedeuten: Auch frühe, aus unserer Sicht wohl nicht besonders intelligente menschliche Vorfahren – wie die Affe-Mensch-Übergangsform Homo habilis oder der frühe Homo ergaster – könnten theoretisch eine ebenso gut entwickelte grammatische Sprache wie wir besessen haben. Umgekehrt wäre die hohe Intelligenz eines menschlichen Vorfahren noch lange kein Beweis für grammatische Sprache.

Damit sind wir auf eine für die Sprachevolution und die Menschheitsevolution zentrale Frage gestoßen: Hängen allgemeine Intelligenz und Grammatikfähigkeit nun eng zusammen oder tun sie das nicht?

Leider betreten wir mit dieser Frage auch ein Gebiet voller Fettnäpfchen und Wespennester. Intelligenzforschung ist traditionell linkslastigen Sprachwissenschaftlern suspekt, weil sie nach Rassenforschung und Sozialdarwinismus riecht. Ebenfalls verdächtig ist ihnen jeder Versuch, die Grammatik von einzelnen Muttersprachlern als »besser« oder »schlechter« zu bewerten als die von anderen. Linguisten legen nämlich sehr viel Wert darauf, dass Sprachvarianten (in Amerika insbesondere der Schwarze Dialekt) keine »falsche« Grammatik haben, sondern einfach eine etwas andere Grammatik als die Standardsprache, die aber in sich genauso regelhaft ist. Und nicht zuletzt werfen größere grammatische Kompetenzunterschiede zwischen Mitgliedern einer Sprachgemeinschaft in der Tat gewisse Probleme für Chomskys Theorie vom angeborenen Grammatikwissen auf, weshalb ihre Anhänger solche Unterschiede nur ungern thematisieren.

Wagen wir es trotzdem und versuchen wir herauszubekommen, ob Grammatik etwas mit Intelligenz zu tun hat.

Haben alle Sprecher einer Muttersprache die gleiche Grammatikkompetenz?

Das kommt drauf an. Zum Beispiel darauf, wie man Grammatikkompetenz definiert.

Vergleichen wir es mit dem Schwimmen. Jeder ist in der Lage, Schwimmen zu lernen. Ebenso kann jeder die Grammatik seiner Muttersprache lernen, wenn er diese in der Kindheit halbwegs regelmäßig hört. Nur: Schwimmen ist nicht gleich Schwimmen und Grammatik ist nicht gleich Grammatik. »Ich kann schwimmen« und »Deutsch ist meine Muttersprache« bezeichnen lediglich eine Grundkompetenz, ausreichend für einen Schwimmbadbesuch mit deutschsprachigen Freunden. Dazu gehört beim Schwimmen: sich über Wasser halten und ein paar Runden im tiefen Becken fortbewegen können. Und beim Sprechen: eine nicht ausländisch gefärbte, flüssige Aussprache, ein Konversationswortschatz sowie angemessene Beherrschung der in Alltagsgesprächen häufigen grammatischen Strukturen. Auf diese

Weise fallen wir weder am Sprungturm noch beim gemeinschaftlichen Pommes-Verzehr auf.

An der Imbissbudentheke darf man übrigens ruhig »eins bis zwei Bier« sagen statt »ein bis zwei Bier« oder »in Mallorca« statt »auf Mallorca«. Solche Sprachvarianten gelten bei Deutschlehrern zwar als falsch; wer sie verwendet, kann aber gut und gerne trotzdem Muttersprachler sein. Wenn uns allerdings jemand mit »Badehoser« statt »Badehosen« kommt oder mit »der Schwimmbad« statt »das Schwimmbad«, dann sieht es schon anders aus: *Hose* und *Bad* sind im Alltag häufige Wörter. Wie deren Mehrzahl lautet und ob sie weiblich, männlich oder sächlich sind, das bekommt jedes normal sozialisierte, nicht behinderte deutsche Kind beizeiten mit. Solche Fehler in der Alltagsgrammatik sind es (neben dem Akzent), die uns einen Ausländer an der Sprache erkennen lassen.

Die Alltagsgrammatik zählt zur muttersprachlichen Grundkompetenz, mit ihr sind wir sozusagen Freischwimmer. Viele Leute haben aber wesentlich mehr drauf. Eine Freundin von mir, ehemalige Leistungsschwimmerin, beherrscht perfekt die verschiedenen Schwimmstile: Brust, Rücken, Kraulen und Schmetterling. Über Leute, die wie ich mit dem Kopf über Wasser durchs Becken paddeln, kann sie nur lachen: Wir sind, um im Bild zu bleiben, ungebildete Umgangssprachen- oder Dialektschwimmer, während die Stilarten der Leistungsschwimmer den gebildeten deutschen Stilebenen entsprechen, zum Beispiel: »Gespräch unter Bekannten im bürgerlichen Milieu«, »Schriftsprache/Geschäftsbrief« oder »Schriftsprache/Doktorarbeit«. Die wenigsten beherrschen alle Stilregister gleich gut; ebenso wenig verwenden sie alle grammatischen Elemente ihrer Muttersprache makellos. Ja, es gibt eine ganze Reihe von Grammatikaspekten, bei denen selbst hochkompetente Sprecher und Schreiber des Standarddeutschen mit Unsicherheiten kämpfen: Wann heißt es »käme« und wann »komme«? Ist »die Schwelle, jenseits der« korrekt oder muss es »jenseits derer« heißen oder gar »jenseits deren«? (Alle drei Varianten habe ich über Google in deutschen Texten im Internet gefunden.) Es gibt kaum jemanden, der sich beim Schreiben noch nie gefragt hätte: Ist das eigentlich richtig?

EXKURS: WER BESTIMMT EIGENTLICH, WAS RICHTIG IST?

Sie und ich, wir alle, die wir Sprecher und Schreiber des Standarddeutschen sind. Was eine Mehrheit benutzt und als korrektes Deutsch empfindet, das ist (meist) auch richtig. Der Duden und andere Grammatiker dokumentieren den Gebrauch und die sich daran bildende Volksmeinung über »richtig« und »falsch« nur, wiewohl mit Verspätung.

Bei nicht so alltäglichen Grammatikelementen gibt es oft mehrere »richtige« Möglichkeiten; bei seltenem Gebrauch bilden sich nämlich keine so verbindlichen Konventionen heraus. Was ist korrekt: »wenn sie gewönne« oder »wenn sie gewänne«? Beides ist für viele Sprecher akzeptabel. In der Praxis sagt man allerdings lieber gleich: »wenn sie gewinnen würde«. Merken Sie's? Diese Umschreibung des Konjunktiv II mit »würde«, heute schon die Norm, war vor einigen Jahrzehnten noch substandardliche Umgangssprache. Solche Verschiebungen passieren, weil sich immer mal örtliche, kindliche oder anderweitige individuelle Sprachvarianten verbreiten, die den alten Standard verdrängen. Weil einer es dem anderen nachmacht (das Phänomen der »sozialen Ansteckung«), kann eine anfangs nur langsam und zufällig anrollende Lawine mit einer neuen Variante am Ende das ganze Land überrollen.

Natürlich haben manche Menschen mehr grammatische Unsicherheiten als andere. Schon ein Bewerbungsschreiben kann für Hauptschüler zum echten sprachlichen Problem werden; Germanistik-Professoren hingegen haben hier höchstens mit dem Inhalt zu kämpfen. Warum? Gelegenheitsschwimmer und Leistungsschwimmer, der über dem Bewerbungsschreiben schwitzende Hauptschüler und die Profi-Sprachbenutzer – was unterscheidet sie?

Einmal der Aufwand, mit dem sie das Training betreiben. Und dann spielt natürlich eine Rolle, ob wir mit bestimmten besonders anerkannten Schwimmtechniken oder sprachlichen Varianten je in Kontakt gekommen sind. In beidem unterscheiden sich Hauptschüler von Germanisten gewaltig. An Hauptschulen lernt, liest und schreibt man weniger als an Gymnasien und der Universität. Auch die Mitschüler beeinflussen sich an der Hauptschule gegenseitig sprachlich ganz anders als am Gymnasium. Drittens liegt es in erheblichem Ausmaß an den Eltern.

Es ist ein gern unter den Tisch gekehrtes Thema. Doch man weiß es eigentlich schon seit 30 Jahren: Eltern mit schlechter eigener Bildung sprechen im Schnitt viel weniger mit ihren Kindern. Es gibt Studien, die das per Tonbandaufnahmen über Jahre hinweg dokumentieren. Kinder aus bildungsfernen Haushalten hören über ihre gesamte Vorschul-Kindheit hinweg um volle zwei Drittel weniger Ansprache von ihren Eltern als Kinder aus bürgerlichem Milieu. Quantifizieren wir es in absoluten Zahlen: In gebildeten Haushalten hören Kleinkinder von ihren Eltern im Schnitt 2 100 direkt zu ihnen gesprochene Wörter *pro Stunde*. In Haushalten mit schlechtem Bildungshintergrund sind es »nur« 600 Wörter. Und die Kinder der schlecht gebildeten Eltern hören auch qualitativ eine andere Sprache, so gut wie keine Schriftsprache zum Beispiel (weil sie kaum oder gar nicht vorgelesen bekommen), kaum Erzählungen über Vergangenes, kaum Scherze und Lob, erklärende Kommentare oder Beschreibungen. Was sie hören, sind sprachlich simple Aufforderungen und Mitteilungen wie »Lass das!« oder »Komm, wir gehen jetzt!«

Der Effekt: Kinder aus bildungsfernen Haushalten schneiden unabhängig von der nichtsprachlichen Intelligenz bei allen Tests zur Sprachentwicklung (ob Vokabular, ob Grammatik, ob Verständnis, ob Produktion) schlechter ab als Kinder aus bildungsbeflissenen Haushalten. Und es geht hier wohlgemerkt um Tests mit simpler, kindgerechter Sprache und kindgerechten Inhalten, nicht um Stilübungen für Fortgeschrittene. Der sprachliche Input steht bei Kindern also in direktem Verhältnis zur Sprachkompetenz. Den deutschen Freischwimmer als Muttersprachler schaffen alle mit deutschen Eltern. Aber was man darüber hinaus erreicht, hängt sehr stark davon ab, was man zu hören bekommt.

Ist der Input alles? Spielt die Begabung demnach gar keine Rolle bei Unterschieden in der Kompetenz?

Bei Schwimmern schon. Selbst unter den Leistungsschwimmern gibt es große Unterschiede: Einer gewinnt den Wettkampf, andere dürfen nicht mal mitfahren. Das liegt an der Zusammensetzung der Muskelfasern, am Körperbau, am Stoffwechsel, am Ehrgeiz und an manch anderen, stark genetisch beeinflussten Faktoren. Aber gibt es solche biologischen Begabungsfaktoren zwischen Menschen auch bei der Sprache, insbesondere bei der Grammatik? Und können sie uns vielleicht etwas darüber verraten, wann sich die Grammatik bei unseren Vorfahren frühestens entwickelt hat?

Klar: Da Sprache hauptsächlich eine Hirnleistung ist, müssen wir uns die Intelligenz ansehen.

Eine praktische Alltagsbegabung

Eines vorab: *Die* Intelligenz gibt es nicht. Zwar gibt es Intelligenzforscher (zum Beispiel den wegen seiner rassistischen Annahmen umstrittenen Berkeley-Professor Arthur Jensen), die geistige Leistungsfähigkeit auf einen einzigen, hypothetischen Faktor g zurückführen wollen. Doch das ist eine grobe Vereinfachung. Jensen und Co. definieren Intelligenz für die Zwecke ihrer Forschung so um, dass spezifischere Begabungen außen vor bleiben. Diese Sicht ist noch reduzierter als die an sich schon reduzierte klassische psychologische Definition von Intelligenz, die da lautet: Intelligenz ist das, was der Intelligenztest misst. Bereits das lässt emotionale, soziale, musische oder praktische Fähigkeiten weitgehend außer Acht (ebenso wie viele besondere Begabungen von Tieren, wie etwa die »Riechintelligenz« der Hunde). Intelligenztests wurden ausschließlich entwickelt, um Schulerfolg vorherzusagen. Da zählen nichtakademische oder gar nichtmenschliche Kompetenzen weniger.

Heute weiß man: Typische geistige Leistungen von Menschen, wie ein IQ-Test sie teilweise misst, beruhen sowohl auf allgemeinen als auch auf einer ganzen Reihe von spezifischen Fähigkeiten, die jeweils unterschiedliche neurologische Grundlagen besitzen. Einige davon sind für die Grammatik eher unwichtig: Ungeschickte Selbstmörder können sich tragischerweise gewisse Teile des Stirnhirns (den orbitofrontalen Kortex) wegschießen, ohne dass sich die Verletzung erheblich auf ihre Grammatikkompetenz auswirkt – sehr wohl aber auf ihr Sozialverhalten. Gestörtes Sozialverhalten ist ebenfalls ein Effekt von Schädigungen in der rechten Hirnhälfte. Diese Schädigungen verursachen bei erwachsenen Patienten zwar ganz erhebliche Probleme in der sprachlichen Kommunikation. Zum Beispiel neigen rechtshirnig verletzte Patienten dazu, Ausdrücke wie »er ging an die Decke« wörtlich zu verstehen, oder sie fabulieren stundenlang drauflos, ohne zu merken, dass ihr Gegenüber ihnen weder folgen kann noch will. Klassische Grammatikprobleme sind jedoch bei Beeinträchtigungen in der rechten Gehirnhälfte nicht zu erwarten. Die Grammatikfähigkeit des Menschen ist normalerweise nicht in der rechten Hemisphäre lokalisiert, wie man schon seit Brocas Zeiten weiß. Genauso wenig ist unsere Grammatikbegabung im orbitofrontalen Kortex beheimatet oder in der Sehrinde im Hinterhaupt, die hauptsächlich fürs Sehen zuständig ist.

Unter anderem war es dieses Wissen um Arbeitsteilung im Gehirn, das die Sprachwissenschaftler und Psychologen um Chomsky in den Sechzigerjahren anzunehmen bewog, das Gehirn enthalte ein genetisch vorgegebenes, spezialisiertes Sprachorgan, die »Sprachrinde« sozusagen. Dieses Sprachorgan sei nur für technische Aspekte der Sprache, insbesondere die Grammatik, zuständig und für nichts anderes. In diesem Fall wäre die Grammatikbegabung des Menschen in der Tat unabhängig von seiner übrigen Intelligenz.

Bei den Browns – jener sprachgestörten Familie, die die Forscher auf die Spur des FOXP2 brachte – bestätigte sich diese These, jedenfalls beinahe: Die Betroffenen zeigten zwar gewisse Defizite in der allgemeinen Intelligenz, doch waren diese zu gering, um als Ursache der Sprachprobleme in Artikulation und Grammatik gelten zu können.

Ein Besuch in der Logopädenpraxis
Um mehr über sprachspezialisierte Hirnfähigkeiten zu erfahren, sollten wir uns jenen gar nicht wenigen Kindern zuwenden, die in der kinderpsychologischen oder logopädischen Praxis die Diagnose »Sprachentwicklungsstörung« erhalten (in der Schweiz: Dysphasie). Neuerdings heißt das auch: »Spezifische Sprachstörung«, um es besser von anderen Entwicklungsverzögerungen abzugrenzen.

Die Kinder fallen auf, weil sie normal intelligent scheinen, aber in ihrer Sprachentwicklung zurückgeblieben wirken. Zum Beispiel lernen sie langsamer als Gleichaltrige, die Laute ihrer Muttersprache zu artikulieren. Wenn sie in die Schule kommen, springen den Lehrern dann Probleme in der Grammatik ins Auge: Kinder mit spezifischer Sprachstörung produzieren als Achtjährige noch Fehler wie »Die Kinder sind gegangt« oder »ein Frau«, die eigentlich typisch für sehr viel jüngere Kinder (oder Ausländer!) sind.

Ein bildungsfernes Elternhaus, in dem die Eltern mit ihren Kindern entweder wenig sprechen oder nur Türkisch, kann natürlich zu einer ganz ähnlich verzögerten Sprachentwicklung im Deutschen führen. Eine Untersuchung in Hamburg diagnostizierte jüngst bei beinahe allen Kindern – auch den wenigen deutschen – in einem bestimmten Kindergarten eine »Sprachentwicklungsstörung«. Grund war offenbar der hohe Ausländeranteil und der schlechte Bildungshintergrund der Menschen in dem betroffenen Stadtteil. Eigentlich sollte man nur, wenn solche umweltbedingten Ursachen ausgeschlossen sind, von einer spezifischen Sprachstörung ausgehen.

Weil dergleichen oft auch bei Verwandten der betroffenen Kinder auftritt, stecken dann wohl meist genetische Gründe dahinter. Sie führen dazu, dass in den sprachwichtigen Bereichen des Gehirns die neurologische Entwicklung nicht optimal verläuft.

Welche Bereiche sind das? Nach der ältesten und wohl bekanntesten Hypothese handelt es sich bei der Ursache für die Sprachprobleme um eine sprachspezifische Wahrnehmungsstörung. Klar ist, die weitaus meisten betroffenen Kinder haben in Alltagssituationen große Probleme, beim Zuhören zu folgen. Der Hörtest scheint zwar gut zu laufen – deshalb werden die Kinder ja auch als sprachgestört eingestuft und nicht als schwerhörig. Ein Standard-Hörtest mit langsam und deutlich vorgelesenen bekannten Wörtern täuscht allerdings. Im realen Leben ist die Hörsituation eine völlig andere als im Labor. Es gibt Nebengeräusche, Menschen reden durcheinander, sie reden in schnellen Wortschwällen oder sie nuscheln. Und sie verwenden viele Wörter und grammatische Formen, die ein Kind noch nicht kennt. In diesem chaotischen sprachlichen Alltag bekommen sprachgestörte Kinder, genau wie hörgeschädigte, viel weniger mit als andere. Und selbst im Labor können sie neue oder erfundene Wörter nur fehlerhaft nachsprechen. Insbesondere Konsonanten können sie schlecht identifizieren.

Erwiesen ist, dass bei der spezifischen Sprachstörung dennoch nicht das Ohr schuld ist. Die Ursache muss tatsächlich im Gehirn liegen. Man dachte an eine Beeinträchtigung im Schläfenlappen, der linksseitig sprachspezifisch spezialisiert zu sein scheint und unter anderem mit der akustischen Wahrnehmung und den Assoziationen zwischen Vokabeln und ihren Bedeutungen zu tun hat. Dort hat man bei manchen sprachgestörten Kindern gewisse Anomalien gefunden – seien sie nun die Ursache des Problems oder seine Folge.

Jedes sprachgestörte Kind ist anders, und es könnte sein, dass manchmal tatsächlich primär die akustische Verarbeitung gestört ist. Doch das ist wohl nur eine kleine Teilgruppe. Die Hypothese »reine Wahrnehmungsstörung« kann nämlich gewisse typische sprachliche Besonderheiten sprachgestörter Kinder nicht erklären. Und auch etwas anderes wird immer klarer: Die »spezifische Sprachstörung« beeinträchtigt nicht nur isoliert die Sprache.

Die Kinder sind zwar, bis auf das Sprachdefizit, »normal intelligent« (sonst würden sie als lernbehindert eingestuft und nicht als spezifisch sprachgestört). Doch betrachtet man die sprachgestörten Kinder als Gruppe, stellt sich heraus: Im Schnitt ist auch der nichtsprachliche IQ eine Spur niedriger als der von Vergleichsgruppen mit normaler Sprachentwicklung. Außerdem gibt es ein paar ziemlich genau umrissene, nichtsprachliche Defizite: Zum Beispiel erkennen die betroffenen Kinder in der Musik gut die Tonhöhen, aber Rhythmen können sie schwer auseinanderhalten oder nachklopfen. Das visuelle Gedächtnis ist nach einigen Tests genauso stark beeinträchtigt wie das verbale. Andere Untersuchungen überprüften, wie die Kinder Bewegungen von Objekten wahrnehmen. Hier hatten die Kinder ebenfalls Probleme: Es fiel ihnen ungewöhnlich schwer, sich Bewegungen vorzustellen oder beobachtete Bewegungen als sinnvolle Folge zu interpretieren. Nur wenn einem das gelingt, kann man sich darauf einstellen, was als Nächstes kommt. Kommendes vorauszuahnen ist beim Musizieren wichtig, auch bei Mannschafts- oder Kampfsportarten oder der Jagd. Aber am meisten ist das Erkennen und »Verstehen« strukturierter Folgen im heutigen Alltag natürlich in der Sprache gefordert. Sowohl lautlich als auch in der Wortbildung (»Wortbildung« besteht aus *Wort*, *bild-* und *-ung*) als auch im Satzbau. Beim Hören analysieren wir die auf uns einströmenden Muster ständig: Wir »denken« mit. Und wir bilden ständig Hypothesen, wohin der Sprecher wohl …

Na, welches Wort kommt jetzt? Raten Sie!

Das ist sogar eher ein schweres Rätsel, weil es sich hier nicht um eine feststehende idiomatische Phrase handelt. Sie spüren aber garantiert trotzdem, dass Wörter wie »Artikulation« oder »Ziel« an dieser Stelle niemals kommen könnten. Eher noch passen Wörter wie »geht«, »reist«, »will«. Aber beenden wir den Satz: Wir bilden ständig Hypothesen darüber, wohin der Sprecher mit seinen Worten wohl steuert.

Und wir steuern an dieser Stelle mit Hochdruck auf jene neurologischen Strukturen zu, die hierfür hauptsächlich verantwortlich sind. Es fehlt nur noch ein letztes Puzzlestückchen. Dafür liefert uns eine weitere, im Alltag unauffällige Beeinträchtigung bei sprachgestörten Kindern das Indiz: In fast allen Fällen ist ihre Feinmotorik von Händen und Gesicht sehr schwach. Und zwar immer dann, wenn schnelle Kombinationen von Bewegungen gefordert sind – eben das, was im Mund beim Sprechen passiert. Das ist natürlich etwas, das wir bei den Browns so ähnlich schon gesehen haben.

Entsprechend kommt eine neue Studie, die Hunderte von Einzeluntersuchungen samt Gehirnscans ausgewertet hat, zu dem Schluss: Sowohl die sprachlichen als auch die sonstigen Auffälligkeiten von spezifisch sprachgestörten Kindern beruhen in erster Linie auf leichteren Defiziten in jenen Hirnstrukturen, die für das Erkennen, das unbewusste, »intuitive« Lernen, Produzieren und Analysieren komplexer, flexibler, aber regelhaft strukturierter motorischer Muster zuständig sind, wie sie uns im heutigen Alltag in der Sprache mehr als irgendwo sonst entgegentreten. Und diese Hirnstrukturen sind – die Basalganglien (insbesondere der Nucleus caudatus) und die ihnen angeschlossenen kortikalen Planungsareale im Frontalhirn, insbesondere das Broca-Zentrum.

Den wichtigsten Grammatikgenerator im Gehirn haben wir also längst identifiziert. Einen anderen gibt es wohl nicht; jedenfalls ist in 30 Jahren frenetischer Suche nach dem »Sprachorgan« keiner gefunden worden. In der Sprache leistet das basal-frontale System wirklich Extremes. Aber sprachspezifisch sind diese Leistungen, wie wir heute wissen, eben nicht. Es liegt nur an den akademischen Traditionen unserer Kultur, dass gängige IQ-Tests diese Begabung hauptsächlich über die in der Schullaufbahn so wichtige »sprachliche Intelligenz« messen.

In Wahrheit geht es hier um eine praktische Alltagsbegabung, die wir in den verschiedensten Bereichen des Handelns – und des Verstehens von Handlungen anderer – brauchen.

Die Grammatik von Spargel in Olivenöl

Gerade während dieses Kapitel entsteht, schlägt in der Fachwelt eine Untersuchung hohe Wogen, die dies neuerlich bestätigt. Und sie gewährt uns zugleich aus neurologischer Sicht ein tieferes Verständnis dafür, was menschliche Sprache ausmacht.

Etienne Koechlin leitet am Labor für Neuro-Bildgebung der Universität Pierre und Marie Curie in Paris eine Gruppe, die sich mit der Darstellung der Hirnaktivität bei der Planung von Handlungen beschäftigt. Er und sein Doktorand Thomas Jubault hatten einen begründeten Verdacht, für welche Arten von motorischer Planung das Broca-Areal zuständig sein könnte. Zum Test der Hypothese setzten sie ihren Versuchspersonen unterschiedliche nichtsprachliche Aufgaben vor und maßen dabei die Hirnaktivität. Und siehe da, deren Broca-Areal wurde immer dann höchst aktiv, wenn die gestellte Aufgabe es erforderte, eine Reihe von einzelnen Handlungselementen sinnvoll miteinander zu verbinden.

Leser dieses Buches dürfte es an dieser Stelle nicht mehr überraschen, dass motorische Reihen vom Broca-Zentrum auch für nichtsprachliche Aufgaben geplant werden. Der eigentliche Clou war denn auch, dass die Untersuchung an nichtsprachlichen Aufgaben zeigte, was genau das Broca-Zentrum für Sprache leistet: Dieses Gebiet brauchen wir besonders dann, wenn wir *hierarchisch strukturierte* Handlungsfolgen ausführen.

Das klingt sehr abstrakt. Aber gerade praktisch veranlagte Menschen tun es ständig, wenn sie zum Beispiel ein Essen kochen. Nehmen wir: »Spargel gedünstet in Olivenöl.« Warum ist das hierarchisch strukturiert? Weil es Obereinheiten gibt, wie »Pfanne heiß werden lassen«, »Gemüse vorbereiten«, »garen lassen« oder »abschmecken«, die aus kleineren Einheiten wie »Knoblauch vorbereiten« bestehen, die wiederum in Untereinheiten zerfallen wie »Knobi schälen«, »Knobi klein hacken« und so weiter und so weiter. Man muss es Grammatikfreaks nicht eigens erklären: In den Sätzen unserer Sprachen ist das genauso. So wie es in (nahezu) jedem Kochvorgang »Vorbereiten« und »Garen« gibt, existieren in (nahezu) jedem deutschen Satz »Subjekt« und »Prädikat«. Die Sprache ist ein Paradebeispiel für hierarchische Struktur: Der »Satz« ist eine Obereinheit, er besteht aus zusammenhängenden Wortgruppen, diese ihrerseits aus Wörtern und die wiederum aus Lauten. Und wie beim Kochen muss das alles in eine sinnvolle, geordnete Reihenfolge zueinander gebracht werden.

Der vordere Teil des Broca-Zentrums, stellte sich in Koechlins Untersuchung heraus, ist für die Anordnung von großen, übergeordneten Handlungsblöcken zuständig, in die andere eingebettet werden können. Der hintere regelt die Übergänge zwischen kleineren Teileinheiten. Das Broca-Areal ist sozusagen der Schalter, der das Gehirn an passender Stelle auf einen neuen Handlungsabschnitt umlenkt. Und es ist ihm dabei offenbar vollkommen gleich, ob wir gerade sprechen, kochen oder ein Regal aufbauen.

Nicht nur unsere Sprachen haben also eine Grammatik, sondern auch viele nur scheinbar simple, zugleich aber hoch variable Aktivitäten unseres Alltags. Man hat in den letzten drei Jahren begonnen, Tiere gezielt darauf zu testen, ob sie solche hierarchischen Strukturen erlernen können. (Randbemerkung nur für die Sprachwissenschaftler unter uns: »Rekursivität« und »Strukturgebundenheit« der universellen Grammatik sind zwei Aspekte hiervon.) Es scheint, dass simple Folgeregeln wie »nach x kommt y« oder »auf a folgt b« von Affen und Vögeln ohne Weiteres gelernt werden. Problematisch wird es bei hierarchischen Schachtelungen, wenn also zwischen x und y noch die Kette »a b« eingefügt werden soll. Allerdings haben diese Tier-Tests noch schwere Kinderkrankheiten. Eine Untersuchung von 2004, durchgeführt von Tecumseh Fitch, galt als Beweis, dass südamerikanische Krallenäffchen unfähig sind, übergeordnete Strukturen zu entdecken – bis sich bei einer Nachprüfung durch den Linguisten Pierre Perruchet herausstellte, dass mit diesem speziellen Experiment auch menschliche Versuchspersonen überfordert waren.

Doch auch ohne solche eher lebensfernen Tests erfahren wir eine Menge, wenn wir Tiere und Menschen in ihrem Alltagsverhalten beobachten. Selbst unter Menschen sozialisierte Affen »sprechen« nicht nur schlecht, man hat sie auch noch nie erfolgreich Spaghetti Bolognese kochen oder ein IKEA-Regal aufbauen sehen. Ganz offensichtlich sind wir besser als Affen darin, komplizierte, hierarchisch strukturierte Handlungen zu planen und zu überblicken. Denn wir haben eben einen besonders leistungsfähigen frontal-basalen Mustergenerator im Gehirn.

Der Rest des Gehirns – überflüssig?

War es das schon? Brauchen wir die übrigen Intelligenzbereiche und den ganzen Rest des Gehirns überhaupt nicht für die Grammatik? Oh doch. Den brauchen wir auch.

Man sieht es an bildgebenden Untersuchungen, die bei schwierigen sprachlichen Aufgaben erhöhte Aktivität an jeweils mehreren, weit verteilten Stellen des Gehirns messen. Zur Überraschung vieler ist offenbar das Kleinhirn stark beteiligt, wenn man ein Verb wie *fahren* in ein Substantiv wie *Fahrt* verwandeln soll. Wie weit grammatische Funktionen im Gehirn verteilt sind, sieht man auch an Menschen, die Schlaganfälle ganz woanders als im frontal-basalen Gebiet erlitten haben und dennoch mit Grammatikproblemen kämpfen. Wernicke-Aphasiker zählen dazu: jene Menschen mit Läsionen im Schläfenlappen. Dort werden schon bei Affen artspezifische Rufe verarbeitet, und wir Menschen speichern hier unter anderem Assoziationen zwischen Lauten und ihren Bedeutungen.

Wernicke-Aphasiker produzieren lautlich flüssige Sprache, ganz anders als die stammelnden Broca-Patienten. Nur wirken ihre Äußerungen wirr und unsinnig, wohl eben deshalb, weil sie diese Assoziationen nicht mehr gut parat haben. Früher galten sie als kaum grammatikgestört im Vergleich mit Broca-Patienten. Bei englischen Patienten wirkte es auf den ersten Blick tatsächlich so, da Englisch so gut wie keine grammatischen Formen besitzt. Aber hört man ungarischen oder türkischen Aphasikern zu, zeigt es sich deutlich: Wernicke-Aphasiker haben ähnlich große Defizite wie Broca-Aphasiker in der Grammatik. Mit gezielten Tests lässt sich nachweisen, dass es sich bei englischen und natürlich auch deutschen Wernicke-Aphasikern ebenso verhält. (Nur sind die Defizite etwas anders gelagert: Wo und wie Grammatik im Gehirn prozessiert wird, das kommt eben auch auf die Eigenheiten der jeweiligen Sprache an!)

Ein Sonderheft der Zeitschrift *Brain and Language* zum Thema Aphasie bei Schlaganfallpatienten kam daher zu dem Schluss: Nicht nur Vokabelwissen, auch grammatisches Wissen ist weit verteilt über das Gehirn gespeichert, und viele verschiedene Schaltkreise sind am Zugriff auf dieses Wissen beteiligt. Zwar ist klar: Das Broca-Zentrum und die Basalganglien haben eine eindeutige und unverzichtbare Funktion bei der Bildung und dem Verständnis von grammatisch strukturierten Wortfolgen. Doch sie können das nicht adäquat leisten, ohne auf anderswo stattfindende Analysen und anderswo gespeichertes Wissen zurückzugreifen. Zum Beispiel das Wissen, dass »hörte« eine Vergangenheit ausdrückt und keine Gegenwart.

Natürlich brauchen wir den Rest unseres Gehirns nicht nur zum Abrufen von abstraktem sprachlichen Wissen und von Bedeutungen. Für unsere Grammatikkompetenz sind auch gewisse andere, sehr allgemeine Teilbereiche unserer Intelligenz zuständig.

Wenn wir als Kind den Passivgebrauch erlernen, mit Sätzen wie »Der Ball wird von Maria geworfen«, dann müssen wir diese Konstruktion nicht nur als wiederkehrendes Muster mit bestimmter Struktur erkennen. Wir müssen auch deren *Bedeutung* aus dem Zusammenhang und der Bedeutung der Einzelwörter erschließen. Kinder verwenden dabei zum Beispiel ihr Wissen, dass Menschen werfen können, Bälle aber nicht. Anhand solcher Anhaltspunkte lernen sie nach und nach verstehen, dass die Passivkonstruktion die normalen Rollenverhältnisse von Subjekt und Objekt umkehrt – auch dort, wo es vom Kontext her nicht offensichtlich ist. So kommen sie der verwirrenden Tatsache auf die Spur, dass in solchen Sätzen die Partizipform »geworfen« keine abgeschlossene Handlung ausdrückt, obwohl das sonst in Alltagssätzen (»Sie hat gegessen«, »Sie ist gekommen«) meistens der Fall ist. Dies ist eine sehr allgemeine, analytisch-logische denkerische Fähigkeit. Also ein klassischer Teil der allgemeinen, unspezifischen Intelligenz.

Der menschliche Arbeitsspeicher
Solche allgemeinen geistigen Fähigkeiten brauchen wir nicht nur als Lerner einer Sprache, wir benötigen sie auch später noch als kompetente Sprecher. Überlegen Sie mal, warum die folgenden Sätze von oben nach unten immer schwieriger zu verstehen sind. Natürlich hat es mit den Nebensätzen zu tun. Aber was genau stört daran?

Das Opfer verstarb noch in der Nacht auf dem Operationstisch.

Das Opfer, dessen Familie von dem Täter schon länger bedroht worden war, verstarb noch in der Nacht auf dem Operationstisch.

Das Opfer, dessen Familie von dem Täter, der gestern Abend gegen zehn in das Anwesen eindrang, schon länger bedroht worden war, verstarb noch in der Nacht auf dem Operationstisch.

Das Opfer, dessen Familie von dem Täter, der gestern Abend gegen zehn in das Anwesen, das sich am äußersten Ende der Gartenstraße befindet, eindrang, schon länger bedroht worden war, verstarb noch in der Nacht auf dem Operationstisch.

Sagen Sie bloß, es liest sich für Sie noch immer wie Butter? Dann versuchen Sie mal das folgende sprachliche Schmankerl:

> Das Opfer, dessen Familie, die von dem Täter, der gestern Abend gegen zehn in das Anwesen, das sich am äußersten Ende der Gartenstraße, die noch immer gesperrt ist, befindet, eindrang, schon länger bedroht worden war, seit heute psychologisch betreut wird, verstarb noch in der Nacht auf dem Operationstisch.

Blicken Sie immer noch durch? Nein? Kein Wunder. An der Länge der Gesamtkonstruktion liegt das nicht (es gibt viel längere, bestens lesbare Sätze), sondern ausschließlich an der Schachtelung, die uns einen angefangenen Teilsatz nach dem anderen präsentiert. Diese werden irgendwann beendet, das wissen wir als Kenner des Deutschen. Und um das Ende – wenn es dann kommt – zu verstehen, müssen wir zunächst den Anfang jedes Teilsatzes wenigstens ungefähr und auch noch in der richtigen Reihenfolge im Gedächtnis behalten. Eben das ist das Problem.

Monster-Schachtelsätze fordern nicht nur das Broca-Zentrum, sie überfordern das Kurzzeitgedächtnis normaler Menschen. Wobei »normale Menschen« ein dehnbarer Begriff ist. Wir alle unterscheiden uns merklich in der Kapazität unseres Kurzzeitgedächtnisses, genetisch und durch Übung.

Testen Sie sich: Wie viele Zahlen können Sie nach einmaligem Hören oder Lesen in der richtigen Reihenfolge aufsagen? (Nehmen Sie zum Beispiel die ISBN-Nummer dieses Buches!) Bei Zahlen schwanken die Fähigkeiten moderner Menschen zwischen fünf und neun. Wer sehr viel mehr schafft, gilt als extrem sprachbegabt. Meist ist er auch generell sehr intelligent. Normalerweise haben nämlich Menschen mit einem leistungsfähigen Kurzzeitgedächtnis auch insgesamt hohe IQ-Werte. Lediglich bei spezifisch sprachgestörten Kindern ist das oft nicht so: Sie können einen besseren nichtsprachlichen IQ haben, als es ihr schlechtes Kurzzeitgedächtnis vermuten lassen würde.

Warum sie hier aus dem Rahmen fallen, weiß man noch nicht sicher. Möglicherweise sind bei ihnen nur die speziell für Sprache wichtigen Teile des Kurzzeitgedächtnisses gestört (Strukturen von Broca-

Zentrum und Basalganglien sind daran beteiligt), während andere Bereiche unbeeinträchtigt bleiben. Dann ist vielleicht ihr Kurzzeitgedächtnis gar nicht schlechter, sondern es wirkt nur so, weil sie zur Analyse jeder Sprachstruktur länger brauchen und sich dabei mehr anstrengen müssen. Denn das Kurzzeitgedächtnis, heute meist Arbeitsgedächtnis genannt, ist unser Arbeitsspeicher. Je länger man für die Verarbeitung braucht, desto schlechter wird die zeitliche Reichweite der Merkfähigkeit ausgenutzt. Sie können das simulieren: Drehen Sie dieses Buch um 180 Grad und versuchen Sie, den nun auf dem Kopf stehenden Text weiterzulesen. Höchstwahrscheinlich merken Sie bald, dass Sie jetzt schlechter folgen können als zuvor, insbesondere bei langen Sätzen. Zum einen nämlich fordern Sie nun die Reichweite Ihres Kurzzeitgedächtnisses stärker (weil Sie langsamer werden). Zum anderen überlasten Sie den Arbeitsspeicher mit zusätzlichem Material, weil Sie Wörter und Wortgruppen nicht mehr automatisch als Ganzes wahrnehmen, sondern sich bei jedem längeren Wort erst einmal Einzelteile merken, die Sie an seinem Ende zusammensetzen. Sprachgestörten Kindern geht es ähnlich: keine schöne Vorstellung, so gehandicapt zu sein.

Wir brauchen unseren Arbeitsspeicher nicht nur bei extremen Relativ-Schachtelsätzen, sondern eigentlich ununterbrochen beim Lesen, Hören und Sprechen. Noch ein Beispiel, aus dem Kinderbuch *Urmel zieht zum Pol* von Max Kruse: »Als Wutz später in ihrer wohlgepolsterten Schlummertonne lag, versuchte sie sich vorzustellen, wie man wohl ohne den Anblick von Blumen und Bäumen leben könne.« Ahnen Sie, wozu Sie Ihr Kurzzeitgedächtnis hier benötigen? Genau: Um beim Wort »lag« trotz der fünf Wörter dazwischen noch zu wissen, dass es »Wutz« ist, die liegt. Oder um sich bei »versuchte« noch daran zu erinnern, dass der Satz mit »als« angefangen hatte und demnach jetzt das beginnt, worauf sich die Zeit- und Situationsangabe »Als Wutz ... lag« bezieht. Und so weiter und so fort.

Der Kurzspeicher behält eben alles im Sinn, was wir vielleicht noch zur Verarbeitung von Kommendem brauchen. Menschen, die sich wesentlich weniger merken können als andere, sind auch schlechter darin, komplexe Sätze zu verstehen oder zu bilden. Je länger die Sätze, je länger die Wörter, je schwieriger die Gedankengänge, desto mehr ist das Arbeitsgedächtnis gefordert. Und desto eher empfinden wir erwachsenen kompetenten Sprecher es gelegentlich so, wie es einem sprachgestörten Kind dauernd geht: Wir haben am Ende eines Satzes oder mitten in einem Absatz den sprachlichen oder inhaltlichen Faden verloren.

Es ist ein Treppenwitz unter Sprachwissenschaftlern: In keiner Sprechsituation gibt es so viele abgebrochene oder grammatisch unpassend beendete Sätze, wie wenn gebildete Menschen versuchen, in gehobener Sprache über komplexe Zusammenhänge zu reden – wie zum Beispiel auf einem Linguistenkongress. Hier gerät unser Arbeitsgedächtnis an seine Grenzen. Und in solchen Grenzbereichen kommen dann Faktoren wie Begabungsunterschiede, leichte Hirndegeneration, fehlende Konzentration oder übergroße Nervosität besonders stark zum Tragen.

Auch die Konzentrationsfähigkeit gehört hierher. Sie ist ein unabhängiger Faktor in dem Konglomerat von Fähigkeiten, das wir als Intelligenz bezeichnen. Bei IQ-Tests wird sie indirekt, aber verlässlich mitgemessen, und sie wirkt sich wie das Kurzzeitgedächtnis auf geistige Leistungen in mehreren Bereichen aus. Auch auf die Sprache: Kinder mit Aufmerksamkeitsdefizit-Syndrom können sich schlecht konzentrieren. Bei ihnen wird überdurchschnittlich häufig eine Sprachentwicklungsstörung diagnostiziert.

Flexible Verdrahtung
Ein weiterer Aspekt unserer allgemeinen Intelligenz wurde erst in jüngster Zeit identifiziert. Er bringt Intelligenz mit Unterschieden in der Hirnstruktur in Verbindung. Die lassen sich an Gehirnscans von Kindern ablesen.

Kindliche Gehirne sind, wie man schon länger weiß, extrem flexibel und anpassungsfähig. Die genaue Funktionsverteilung im Gehirn liegt bei der Geburt nämlich noch gar nicht endgültig fest, sondern bildet sich erst allmählich unter Mitwirkung von Umwelteinflüssen heraus. Wie funktioniert das? Ganz einfach: In der frühesten Kindheit werden riesige Mengen von Gehirnzellen gebildet, und die gehen zunächst ziemlich chaotisch und beliebig Verbindungen mit anderen Gehirnzellen ein. Manche dieser Zellen und Schaltungen erweisen sich in der Praxis als brauchbar, andere nicht. Am Ende der Kindheit, zwischen zehn und 16 Jahren, gehen die bislang nicht benötigten, nicht funktional integrierten Zellen und Verbindungen *en masse* zugrunde. Lange war das beim Menschen nur Theorie. Heute lässt sich der Vorgang an lebenden Gehirnen quasi live beobachten, und genau das war das Ziel der Studie.

Kinder aus vergleichbaren Elternhäusern wurden über beinahe 20 Jahre immer wieder Gehirnscans und Intelligenztests unterzogen. Die Gesamtdicke der Hirnrinde korrelierte nur leicht mit der Intelligenz. (Die Qualität der Verschaltung und die Struktur des Gehirns ist nämlich wichtiger als seine absolute Größe.) Aber schon in den Rohdaten stach ins Auge: Die Gehirne der Begabteren entwickelten sich viel schneller und dynamischer. Als kleine Säuglinge begannen sie mit einer eher dünneren Gehirnrinde als die nicht so Begabten. Das typische rasante kindliche Gehirnwachstum setzte dann aber zu einem viel früheren Zeitpunkt ein als bei anderen und war sehr groß. Und am Ende des Prozesses wurden die Hirnrinden der Begabten früher wieder dünner, denn auch das »Ausmisten« der nicht gebrauchten Zellen ging schneller und früher vonstatten als bei nicht so intelligenten Kindern. Der Volksmund hat es schon immer gewusst: Hochbegabte sind Frühentwickler (eben »Wunderkinder«).

Ganz nebenbei sind wir hier auf einen sprachunspezifischen Grund gestoßen, warum man den Grundstock zu anspruchsvollen Fähigkeiten – wie Klavierspielen, Rechnen, Lesen, Sprechen – am besten in der Kindheit legt. Dann nämlich werden die Hirnareale den verschiedenen Aufgaben zugeteilt und die jeweils nötigen Schaltkreise gestärkt. Fehlen gewisse äußere Anforderungen, entwickelt sich die Hirnverschaltung anders. Wer demnach als kleines Kind gar keine Muttersprache lernt, bei dem werden die im Durchschnittshirn für Sprache verwendeten Hirnzellen für andere Aufgaben rekrutiert oder sogar beim großen Ausmisten vernichtet. Ganz unabhängig davon, ob Sprache nun »angeboren« ist oder nicht.

Glücklicherweise ist auch das Gewebe im erwachsenen Gehirn noch flexibel. Das sieht man zum Beispiel an den Taxifahrern: In großen Städten wächst mit der Zahl der Berufsjahre das Volumen ihres »Hippocampus«, des Areals, in dem das Gehirn Navigationsinformationen speichert. Ähnlich wie ein Muskel kann sich das erwachsene Gehirn verstärkten Anforderungen anpassen und auch eine Verletzung durch erneutes Lernen oder Kompensation an anderer Stelle ausgleichen – in beschränktem Maße.

Denn Kindergehirne sind hierin um Klassen besser: Während bei Erwachsenen ein Schlaganfall in der linken Gehirnhälfte oft bleibenden Sprachverlust nach sich zieht, können Kinder unter acht Jahren oder jünger ihre Sprache meist vollständig wiedererlangen. Ja, viele Kinder schaffen es sogar nach dem *Totalverlust* der linken Gehirnhälfte, in der verbleibenden rechten Hirnhälfte Sprache zu entwickeln – mit den allgemeinen Begabungseinschränkungen, die durch einen so großen Verlust an Hirnmasse zu erwarten sind.

Das heißt aber: In der Hirnrinde gibt es Areale, die normalerweise nur wenig oder gar nicht für Sprache und Grammatik genutzt werden, aber notfalls dafür herangezogen werden können. Eine Menge unserer Sprach-Prozessierung erledigen Rindengebiete, die sich potenziell für mehrere Funktionen eignen. Ein schönes Beispiel für diese Multifunktionalität findet sich bei von Geburt an Blinden: Die Sehrinde wird bei ihnen für die Sprache rekrutiert – und Blinde haben ein wesentlich besseres verbales Kurzzeitgedächtnis als Sehende.

Konsequenzen für die Sprachevolution

Fassen wir zunächst zusammen: Was haben wir über uns heutige Menschen gelernt?

Unsere Grammatik ist nicht an einem einzelnen Ort im Gehirn lokalisiert. Sie nutzt zwar jene spezialisierten motorischen Areale, die Strukturen in Bewegungs- und Lautmustern effizient erfassen und produzieren können. Doch diese arbeiten dabei mit Hirnregionen zusammen, die wir generell zum Lernen, Überlegen und Verstehen brauchen. Oder solchen, die – wie das Kleinhirn – technische Hilfsdienste bei vielen komplizierten Aufgaben leisten. Unsere Grammatikbegabung stützt sich sowohl auf praktische Fähigkeiten (die im IQ-Test nur am Rande vorkommen) als auch auf das, was im IQ-Test als »allgemeine Intelligenz« gemessen wird: logisch-analytisches Denken, Merkfähigkeit, Konzentrationsfähigkeit, Flexibilität des Hirngewebes.

Es sind diese allgemeinen Teile der menschlichen Intelligenz, die dafür sorgen, dass die Einserkandidaten in Deutsch und Englisch meist auch in Mathematik gut zurechtkommen und umgekehrt. Wer Stephen Pinkers Buch *Der Sprachinstinkt* gelesen hat, der wundert sich jetzt. Alt-Chomskyaner wie Pinker betonen nach wie vor, wie unabhängig Intelligenz und Sprache seien. Sie legen sehr viel Gewicht auf Fälle von geistig Behinderten, die trotz schlechter nonverbaler Intelligenz gut – das heißt eigentlich: für den sprachlichen Freischwimmer ausreichend – sprechen. Wir werden in einem späteren Kapitel noch genauer auf eine solche von Pinker angeführte Behinderung zurückkommen, bei der sprachliche Fähigkeiten viel weniger auffällig gestört sind als andere.

Fälle von uneinheitlicher Begabung kommen in der Tat vor, und bei Weitem nicht nur bei Behinderten. Es gibt sie nicht oft, aber es gibt sie: die Sprachgenies, die in Mathe auf keinen grünen Zweig kommen. So etwas beruht manchmal auf gestörter Kommunikation von Hirnteilen (wenn etwa das »sprechende« linke Gehirn nicht weiß, was die rechte Hälfte tut). Meist aber liegt es schlicht daran, dass sich gelegentlich einmal die für die Sprache besonders geeigneten Strukturen gut oder sehr gut entwickeln, während andere spezifische Strukturen nur mäßig entwickelt oder pathologisch beeinträchtigt sind. Die »Dyskalkulie« ist eine schwer zu überwindende Rechenschwäche. Sie beruht wohl auf einer spezifischen Fehlentwicklung im Scheitellappen (wo unter anderem räumliches Denken prozessiert wird). Wenn sonst alles normal ist, wirkt sich das auf die Sprache und die allgemeine Intelligenz nicht merklich aus.

Doch diese Fälle beweisen nicht, dass der »Grammatikinstinkt« – Stephen Pinkers Terminologie – mit Intelligenz rein gar nichts zu tun hat. Sind Gedächtnis und Verarbeitungsgeschwindigkeit schlecht oder ist das logisch-analytische Denken so schwach, dass man die Bedeutung von neuen Wörtern und grammatischen Konstruktionen nur schwer erschließen kann, dann nützen die besten Basalganglien und das beste Broca-Zentrum nur bedingt: Die Sprachkompetenz wird unter der Norm bleiben, wie es bei den meisten geistig Behinderten der Fall ist.

Für Kinderpsychologen ist es eine Binsenweisheit: Nichtsprachliche Intelligenz korreliert normalerweise mit sprachlichen Fähigkeiten. Deshalb gelten Sprachentwicklungsverzögerungen als Hinweis auf eine allgemeine geistige Minderbegabung oder gehen mit ihr einher. Nur wo *ausnahmsweise* nonverbale Intelligenz von der sprachlichen Leistung abweicht, diagnostiziert man eine spezifische Sprachstörung.

Doch es sei hier eigens betont: Auch spezifisch sprachgestörte Kinder lernen sprechen, nur langsamer und weniger gut. Für unsere Schlüsse zur Sprachevolution ist dieser Punkt von herausragender Wichtigkeit: Kein Menschenkind auf dieser Welt ist bei normal entwickelter allgemeiner Intelligenz, normalem Gehör und normaler Sozialisation vollkommen sprach- oder grammatikunfähig. Die Browns aus Teil 1 dieses Buches sind der schwerste jemals bekannt gewordene Fall einer Sprachstörung, die nicht auf einem allgemeinen Hirndefizit, sondern auf einer isolierten Minderentwicklung einer besonders sprachwichtigen Struktur beruhte. Sie wurden der Fachwelt zunächst sensationsheischerisch als vollkommen »grammatikblind« präsentiert. Ihnen fehlt sicher tatsächlich viel von dem, was wir »Sprachgefühl« nennen und den unbewussten, automatisierten Prozessen unserer Basalganglien verdanken. Aber Vargha-Khadems Tests belegten: Die Betroffenen erwerben bis ins Teenageralter sehr wohl die wichtigsten Grundlagen der englischen Grammatik. Und zwar sehr, sehr viel mehr davon als jeder noch so sprachtrainierte Schimpanse. Ihre menschentypische Intelligenz erlaubt es ihnen.

Die Wahrheit ist, unser Gehirn als Ganzes ist das Sprachorgan. Fast jede seiner funktionellen Einheiten steuert zur Sprache ihr eigenes kleines Scherflein bei oder könnte es im Notfall tun.

Evolution der Grammatikfähigkeit: Klammeraffen, ein javanisches Erectus-Baby und das Pech des Neandertalers

Wenn die »Intelligenz« hilft, uns Menschen grammatikfähig zu machen, dann können wir eigentlich Derek Bickerton nur zustimmen: Eine revolutionär verbesserte Grammatikfähigkeit dürfte tatsächlich in der Menschwerdung mit einer »krassen Verbesserung der Denkfähigkeit« einhergegangen sein. Sicher, grammatische Sprache ist nicht gleichbedeutend mit Denken (wie Bickerton wohl annimmt). Aber sie erfordert denkerische Hilfsleistungen und diverse Fähigkeiten, die unserer hohen menschlichen Denk-, Lern- und Handlungsbegabung insgesamt zugrunde liegen.

Stephen Pinker hingegen lag hier falsch: Der »Grammatikinstinkt« ist nicht unabhängig vom Rest des menschlichen Geistes. Zwischen beiden besteht wahrscheinlich ein evolutionärer Zusammenhang, dessen Geheimnis wir noch ergründen müssen.

Doch unsere ursprüngliche Frage können wir jetzt gleich klären: War die Erweiterung der Denk- und Grammatikfähigkeiten ein plötzlicher Umschwung, der erst beim modernen Menschen stattfand – wie Bickerton behauptet?

Blicken wir zurück in die Urgeschichte. Von den prähistorischen Werkzeugkulturen wissen wir: Die grammatikwichtige praktische Begabung für feinmotorische Planung scheint schon früh in der menschlichen Stammesgeschichte eine Entwicklung zum Besseren genommen zu haben. Das passt nicht zu Bickertons These von später Grammatik. Und wie war es mit der »allgemeinen Intelligenz«, jenen unspezifischen Problemlösungskapazitäten, die ein klassischer IQ-Test im nonverbalen Teil hauptsächlich misst? Wie haben sie sich im Verlauf der Menschwerdung entwickelt?

Wir haben drei Anhaltspunkte dafür. Der eine ist die Gehirngröße. Leider ist der Zusammenhang längst nicht so simpel, wie man ihn sich als Laie vorstellen könnte (über die Einzelheiten, etwa wie man die »relative Gehirngröße« berechnet, streiten die Biologen sich seit Jahren). Jedenfalls ist die relative Größe des Gehirns und besonders der Großhirnrinde *ein* Faktor, wenn auch nicht der einzige, der die »allgemeine« Intelligenz beeinflusst. Ein Beispiel: Bei vergleichenden IQ-Tests unter

Primaten schlagen die großen Menschenaffen dank ihrer besonders ausladenden Großhirnrinde die gewöhnlichen Affen. Ausnahme: südamerikanische Klammeraffen. Diese lebhaften kleinen Intelligenzbestien durchschauen, ohne zu probieren, an welchem von verschiedenen miteinander gekreuzten Fäden ein Leckerbissen hängt. Sie sind geistig beweglich: Wenn sie gelernt haben, das Symbol rechts unten muss ich drücken, um Futter zu bekommen, dann stellen sie die einmal gelernte Regel einfach wieder infrage, sobald es nicht mehr klappt. Sie lernen um.

An Schimpansen und Orang-Utans reichen Klammeraffen zwar nicht ganz heran. Aber die gemütlicher veranlagten Gorillas lassen sie in der Primaten-IQ-Rangliste hinter sich. Der wahrscheinlichste Grund: Klammeraffen haben für Neuweltaffen ein riesiges Gehirn – fast doppelt so groß wie das von Brüllaffen, ihren nächsten Verwandten. In der relativen Hirngröße reichen sie (knapp) in den Menschenaffenbereich.

Wir Menschen haben natürlich eine noch ausladendere Großhirnrinde als Menschenaffen und toppen die anderen Primaten in den meisten nichtsprachlichen Denksportaufgaben (jedenfalls, wenn die menschlichen Versuchspersonen über drei Jahre alt sind!). Den Homo erectus oder andere Vorfahren können wir leider nicht zwecks Test mit dem Joystick in der Hand vor den Bildschirm setzen. Doch wir haben ja ihre Schädel, und an denen lässt sich ablesen, dass der Intelligenzfaktor »Großhirnrinde« sich vor gut zwei Millionen Jahren erst sehr langsam, dann zusehends gesteigert hat.

Einige Indizien haben wir sogar zum Intelligenzfaktor »Flexibilität des Gewebes.« Für die Sprache könnten diese besonders wichtig sein. Unsere Kinder lernen auch deshalb so gut sprechen, weil ihr Gehirn lange genug formbar bleibt, um sich auf die besonderen Anforderungen der Sprache einzustellen. Bei kleinen Schimpansen dagegen stabilisiert sich die Funktionalität des Gehirns – soweit das aus Wachstumsprozessen zu schließen ist – früher; ein kleinerer Teil der flexiblen Phase findet außerhalb des Mutterleibes statt.

Und bei Urmenschen? Eine Altersbestimmung anhand von Knochennähten bei einem sehr frühen javanischen Erectus-Kind zeigte:

Das Kleine war erst ein Jahr alt, hatte aber bereits 80 Prozent der Hirnmasse seiner Eltern erreicht. Bei uns sind es nur 50. Demnach war das Timing des kindlichen Hirnwachstums bei Homo ergaster und dem frühesten Homo erectus noch recht schimpansenähnlich. Man nimmt an, dass dies Folgen fürs Sprechenlernen hatte: Die Sprache – soweit es eine gab – hätte weniger Zeit gehabt als bei unseren Kindern, das Gehirn für ihre Zwecke zu formen. So auch bei Menschenaffen wie Kanzi.

Was spätere Menschenarten anbetrifft, wurden die meisten Studien zu ihrer Wachstumsgeschwindigkeit an Zähnen gemacht. Das Zahnwachstum ist aber sehr variabel und kein guter Indikator. Eine Untersuchung stellte etwa anhand von Wachstumslinien im Zahnschmelz fest, Neandertalerkinder seien schneller gereift als moderne Menschen. Doch als man mehr Daten erhob, fanden sich bei Engländern aus Newcastle die gleichen Durchschnittswerte wie bei Neandertalern und bei Südafrikanern noch niedrigere. Besser, man tastet sich anders heran: Urmenschen mit großen Gehirnen, wie der späte asiatische Homo erectus, der Homo heidelbergensis und mehr noch die Neandertaler, mussten zwangsläufig eine lange Phase des flexiblen Gehirnwachstums außerhalb des Mutterleibes durchlaufen. Denn wäre ihre Reifung in dem Tempo der Schimpansen erfolgt, hätte der Kopf ihrer Neugeborenen nicht durch den Geburtskanal gepasst.

Ob diese in jedem Fall lange Hirnwachstumsphase der mittleren und späten Urmenschen dann zehn Prozent mehr oder weniger schnell verlief als der heutige Durchschnitt, dürfte keine so große Bedeutung mehr besessen haben. Schließlich lernen bei uns die Schnellentwickler ja nicht schlechter sprechen.

Unser letztes Indiz für die »allgemeine Intelligenz« unserer Vorfahren ist natürlich das, was sie uns archäologisch an Problemlösungsverhalten zeigen. Beim frühen Homo erectus ist es wirklich sehr wenig. Beim Homo heidelbergensis gibt es aber Belege für erfolgreiche Großwildjagd, etwa auf Elefanten. Für eine Spezies ohne angeborenes Jagdverhalten und Reißzähne gewiss keine schlechte Leistung in kreativer Intelligenz, wie auch der Gebrauch des Feuers zur gleichen Zeit (vor um die 400 000 Jahren). Am krassesten ist allerdings ein Indiz, das wir bei Neandertalern finden: Birkenpech aus Sachsen-Anhalt und Italien. An einem Klumpen befand sich noch ein Hautabdruck der Handkante eines Neandertalers, und die Form zeigte: Die Urmenschen hatten das Pech als Kleber beim Heften eines Werkzeugs verwendet. Birkenpech ist ein in der Natur nicht vorkommender Kunststoff, der unter Luftabschluss und bei konstanten Temperaturen um 400 Grad aus Birkenrinde destilliert wird. (Achtung, nicht zu Hause ausprobieren, dabei entsteht giftiges Dioxin!) Es ist bis heute ein Rätsel, wie den Neandertalern das labortechnische Kunststück unter altsteinzeitlichen Bedingungen geglückt ist. Sie waren jedenfalls alles andere als dumm.

Fazit: Die Intelligenz- und Sprachstörungsforschung liefert keine Anhaltspunkte dafür, dass Grammatik erst beim modernen Menschen entstehen konnte. Im Gegenteil. Alle derzeit bekannten grammatikwichtigen neurologischen Faktoren haben offenbar schon vor dem modernen Menschen eine lange Entwicklung zu höherer Leistungsfähigkeit durchgemacht.

Nehmen wir die anatomischen Indizien für die frühe Existenz von Sprache hinzu, so müssen wir als Arbeitshypothese festhalten: Die Altmenschen waren durchaus grammatikfähig. Die frühen Formen, wie Homo ergaster, waren es allerdings weniger als wir.

Doch Vorsicht. Grammatik-*Fähigkeit* beweist nicht die Existenz von Grammatik, so wie die Fähigkeit zum Behauen von Steinen nicht beweist, dass eine Spezies tatsächlich Steine bearbeitete. Siehe Kanzi und Panbanisha mit ihren Olduwan-Werkzeugen, die hier eine Begabung zeigen, die Menschenaffen in freier Wildbahn nie umsetzen. Ein Potenzial für eine bestimmte Errungenschaft bedeutet nicht, dass diese Errungenschaft auch tatsächlich erreicht wird.

Wenn wir wissen wollen, ab wann es tatsächlich Grammatik gab, dann müssen wir den kulturellen Kontext dieses Sprachmerkmals betrachten. Dann müssen wir uns ansehen, warum es Grammatik überhaupt gibt, wenn es sie gibt.

Und dazu fangen wir am besten mit der sprachlichen Einheit an, von der manche Protosprachen-Theoretiker glauben, dass sie vor der Grammatik lange ganz alleine da war: mit dem Wort.

WÖRTER-SEE:
WARUM PANTOFFELTIERCHEN KAUM WAS ZU REDEN HABEN UND BABYS ORDNUNGSFANATIKER SIND

Da Wissenschaftler es ganz exakt wissen müssen, haben sie Probleme damit, das Wort »Wort« zu definieren. (Tatsächlich!) Für unsere praktischen Beobachtungszwecke können wir hier davon ausgehen: Ein Wort ist, was als solches im Wörterbuch steht.

Wahrigs *Deutsches Wörterbuch* – lange nicht vollständig – hat ungefähr 250 000 Einträge. Die wenigsten davon benutzen wir im Alltag. Wozu um Himmels willen gibt es so viele Wörter?

Wort-Schätze

Ein gutes Indiz ist es, zu beobachten, wie Menschen sich in ihrem Wortschatz unterscheiden. Vierjährige Kinder kennen im Schnitt 1 500 Wörter. Bei Abiturienten sollen es schon unglaubliche 60 000 sein. Wer Medizin studiert oder Jura, erwirbt zusätzlich noch mehrere Tausend oder sogar 10 000 Wörter – das »Fachchinesisch«.

Einiges davon scheint absolut überflüssig. Man muss nicht unbedingt »Hämatom« zum blauen Fleck sagen oder »Pyelonephritis« zur Nierenbeckenentzündung. Es klingt bloß besser. Tatsächlich ist in solchen Fällen die Funktion des Fachbegriffs vor allem eine soziale. Unter Medizinern zeigt man per »Hämatom«, dass man dazugehört – nicht anders, als wenn Jugendliche coole Internetneuwörter wie »lollig« (von englisch *laughing out loud*, abgekürzt *lol*) benutzen. Bei vielen Patienten weckt kompetentes Fachvokabular Vertrauen in die ärztlichen Fähigkeiten, das wahrscheinlich seinen eigenen Placebo-Heileffekt mit sich bringt. Patienten bestehen übrigens oft selbst darauf, Fachtermini zu benutzen. Unter einer Schlafapnoe zu leiden ist eben weniger ordinär und banal als schlicht zu schnarchen. Ein Wort wie »Stoma« verdeckt unangenehme Realitäten besser als »künstlicher Darmausgang«, und

»Gastroenteritis« ist beim Tischgespräch ein genehmeres Wort als »Brechdurchfall«.

Wir haben also aus sozialen und historischen Gründen viele Doppelungen im Vokabular. Allerdings gibt es nicht für alle medizinischen Fachbegriffe gleichwertige und allgemein bekannte laiensprachliche Wörter. Und natürlich muss man nicht Mediziner oder Jurist sein, um Wörter zu kennen, die anderen ein Rätsel sind. Was ist zum Beispiel eine Eisbong oder ein Chillum? Kiffer wissen es, auch die unter ihnen, die es voll fett krass finden, in der Schule Vokabeln zu pauken. Wer Ski fährt, kennt sich mit Harsch und Sulz bestens aus und ist schon mal gewedelt. Und im Gegensatz zu mir wusste der Waschmaschinenlieferant, der mich mit »Ham Se ma n Zehner« begrüßte, sehr genau, wovon er sprach.

In Wörtern steckt unser Wissen über die Welt. Genauer: Über den Teil der Welt, der uns interessiert und mit dem wir schon einmal auf die eine oder andere Weise in Kontakt getreten sind. Das ist erfahrungs- und neigungsabhängig und bei keinen zwei Menschen gleich, auch wenn sie dieselbe Sprache sprechen. Kleinstkinder kennen außer Kuscheltier, Bauchweh und Breichen noch nicht sehr viel von der Welt, und manchen ans Haus gefesselten jungen Elternteil ödet es nach einer Weile zutiefst an, sich mit dem Kind nicht »richtig« unterhalten zu können. Kiffer und Bodybuilderin, Juristin und Hühnerzüchter können nur deshalb überhaupt miteinander reden, weil ein gewisser Grundstock alltäglicher Dinge und Vorgänge wirklich jedem bekannt ist: Wir alle haben Kopf, Arme, Beine und Hände, wir essen und trinken, ärgern und freuen uns, haben schon einmal eingekauft, geduscht, uns wehgetan, telefoniert, auf einem Stuhl gesessen, aus einem Fenster geschaut, eine Straße überquert und – ganz wichtig! – die Schulbank gedrückt (oder wir kennen zumindest jemanden, auf den all das zutrifft).

Der Zusammenhalt einer Gesellschaft, das Zusammengehörigkeitsgefühl unter ihren Mitgliedern hängt nicht zuletzt davon ab, wie groß die Schnittmenge von deren Wort- und Erfahrungsschätzen ist. Einmal angenommen, eine Gruppe von eben erst entdeckten papua-neuguineischen Jägern und Sammlern spräche aus unerfindlichen Gründen Deutsch – diese Menschen würden dennoch sehr viele Wörter nicht kennen, die bei uns zum Grundvokabular gehören. Von Autos, Fenstern, Kerzen, Schuhen, Waschmaschinen, Weihnachten, Mehrwertsteuer oder Grünkohl hätten sie noch nie gehört. Umgekehrt fehlten uns die Wörter für zahllose Tiere, Pflanzen und Riten, die im Leben dieser Menschen eine große Rolle spielen und die sie natürlich auch benennen. Wir hätten nur wenig gemeinsame Gesprächsthemen.

Um die Sache auf die absurde Spitze zu treiben: Stellen wir uns vor, Pantoffeltierchen sprächen Deutsch. Pantoffeltierchen sind hübsche, wasserlebende Einzeller und gehören zu den beliebtesten Mikroskopierobjekten von Biologielehrern, weshalb viele von uns schon mal von ihnen gehört oder sie sogar gesehen haben. Was diese Tierchen von der Welt wahrnehmen, sind hauptsächlich zwei Dinge. Erstens: Geruch nach Nahrung. (In diese Richtung schwimmen sie.) Zweitens: Ist der Weg frei? (Wenn nicht, umschwimmen sie das Hindernis.) Deutsch sprechende Pantoffeltierchen würden wahrscheinlich ungefähr zehn Wörter kennen. Darunter wären »Hindernis«, »oben«, »unten«, »rechts«, »links« und natürlich ein Wort, das wir als »von dort riecht es nach mehr Essen« verstehen müssten. Ein weiteres Wort hätten sie wohl für die Richtung, aus der es weniger nach Essen riecht – vermutlich eines, das es in unserem menschlichen Deutsch gar nicht gibt. »Weniger Essen« könnte ein Pantoffeltierchen nicht sagen, denn Wörter wie »kein«, »weniger« oder auch »Richtung« existieren nur, wenn es mehr als eine Sache gibt, auf die man sie anwenden kann. Für die Tiere wäre es ökonomischer, ein einzelnes Wort für »hier entlang riecht es weniger nach Essen« zu haben. Ja, sie könnten sich überhaupt nicht vorstellen, dass andere Wesen ohne ein solches Wort auskommen! »Richtung, aus der es mehr nach Essen riecht« und »Richtung, aus der es weniger nach Essen riecht« sind in der Welt der Pantoffeltierchen zwei grundlegende Kategorien, so wie für uns »Tier« und »Mensch«, »warm« und »kalt«, »Tag« und »Nacht«.

Und hier sehen wir, was die meisten Wörter einer Sprache sind: Symbole für selbst gebastelte Kategorien. Sie sind nichts anderes als der greifbare Ausdruck dessen, wie wir unsere Welt im Kopf ordnen und ihre Phänomene in Gruppen und Klassen einteilen.

Klassen-weise

Die Fähigkeit, Phänomene zu unterscheiden und Ähnliches zu einer Klasse zusammenzufassen, besitzen in gewissem Maße alle beweglichen Tiere. Es ist sehr leicht zu sehen, wie und warum sie sich im Verlauf der Evolution herausgebildet hat. Ein Pantoffeltierchen, das die wichtigsten Dinge seiner Welt unterscheiden kann, überlebt eher als eines, das dazu nicht in der Lage ist. Ein Krokodil, das ein Zebrafohlen nicht von einem Felsen unterscheiden kann, beißt sich die Zähne aus und verhungert. Ein Äffchen, das Schlangen und Adler nicht kennt, wird sehr bald gefressen.

In der Vergangenheit hat man allerdings meist angenommen, dass Tiere diese »Kategorien« rein instinktiv erkennen. In der Tat sind jeder Tierart einige essenzielle Kategorien ganz oder teilweise angeboren. Das Pantoffeltierchen muss nicht lernen, wie »Essen« riecht, das weiß es automatisch. Ein Krokodil erkennt von Geburt an bewegliche, zappelnde Wesen im Wasser als Beute. Und wir Menschen müssen natürlich, wie alle Tiere auf diesem Planeten, nicht erst lernen, dass »hungrig« und »satt« zwei verschiedene Dinge sind und man den Hunger durch Essen beseitigen sollte. Hier leben wir mit genetisch bedingten Vorgaben unseres Nerven- und Hormonsystems. Ähnlich feste Verschaltungen sorgen auch dafür, dass selbst Neugeborene »Pünktchen – Pünktchen – Komma – Strich« auf einem Luftballon schon als menschliches Gesicht wahrnehmen, dass wir »süß« und »fett« richtig lecker finden und beim potenziell giftigen »bitter« oder »faul« angeekelt den Mund verziehen.

Ob wir aber manche bitteren oder leicht giftigen Sachen wie Kaffee und Kakao doch zu genießen lernen, ob wir scharf oder nicht scharf, Käse oder Tofu mögen, das ist reine Erfahrungssache. In einer komplexen Umwelt, wo wir mit wechselnden Lebensformen und Speisen in Kontakt kommen, wäre es weder praktikabel noch wünschenswert, alles bis ins letzte Detail genetisch vorzugeben. Eine Kombination aus ein paar wenigen Grundeinstellungen mit einem Lernprogramm funktioniert da viel besser. Menschen und Affen schrecken instinktiv vor einem sich schlängelnden Wesen auf dem Boden zurück – in afrikanischen Urwäldern wäre alles andere Selbstmord. Aber was Salamander, Maden, Ratten und Schweine für Tiere, was Feigenbäume und Lianen für Pflanzen sind, ob man sie essen kann, wozu sie sonst nützlich sein können, ob und wann sie gefährlich sind, das müssen intelligente Tiere wie Menschen, Affen oder Papageien erst lernen. Auch das macht in erheblichem Maße unsere Intelligenz aus: durch Beobachten und Herumprobieren die Phänomene der Umwelt kennenzulernen und sie je nach Erfahrung bestimmten, sich ähnlich verhaltenden Gruppen zuzuordnen.

Viele Regionen des Gehirns sind wahrscheinlich an der Entstehung von Kategorien und an Klassifizierungsentscheidungen beteiligt: solche, die mit dem Langzeitgedächtnis zu tun haben, Planungsareale im Stirnhirn, die bewusst abwägen und Entscheidungen treffen, und auch basale Strukturen, die unbewusst Muster und Regelmäßigkeiten erkennen und das »Bauchgefühl« beisteuern, zu welcher Klasse etwas gehört. Das sagen die sehr wenigen neurologischen Untersuchungen – teils an Äffchen und Mäusen! –, die es bislang gibt.

Wir teilen diese Fähigkeit wie die Lernlust und die Neugier, die uns dabei antreibt, mit vielen höheren Tieren. Aber wir Menschen haben es darin zu einer unglaublichen Meisterschaft gebracht. Wir interessieren uns für alles und jedes, von Pantoffeltierchen über Steine bis zum Sternenhimmel. Wir beobachten unglaublich genau, sind fast besessen davon, zu sammeln und zu ordnen. Das ist die Basis unseres Erfolges und die Grundlage all unserer Wissenschaften: Die Biologie klassifiziert Tiere und Planzen und die Teile ihres Körpers und Wesens; die Medizin klassifiziert Krankheiten und wie sie auf welche Behandlung reagieren; die Linguisten klassifizieren Laute, Wörter und grammatische Strukturen. Alle Tiere teilen die Welt in relative Kategorien wie groß und klein, viel und wenig, heiß und kalt ein, aber wir unterteilen noch feiner und exakter in Zentimeter, Gramm und Grad.

Diese Ordnungsleidenschaft schenkt unseren Sprachen nicht nur ihren unendlichen Wortreichtum. Die Beziehung geht viel weiter. Nur, weil wir so ausgezeichnete, so leidenschaftliche Klassifizierer sind, können unsere Sprachen eine grammatische Struktur haben. Der Zusammenhang ist vielleicht nicht auf den ersten Blick zu durchschauen. Doch versetzen wir uns einmal in ein Kind hinein, das sprechen lernt.

Grammatik kinderleicht

Fangen wir mit einzelnen Wörtern an. Ein einjähriges deutsches Kind hat mitbekommen, dass Dinge oft einen Namen haben. Das Stoffhündchen heißt offenbar »Wauwau« – jedenfalls nennen es Mama und Papa so, und wenn man verlangend »Wauwau« sagt, holen sie es und drücken es einem in den Arm. Irgendwann beim Spazierengehen kommt dann ein merkwürdiges vierbeiniges Wesen vorbei, der Papa zeigt mit dem Finger darauf und sagt schon wieder »Wauwau«. Aha! Jetzt hat das Kind verstanden, dass Wauwau kein Personenname ist, sondern für eine Gruppe von Dingen steht. Was für welche das sind, dafür hat es auch schon eine gute Hypothese: ein vages Bild von einem Wesen, das Fell und vier ungefähr gleich lange Beine besitzt. Wenn das Kind danach zum ersten Mal eine Katze sieht, passiert oft das, was man als Übergeneralisieren bezeichnet: »Wauwau!«, ruft unser Baby mit großer Begeisterung und zeigt auf die Katze. Mama klärt natürlich sofort auf, dass es sich hier keineswegs um einen »Wauwau«, sondern um eine »Miezekatze« handele.

So tastet sich das Kind nach und nach an die Kategorien und Kategoriegrenzen heran, die in der Sprachgemeinschaft üblich sind. Denn wir sind anders als andere Tiere keine einsamen Kategorisierer. Wir können und müssen uns ja bis ins Detail über die Bedeutung sprachlicher Zeichen einig werden, auch dort, wo die Grenzen zwischen den Kategorien schwammig sind und man so oder anders entscheiden könnte. Auf Deutsch einigen wir uns zum Beipiel darauf, dass Blau und Grün zwei verschiedene Farben sind, obwohl es zwischen ihnen keine klare Abgrenzung gibt. Auf Alttürkisch wurden denn auch blau, grün und grau als eine Farbe zusammengefasst: *gök*, die Farbe des Himmels. Unter uns Deutschen heißen Trinkgefäße mit Henkel »Tasse«, obwohl auf Englisch die deutsche Kategorie »Tasse« in *mug* (größer und gröber) und *cup* (kleiner und feiner) zweigeteilt wird. Und einen Zweisitzer-Sessel nennen wir Deutschen nicht Sessel, sondern »Sofa«, und das gleiche Möbel mit drei Sitzen ebenfalls »Sofa« und nicht etwa wieder anders. Und so weiter und so weiter.

In den Siebzigern und Achtzigern war die These populär, dass dem

Kind beim Lernen der richtigen Kategorien geholfen würde: durch Vorwissen, was genau ein Wort beinhalten könne und was nicht. Beispielsweise sei es Kindern angeboren, dass Wörter räumlich zusammenhängende Objekte bezeichnen. Daher, so Chomsky, könne es in keiner Sprache ein Einzahl-Wort geben, das für eine Gesamtheit nicht direkt räumlich zusammenhängender Teile steht (wie etwa die Gliedmaßen eines Lebewesens).

Sie ahnen es vielleicht: Es sind von den Kritikern diverse mehr oder weniger geeignete Gegenbeispiele gefunden worden, von *rouage* (für die vier Räder eines Autos) auf Französisch bis zu »Archipel« (viele einzelne Inseln) auf Graeco-Deutsch. Bestimmt fallen Ihnen noch andere ein, man könnte an »Besteck« denken oder an »Tastatur« (eines Klaviers). Womit Chomsky allerdings recht hatte: Die Regel »Wörter stehen für ganze Objekte« ist in der kindlichen Erfahrungswelt oft sinnvoll. Es handelt sich hier um eine Arbeitshypothese, die deutsch- und englischsprachige Kinder anwenden, wenn jemand »Guck mal, ein x!« zu ihnen sagt. Wenn wir Erwachsenen jemanden »Guck mal, da hinten ist ein Glirtz!« rufen hören, gehen wir ja ebenfalls davon aus, dass mit »Glirtz« ein sichtbares, zusammenhängendes Objekt oder Wesen gemeint sein müsse. Eine Hypothese, die indes nicht unbedingt typisch menschlich ist: Sie liegt allen Tieren von Mensch bis Krokodil sehr nahe, die in der Natur andere Lebewesen als »räumlich zusammenhängende« Objekte wahrnehmen und auf sie reagieren müssen.

Aber nicht einmal diese sehr allgemeine, an Eigenschaften der Welt orientierte Fähigkeit scheint angeboren zu sein. Denn es zeigte sich bei Tests: Keineswegs alle Menschenkinder gehen beim Lernen neuer Wörter so vor. Wenn koreanische Kinder ein neues Wort hören und ein Objekt dazu gezeigt bekommen, neigen sie vielmehr zu der Annahme, das neue Wort stehe für das *Material* des Objekts – und nicht für das Objekt selbst und seine räumliche Form. Bei englischen Kindern ist das genau umgekehrt. Englisch (und Deutsch) auf der einen und Koreanisch auf der anderen Seite haben nämlich etwas unterschiedliche sprachliche Bedeutungssysteme. Was die Sprösslinge in beiden Sprachkulturen leitet, das ist wohl lediglich ihre angeborene Neigung, verallgemeinernde Schlüsse zu ziehen. (Ohne diese Neigung würde kaum ein Tier lange überleben!) Und natürlich treibt sie der große Spaß am Lernen, den alle Menschenkinder in sich tragen.

Doch unsere Kinder können noch mehr. Schon ganz früh kennen und verstehen sie Wörter, deren Bedeutung keinem natürlichen Objekt entspricht. »Da« zum Beispiel. Bei normal sozialisierten deutschen Kindern gehört es zu den ersten sprachlichen Äußerungen überhaupt. »Da« steht weder für ein Ding noch für eine Person. Das Kind weiß aus Erfahrung, es ist eine Art Hinweis, oft mit dem deutenden Zeigefinger verbunden. Und Kinder merken schnell, dass man »da« mit einem Namen für ein Ding oder eine Person kombinieren kann, wie in »Da ist ein Wauwau!« oder »Da ist die Mama!«

Aus Kindermund kommen solche Kombinationen zunächst vereinfacht, zum Beispiel: »Da Wauwau!« Eine solche Äußerung klingt simpel, ist aber alles andere als das. Sie ist ein Zeichen, dass das Kind jetzt nicht nur Dinge, sondern *die Wörter selbst* in verschiedene Kategorien einteilt. »Da« gehört zusammen mit »auch«, »mehr«, »haben«, »nicht« zu einer Gruppe von Wörtern, die sich auf ganz bestimmte Weise mit anderen Wörtern kombinieren lassen. »Auch müde«, »da schön«, »mehr Balla«, »Saft haben«, »nicht trinken«: Das alles sind typische deutsche Kinderäußerungen. »Müde auch«, »schön da«, »trinken nicht« sind dagegen untypisch. Das heißt: Die Kinder wissen zu diesem Zeitpunkt, dass es eine Gruppe von Wörtern gibt (»da«, »mehr«, »auch«, »das«, »nicht«), die in ihrer Erfahrungswelt meist vor einem Bezugswort stehen. Und sie haben noch eine weitere Gruppe von Wörtern identifiziert (»trinken«, »haben«), die bevorzugt *hinter* einem Bezugswort stehen. So zum Beispiel in »Woll'n wir gehen?«, »Willst du trinken?«, »Willst du den Ball haben?« Das sind alles Sätze, wie sie das Kind oft hört.

»Haben und trinken stehen immer hinten« ist natürlich eine Regel, die der Erwachsenensprache nicht unbedingt entspricht. Es handelt sich eben um eine Arbeitshypothese des Kindes, genau wie die, wonach jedes vierbeinige, pelzige Wesen ein Hund sein müsse. Sie liefert eine Daumenregel, die in vielen Fällen des Kinderalltags für Wörter wie »trinken« und »haben« die richtige Wortstellung produziert. Und diese kleinen, simplen Regeln vereinfachen nun sogar das Lernen: Fast jedes neu gehörte Wort (wie »Mütze« in »Wo ist denn deine Mütze? –

Ah, da ist die Mütze!«) kann jetzt einer Gruppe zugeordnet werden, über die das Kind schon etwas weiß. Hört es »Da ist die Mütze«, erkennt es gleich: »Mütze« kann wie »Wauwau« als Bezugswort zu »da« auftreten und gehört daher wohl in die gleiche Wortklasse wie »Wauwau«. Ohne jemals dergleichen gehört zu haben, können die Kleinen fortan »Mütze« produktiv in neuen Sätzen benutzen, wie zum Beispiel: »Mütze haben!« Es macht Kindern richtig Spaß, neue Wörter in ihr kleines Regelsystem einzufügen und zu verwenden. Die zunächst so banalen Daumenregeln werden dann nach und nach verbessert, verfeinert und angepasst. Unbewusst allerdings.

Das »Unbewusste« ist typisch für Lern- und Klassifizierungsprozesse im Alltag: Sie laufen meist ab, ohne dass wir überhaupt merken, was unser Gehirn leistet und dass es gerade an »Regeln« bastelt. Nehmen wir nichtsprachliche Beispiele: Wahrscheinlich können Sie auf den ersten Blick einen Geparden von einem Leoparden unterscheiden, einen grauen Papagei von einer grauen Taube und höchstwahrscheinlich sogar fast jedes x-beliebige IKEA-Möbel von einem entsprechenden Quelle-Stück. Sehen Sie eine blitzblanke Mercedes-Limousine Baujahr 2007 und eine ebensolche Baujahr 1990 daneben, dann wissen Sie sofort, welche die alte ist und welche die neue. Und ganz bestimmt wissen Sie beim ersten Hören, ob ein Musikstück Volksmusik, Pop oder Jazz ist. All das haben Sie gelernt, ohne es sich jemals bewusst zu machen. Oder liegt in irgendeiner Ihrer Schubladen ein Zettel, auf dem Sie sich notiert haben, wie sich Volksmusik und Jazz unterscheiden? Musikwissenschaftler oder -produzenten könnten uns vielleicht einen Vortrag über die genauen Hintergründe halten. Und Mercedes-Designer wüssten exakt, welche Maße und Winkel der Limousinen seit 1990 verändert wurden oder wodurch genau sich die Mercedes-Silhouette noch immer von der Opel-Silhouette unterscheidet. Wir Durchschnittsmenschen und Laien lassen uns hingegen vertrauensvoll und sehr erfolgreich von unserem Bauch leiten, wenn wir Autos, Tiere oder Musikstile zuordnen. Die gelernten »Regeln«, die wir dabei anwenden, können wir oft nur auf Nachdenken oder gar nicht benennen. Ganz ähnlich geht es unseren Kindern, wenn sie anfangen, Wörter verschiedenen Gruppen zuzuteilen. Sie tun es, ohne zu wissen, was sie tun.

Verschiedene Wortgruppen, die verschiedene Eigenschaften haben – wie nennt man das noch gleich? Richtig, das ist Grammatik. Nicht mehr und nicht weniger.

Wir können Grammatik als eine Wissenschaft beschreiben, die Laute, Wörter und Sätze nach ihren regelhaften Merkmalen in Gruppen einteilt und feststellt, wie sich diese Gruppen verhalten. Nichts Besonderes also. Nichts, was unsere Spezies nicht aus dem Effeff beherrschte. Vögel sind, wir wissen es unbewusst, gefiederte, geflügelte, beschnabelte Zweibeiner, die meistens seitlich liegende Augen haben und fliegen können. Verben sind im Deutschen Wörter, die meist eine Aktivität beschreiben, im Hauptsatz nach dem Handelnden stehen und eine Zeit- und Personalendung angehängt bekommen (und solche Endungen lassen sich natürlich wiederum in Gruppen einteilen, die bestimmte Eigenschaften haben).

Es ist wohl hier wie so häufig in der Evolution: Eine ohnehin schon vorhandene Fähigkeit, nämlich die zur Klassifizierung natürlicher Objekte, wurde für eine völlig neue Aufgabe rekrutiert: für das Erlernen der Wörter und der Grammatik menschlicher Sprachen. Ja, es könnte sein, dass wir unsere heutige Klassifizierungsleidenschaft – und damit einen herausragenden Teil des typisch menschlichen Denkens – der Sprache verdanken. Eine früh in der menschlichen Evolution schon entstandene Sprache kann selbst der Selektionsdruck gewesen sein, der unsere Vorfahren dazu brachte, ihre Fähigkeiten im Klassifizieren und Ordnen von Phänomenen massiv auszubauen. Nicht ahnend, dass daraus später so Wundersames wie Briefmarkensammlungen und Chemiefabriken entstehen würde.

Zwei Dinge müssen wir aus diesem Kapitel festhalten, weil sie Konsequenzen für die Sprachevolution haben.

Erstens: Eine Sprache hat umso mehr Wörter, je komplizierter das soziale und das wirtschaftliche Leben der Sprachgemeinschaft ist, in der sie gesprochen wird. Zweitens: Wörter und Grammatik greifen auf die gleiche, im Kern alte menschliche Fähigkeit zurück: auf die der Klassifizierung von Objekten. Und wenn sich diese Fähigkeit insgesamt verbessert, dann würde sich das auf Vokabular und Grammatik *zugleich* auswirken und nicht nur auf eines von beiden. Aber sind nicht

Grammatik und Wörter von ihrer Funktion her dennoch zwei verschiedene Paar Schuhe?

Das meint man, solange man nicht anfängt, Sprachen zu vergleichen. Da fallen einem dann die merkwürdigsten Dinge auf.

KARUSSELL IM KOPF:
WARUM GRAMMATISCHE REGELN AUCH WÖRTER SIND UND WAS GRÜNE MEERKATZEN DAZU ZU BEMERKEN HABEN

In der Sprachwissenschaft ist es üblich, die Sprache vereinfachend in zwei Bereiche aufzugliedern:

Der erste nennt sich das Lexikon. Nein, nicht das von Langenscheidt – sondern jenes, das wir im Kopf mit uns herumtragen. »Lexikon« beschreibt keinen bestimmten Ort im Gehirn, sondern ist der Oberbegriff für alle Assoziationen, die wir zwischen Wörtern unserer Sprache und ihren Bedeutungen gebildet haben. Als neurologische Schaltzentrale zwischen Lauten und ihren Bedeutungen funktionieren unter anderem Bereiche im und um das Wernicke-Areal im Schläfenlappen (nicht zufällig in Ohr-Nähe). Wann immer wir ein Wort hören, werden über diese Schaltkreise bestimmte innere Vorstellungen aufgerufen. Die Vorstellungen selbst können an den verschiedensten Stellen im Gehirn liegen, je nachdem, um was für ein Wort es sich handelt. Zum Beispiel werden visuelle Zentren bei »rot« oder »Hase« aktiviert oder zusätzlich motorische, wenn es ein »Hammer« ist und wir schon einmal mit einem Hammer gearbeitet haben.

Der zweite Bereich der Sprache beinhaltet das, was uns in der Schule gern Kopfzerbrechen bereitet: die Grammatik, hauptsächlich Formenlehre (Morphologie) und Satzbau (Syntax). Also so scheinbar grässliche, haarsträubende Dinge wie lateinische Konjugationsmuster, den französischen Teilungsartikel (wann *de*, wann *du*, *de la* oder *des*?) oder die Tatsache, dass Franzosen anders als Deutsche ihre Adjektive eher hinter als vor das Bezugswort stellen. Satzbauregeln und Formenlehre sind nicht scharf trennbar, weshalb man sie heute meist unter dem Begriff »Morphosyntax« zusammenfasst.

Vokabeln auf der einen Seite und Grammatikregeln auf der anderen: Wenn das nicht zwei grundverschiedene Bereiche der Sprache wären, könnte man den Urmenschen nicht unterstellen, sie hätten das eine gekannt und das andere nicht. Die Trennung zwischen beiden scheint auch logisch.

Vokabeln drücken schließlich einen Inhalt aus. Und die Grammatik – ja, was macht die eigentlich?

Sehen wir's uns an.

Achtung! Grammatik!

Was unterscheidet »kam« von »kommen«? Die Zeit, unter anderem. »Kommen« enthält keinen Hinweis auf den Zeitpunkt, zu dem die Handlung stattfindet (oder ob sie überhaupt je stattfinden wird). In »kam« dagegen ist klar: Die Handlung liegt in der Vergangenheit und der Handelnde war eine einzelne Person. Die grammatische Form des Verbs fügt also einen inhaltlichen Aspekt zu der Grundbedeutung hinzu. So wie die Endung -*er* in »schöner« den Inhalt steigert.

Aha! Wörter beinhalten schon für sich allein eine Bedeutung und Grammatik modifiziert oder ergänzt diese.

Aber halt! Gibt es nicht auch Wörter, deren Sinn ebenfalls nur darin liegt, andere Wörter inhaltlich abzuändern oder zu ergänzen? »Mehr« zum Beispiel. Es leistet für Substantive genau das Gleiche wie die grammatische Endung -*er* für »schön«. Ja, im Englischen heißt es sogar korrekt *more beautiful* und nicht »*beautifuller*«. Und da hört es noch nicht auf: »Schön« selbst hat ebenfalls die Funktion, Substantive wie »Mann«, »Frau« oder »Tag« mit einem zusätzlichen Inhaltsaspekt zu versehen. Wörter können also genau wie Grammatik Inhalte ergänzen und abwandeln. Was kann dann Grammatik, was Wörter nicht können?

Probieren wir es mit einem neuen Beispiel: »Kommen« und »Sabine«. Basteln wir »Sabine kommt« daraus, haben wir zwischen beiden einen Bezug hergestellt. Wie das? Erstens steht »Sabine« vor dem Verb. Zweitens hängt an »kommen« eine Personalendung, die auf »Sabine« passt. Ergo: Nicht ich oder die sieben Zwerge sind im Anmarsch, sondern Sabine. Hier haben wir die zweite Funktion von Grammatik: Sie stellt mehr oder weniger spezifische Bezüge her oder unterstützt bestehende Bezüge.

Ist das jetzt etwas, was Wörter nicht können? Machen wir die Probe aufs Exempel:

> Wenn Sabine kommt, komme ich nicht.

Da gibt es einen Zusammenhang zwischen »Sabine kommt« und dem Kommen des Sprechers. Die Wortstellung ist daran beteiligt: »komme« steht vor »ich«. Aber hauptsächlich stellt das »wenn« den Bezug her. Das Wörtchen »wenn« erfüllt also eine Funktion, die sonst oft die Grammatik übernimmt! Auf Türkisch würde der gleiche Satz übrigens so lauten:

> Sabine gelirse, ben gelmem.

Sie müssen kein Türkisch können. Zählen Sie durch, dann stellen Sie fest, dass der türkische Satz um genau zwei Wörter kürzer ist als die deutsche Version. Es steht sechs zu vier für Deutschland, sozusagen. Und zwar deshalb, weil Türkisch die Wörter »wenn« und »nicht« durch grammatische Endungen ersetzt, die an den Verbstamm *gel-* (»kommen«) angehängt werden. Ganz so, wie im Deutschen das *-t* in »kommt« die Person anzeigt.

Apropos Person: Für Personen stehende Wörter wie »mein« oder »mich« sind für uns Deutsche Wörter. Nicht für Jesus. Der sagte am Kreuz:

Eli, eli, lama sabaktani?

Der Satz steht im Neuen Testament im wörtlichen (leicht verballhornten) Aramäisch. (Markus 15,34; Matthäus 27,46. Wer eine an Luther orientierte Bibelübersetzung hat, findet das Zitat in der eng verwandten Sprache Hebräisch.) Die Jesus-Worte heißen übersetzt:

Mein Gott, mein Gott, warum hast du mich verlassen?

Schon wieder hat die deutsche Version viel mehr Wörter. Denn Deutsches »mein« tritt im Aramäischen als grammatische Endung auf (»mein« ist das -i an el, »Gott«), genau wie »du« (das -ta- in sabaktani) und »mich« (das -ni in sabaktani).

Verwirrt? Kein Wunder: Wir sind ins schwammige Niemandsland zwischen Vokabular und Grammatik geraten. »Wenn« ist Bewohner des Niemandslandes, wie die ganze Sippschaft der Bindewörter: »und«, »aber«, »obwohl«, »weil« und so weiter. Natürlich sind auch Verhältniswörter hier zu Hause, wie »mit«, »in« oder »aus«. Deren Funktionen werden ebenfalls in vielen Sprachen – Russisch, Türkisch, Japanisch, Finnisch – durch Endungen übernommen. So heißt »Haus« auf Türkisch *ev*, »im Haus« *evde*, »zum Haus« *eve*, »aus dem Haus« *evden*. Echte Exoten trifft man hier an, zum Beispiel das hebräische Wort *ha'im*: Es leitet Fragesätze ein. Dafür haben andere Sprachen gar kein Wort, weil sie dies grammatisch, etwa per Umstellung, erledigen: »Kommt Sabine?«

Das Niemandsland zwischen Grammatik und Vokabeln ist außerordentlich dicht bevölkert. Ein großer Teil unseres Grundwortschatzes gehört dorthin, jedenfalls dann, wenn wir alle Wörter dazurechnen, deren Funktionen in irgendeiner anderen Sprache von »grammatischen« Mechanismen übernommen werden. Es scheint purer Zufall zu sein, ob eine Sprache sich jeweils für diese oder jene Möglichkeit entscheidet. Einige Sprachen neigen sehr zu grammatischen Formen (Türkisch, Finnisch), andere zu Wörtern (Englisch, Chinesisch), die meisten liegen irgendwo dazwischen.

So gesehen, wäre die Trennung zwischen »Wörtern« und »Grammatik« verfehlt. Die meisten Sprachwissenschaftler ziehen die Trennlinie daher heute ganz woanders: Die sogenannten »Funktionswörter« schlagen sie zur Grammatik, die »Inhaltswörter« zum Lexikon!

Aber auch die Entscheidung, was Funktionswort ist und was Inhaltswort, ist nicht einfach. Die Linguisten benutzen eine Daumenregel: Substantive (wie »Baum«), Verben (»kommen«), Adjektive (»rot«) und Adverbien (»schnell«) sind immer Inhaltswörter! Klingt plausibel. Nur sind dann »mehr« und »schön« auch Inhaltswörter, obwohl wir oben gesehen haben, dass sie eine grammatikähnliche, bedeutungsmodifizierende Funktion erfüllen. Oder nehmen wir Zeitbestimmungen wie »morgen«, »gestern«, »früher«, »bald«: Die gelten als Inhaltswörter, obwohl sie im Chinesischen eine Funktion haben, die anderswo von grammatischen Endungen geleistet wird: Sie geben die Zeit einer Handlung an. Deutsch, Französisch oder Türkisch machen das automatisch per Verbform. Auf Chinesisch kann man die Zeit (oder auch die Person) am Verb aber gar nicht markieren. Deshalb *muss* man auf Chinesisch Wörtchen wie »gestern« oder »früher« verwenden, wenn man die Handlungszeit ausdrücken will.

Und wie sieht es bei den Substantiven aus? Denken wir mal an pauschale Bezeichnungen wie »Mann« und »Frau«. Laut üblicher Grenzziehung sind das eindeutig Inhaltswörter. Allerdings: Sie bezeichnen in erster Linie ein Geschlecht. Damit stehen auch sie dem nahe, was in vielen Sprachen die Grammatik kodiert: durch anerkannte »Funktionswörter« (wie »er« oder »sie«) oder spezielle, das Geschlecht markierende Endungen (wie im Deutschen und Lateinischen). Auch »Tier« kann als grammatische Form auftreten, beispielsweise in der kaukasischen Sprache Tsez.

Bei dieser Gemengelage ist klar: Eine Grenzlinie zwischen »Grammatik« und »Lexikon« zu ziehen, ist mit einer gehörigen Portion Willkür verbunden.

Allerdings dürfte es wohl kaum eine Sprache geben, die das Wort »Chomsky« durch eine grammatische Endung ersetzt. (Oder kennen Sie eine?) »Chomsky« ist ein sehr inhaltsreicher Begriff, dahinter steckt eine bestimmte Person mit ihrer ganzen Biografie. Es wäre ziemlich absurd, eigens für Noam Chomsky eine grammatische Endung zu erfinden oder eine spezifische »Chomsky-Wortstellung« für Sätze, in denen er vorkommt! Das Wort »Linguist« ist schon nicht mehr ganz so exklusiv: Es gibt weltweit Tausende davon. Der Durchschnittsmensch trifft trotzdem selten welche, was wiederum beim Wort »Mann« anders ist. Das passt auf (männliche) Linguisten, Bauern, Brummifahrer, Nachbarn, kurz, auf viele Personen, denen wir täglich begegnen. Noch allgemeiner ist »er«, das nicht einmal mehr das Erwachsenenalter oder das Menschsein beinhaltet. »Er« passt auf die Hälfte der Weltbevölkerung – und auf Unmengen von Tieren und Dingen noch dazu! Je weniger inhaltliche Aspekte ein Wort enthält, in desto mehr Zusammenhängen ist es offenbar passend. Und weiter: Desto häufiger kommt es vor, desto häufiger ist es auch allein nicht ausreichend, um etwas Bestimmtes zu beschreiben. Kombinationen sorgen dann für Klarheit: »der Mann vom Ablesedienst« etwa oder »der Mann da drüben«.

Genau hier kann das entstehen, was als typische Grammatik gilt: indem es sich für manche, besonders alltägliche und allein nichtssagende Inhaltsaspekte einbürgert, sie durch eine kleine Abänderung an den Bezugswörtern auszudrücken. Das kann man mit lautlichen Varianten erreichen (»ihr kamt« statt »ihr kommt«), durch die Wortstellung (»Kommt Sabine?«) und – oft vernachlässigt – durch Intonation (»Sabine kommt?«). Oder man hängt zusätzliche Laute, oft Silben, an: »Schön*er*« statt »schön«, »*ver*binden« statt »binden«. Angehängte Silben sind mit den Funktionswörtern eng verwandt, ja gehen fließend in sie über. Denn so eindeutig klar ist es keineswegs, dass das aramäisch-hebräische *-ni* ein »Objektsuffix« ist und nicht etwa ein Wort wie die deutsche Übersetzung »mich«. Und wie steht es umgekehrt mit deutschen umgangssprachlichen oder dialektischen Kurzformen von »ihn«, wie »Hast'n?« (für »Hast du ihn?«). Ist das *n* hier nun ein eigenes Wort oder in Wahrheit schon eine grammatische Endung? Ebenso bei »*ver*binden«: In traditioneller jiddischer Rechtschreibung schrieb man *fer binden*, man hatte das *ver-* beziehungsweise *fer-* also als eigenes Wort verstanden (eben *fer standen*).

Fazit aus alledem: Es gibt weder formal noch funktionell eine klare Grenze zwischen Grammatik und Lexikon. Gerade inhaltlich allgemeine, ständig gebrauchte Begriffe stehen immer auf der Schwelle zur Grammatik oder sie gehören schon dazu.

Und die sprachgeschichtlichen Konsequenzen daraus? Es wäre für sprechende Urmenschen ganz schön schwer gewesen, die Grammatik aus ihrer Sprache herauszuhalten! Sie konnten ja schlecht bei der örtlichen Universität anrufen und nachfragen, ob beispielsweise »mehr« noch als Inhaltswort gilt oder schon als Grammatik. Abgesehen davon, dass die Antwort sie bestimmt nicht interessierte.

Was hätte sie dazu treiben können, ausschließlich eindeutige Inhaltswörter wie »Chomsky« oder »Linguist« zu benutzen?

Meerkatzen und Pantoffeltierchen wissen es: ein kleines Vokabular.

Meerkatzen, Menschen und der Pantoffeltierchen-Test

Wenn eine Sprache nur wenige Begriffe kennt, etwa zehn, 20 oder 50, dann sind das erbärmliche Voraussetzungen für die Entwicklung von grammatischen Endungen oder von Wörtern, die »grammatische« Funktionen erfüllen. Wir müssen uns nur an das hypothetische, Deutsch sprechende Pantoffeltierchen erinnern, dem wir im vorigen Kapitel kurz begegnet sind. Es besaß keine Wörter für »mehr« oder »weniger«, weil es in seiner Welt nur eines gibt, auf das sich »mehr« oder »weniger« beziehen könnte: Essensgeruch. In solch einer Situation ist es ökonomischer, »riecht mehr nach Essen« und »riecht weniger nach Essen« mit jeweils einem eigenen Wort zu bezeichnen (zum Beispiel *schlurp* und *glumpf*), als sich zusätzlich mit »mehr« und »weniger« oder einem Verb wie »riechen« herumzuplagen.

Es hört sich unwahrscheinlich an. Aber unsere menschlichen Vorfahren müssen in dieser Hinsicht den Pantoffeltierchen lange ausgesprochen ähnlich gewesen sein.

Stellen wir uns vor, wir seien ein äffisches Wesen im afrikanischen Busch. Dann interessierte uns an Leoparden, Hyänen oder Löwen hauptsächlich, ob sie auf uns zukommen. Ein eigenes Wort für »kommen« bräuchten wir nicht, um das auszudrücken. In »Leopard« ist das Kommen implizit: Wenn er nicht käme, würde man es nicht sagen. So verhält es sich tatsächlich mit den Warnrufen von Grünen Meerkatzen. Sie haben mehrere, die auf verschiedene Tiere hinweisen. Und sie brauchen jeweils nur einen Ruf (entspechend einem sehr inhaltsreichen Wort), um »Achtung, Schlange kommt!«, »Achtung, Leopard kommt!« oder »Achtung, Adler kommt!« auszudrücken. Wäre die Welt für die Meerkatzen komplizierter, könnte sich daran etwas ändern. Vielleicht müssten sie mitteilen, dass Leoparden, Antilopen oder Hyänen *weggehen* statt zu kommen, wohin genau sie gehen oder wo sie sich aufhalten (*zum* Fluss, *weg vom* Fluss, *auf der* Wiese). Dafür würden sie differenzierende Bewegungsverben (»kommen«, »weggehen«), Fallendungen oder Funktionswörter benötigen, die Richtungen und Orte anzeigen.

Die Grünen Meerkatzen scheinen allerdings mit ihren schlichten Warnrufen sehr zufrieden zu sein. Auch deshalb, weil eine genaue Mitteilung wie »Löwen gehen zum Fluss« sich nur lohnt, wenn die anderen Gruppenmitglieder die Löwen und deren Bewegung nicht selbst sehen können, sobald sie darauf aufmerksam gemacht werden. Nun ist das der Normalfall im Leben der meisten Tiere: Aufmerksam machen reicht. Dazu braucht es nicht viele Worte.

Genau das ist der Punkt, warum man daran zweifeln kann, dass eine Menschenform wie der frühe Homo ergaster ein großes Vokabular und damit zumindest die Ansätze einer Grammatik besaß. Unterziehen wir einmal verschiedene menschliche Vorfahren dem Pantoffeltierchen-Test. Unsere direkten Vorgänger im menschlichen Stammbaum, Homo heidelbergensis, besaßen eine vergleichsweise reichhaltige materielle Kultur. Diese Menschen, die nun auch in winterkalten Regionen lebten, konnten sich bereits vor mancherlei Widrigkeiten der Natur schützen: Es gab Feuer, man errichtete hüttenartige Strukturen gegen Wind und Niederschlag. Das legen einige Funde nahe. Zum Werkzeugspektrum gehörten hölzerne Wurfspeere, deren perfekt aerodynamische Form zeigt, dass man experimentiert hatte, um bestmögliche Flugeigenschaften zu erreichen. Offenbar gab es auch Vorratshaltung über den Winter. So jedenfalls interpretiert Hartmut Thieme, der Leiter der Grabung im niedersächsischen Schöningen, was er dort entdeckte: Eine Herde von Pferden war vor 400 000 Jahren an einem herbstlichen Seeufer erlegt und das Fleisch an Ort und Stelle abgelöst worden. Auf einmal kann so viel kaum gegessen worden sein.

In einer solchen Kultur wäre eine Sprache aus nur zehn, 20 oder 50 Wörtern behindernd gewesen. Diese Menschen hatten sich über komplexe Inhalte zu verständigen, und dafür konnten sie ein breites Vokabular ausgezeichnet gebrauchen.

Beim frühen Homo ergaster vor 1,8 Millionen Jahren sah das noch anders aus. Seine Lebensweise unterschied sich – soweit archäologisch fassbar – zunächst nicht wesentlich von jener der Tiere in seiner Umgebung. Als er aus Afrika auswanderte, war er zwar die erste Menschenform, die die Urheimat verließ (der moderne Homo sapiens sollte ihm viel später folgen). Doch Homo ergaster wanderte als Teil eines größeren Grasland-Faunenkomplexes, und man muss ihm nicht aus menschlicher Hybris eine wesentlich andere Umgehensweise mit den alltäglichen Lebensanforderungen unterstellen als den ebenfalls ursprünglich afrikanischen Großtieren, mit denen zusammen seine Knochen im georgischen Fundort Dmanisi gefunden wurden. Über viele Jahrhunderttausende blieb er noch den tropisch-subtropischen Habitaten treu, aus denen er stammte.

Es gibt also Gründe zu bezweifeln, dass sehr frühe Formen von Homo ein differenziertes Vokabular mit Funktionswörtern oder anderer Grammatik nötig hatten. Ja, wenn man Sprache als reines Mittel zur Informationsübertragung ansieht, muss man sich fragen, ob diese Wesen überhaupt ein Kommunikationsmedium besaßen, das sich nennenswert von den Lauten von Affen unterschied. Das tun viele Forscher aus diesen Gründen.

Deshalb schien es manchem schlicht abstrus, als Marc Meyers Ergebnisse an Wirbelkanälen (siehe Teil 2) nahelegten: Ausgerechnet der frühe Homo ergaster oder sogar seine unmittelbaren Vorgänger irgendwo zwischen Australopithecus und Homo hätten die Sprache erfunden. Wenn dem so war, dann muss es biologische oder soziokulturelle Faktoren in der Sprach- und Grammatikentwicklung geben, die uns bislang entgangen sind.

Und die gibt es tatsächlich.

ANGESTECKTE FEDERN ODER WARUM WIR ES UNS MANCHMAL KOMPLIZIERT MACHEN, OBWOHL ES AUCH EINFACH GEHT

Deutsche Sprache, schwere Sprache: An dem Spruch ist was dran. Sogar aus der Perspektive der Britischen Inseln, deren Eingeborenen Deutsch eigentlich sehr leichtfallen müsste, weil es mit dem Englischen nahe verwandt ist (sprich: die Basalganglien müssen kaum neue grammatische Muster lernen). Doch das lässt die gewissen Unterschiede nur umso ärgerlicher erscheinen.

Männlich, weiblich, sächlich, *döndüğünüzü* – und andere Absurditäten

Englischsprachige Deutschlerner stöhnen zum Steinerweichen, wenn ihnen erklärt wird, dass im Deutschen ein Nebensatz eine andere Wortstellung hat als ein Hauptsatz. (Falls Sie nicht wissen, was gemeint ist: Man sagt, »dass ein Nebensatz eine andere Wortstellung hat als ein Hauptsatz«, nicht aber, »dass ein Nebensatz hat eine andere Wortstellung als ein Hauptsatz.«) Auf Englisch ist das nicht so, und die deutsche Regel ist für das Verständnis solcher Sätze auch vollkommen überflüssig. Wir erkennen nämlich auf Deutsch, Englisch und den meisten anderen europäischen Sprachen einen Nebensatz gleich an seinem Anfang, weil er durch bestimmte kleine Wörtchen, zum Beispiel Pronomen, eingeleitet wird. Da braucht es keinen zusätzlichen Hinweis durch die Wortstellung.

Deutsch markiert Nebensätze also mit zwei grammatischen Elementen, Englisch jedoch nur mit einem – ja, manchmal sogar überhaupt nicht. In englischen Sätzen wie *The job she was offered at Atelco doesn't suit her* (»Der Job, den man ihr bei Atelco angeboten hat, passt ihr nicht«) gibt es gar keine explizite grammatische Nebensatzmarkierung. Ein Äquivalent für das deutsche Relativpronomen »den« fehlt einfach und eines für die besondere deutsche Wortstellung sowieso. Stört dies das Verständnis? Nicht im Geringsten! Das erste Wort des Nebensatzes bringt unser Broca-Zentrum und unsere Basalganglien nämlich ganz von selbst darauf, dass hier umgeschaltet werden muss. Kann man Englisch, versteht man den Satz ganz ohne eigene Nebensatzmarkierung bestens. Dabei hat der englische Satz noch ein zweites grammatisches Manko im Vergleich mit dem deutschen: Das Substantiv *job* hat auf Englisch kein Geschlecht. Im Deutschen muss man dagegen zu jedem Substantiv das Geschlecht spezifizieren: männlich, weiblich oder sächlich.

Deutsche finden es völlig normal, Dingen ohne Penis oder Vagina ein männliches oder weibliches Geschlecht zuzuordnen. Für sie ist »der Baum« genau wie »der Job« männlich, nicht jedoch »die Eiche«, obwohl die auch ein Baum ist, oder »das Holz«, aus dem der Baum besteht: Über solche grammatischen Tatsachen unserer Muttersprache werden im englischsprachigen Ausland gern Witze gerissen. Das grammatische Geschlecht sehen Briten als eine exzentrische kontinentaleuropäische Sitte an, mit der Franzosen und Deutsche zwar Fremdsprachenschüler schikanieren, die aber ansonsten sinnfrei und inhaltlich überflüssig ist. Jedenfalls kommt Englisch, wie Japanisch und Türkisch, wunderbar ohne ein grammatisches Geschlecht aus.

Auch ein anderes grammatisches »Manko« von Japanisch und Türkisch macht offenbar keine Probleme. In beiden Sprachen lässt man regelmäßig wichtige Satzteile einfach weg! Probieren wir's auf Deutsch: »Habe vergessen« lässt das explizite Subjekt (»ich«) und das direkte Objekt (»es«) weg, so wie das türkische Äquivalent »unutmuşum«. Trotzdem birgt es die gleiche inhaltliche Information wie das, was als korrektes Deutsch gilt: »Ich habe es vergessen« oder »Das habe ich vergessen«. »Ich« und »es« sind vom Informationsgehalt her hier schlicht überflüssig. Was vergessen wurde (und dass der Sprecher der Vergesser ist), das weiß der Hörer ohnehin. Und falls nicht, kann er es aus dem nichtssagenden »es« ganz bestimmt nicht erschließen. Auf Türkisch ist daher ganz folgerichtig »unutmuşum« (»habe vergessen«) ein korrekter, vollständiger Satz.

Dass wir »es« und »ich« auf Deutsch hier verwenden »müssen«, ist eine willkürliche, für türkische und japanische Lerner äußerst lästige grammatische Regel, die da lautet: Verbergänzungen sind immer zu nennen. Und zwar auch, wenn wir gar keine Lust dazu haben: Dann ersetzen wir sie eben durch kleine Platzhalter, darunter besonders beliebt das Wörtchen »es«.

Und das kann auf Deutsch richtig absurd werden. Zum Beispiel in »Es regnet.« Wer oder was regnet da eigentlich? In Wahrheit bezieht sich das »es« in solchen Sätzen auf nichts und niemanden. »Es« ist nur dazu da, den formalen Anspruch zu erfüllen, wonach jeder Satz mit der Verbergänzung »Subjekt« ausgestattet sein müsse. Der Inhalt unserer Aussage wird dadurch weder klarer noch eindeutiger.

Das ist natürlich beileibe nicht nur auf Deutsch so. Unsere Muttersprache gehört nicht einmal zu den Extrembeispielen. Die kaukasische Sprache Tsez hat gleich vier statt zwei oder drei Geschlechter. Und Türkisch passt Vokale nach diversen Regeln dem jeweils im Wort vorausgehenden Vokal an, sodass es zu für deutsche Ohren lustigen Kombinationen wie »döndüğünüzü« kommt. (Dieses eine Wort allein heißt übrigens übersetzt: »dass ihr zurückgekommen seid«. Woran man wieder sieht, dass Türkisch gern mit Endungen erledigt, was Deutsch mit einzelnen Wörtern macht.)

Wohl alle bekannten Sprachen besitzen an irgendeiner Stelle grammatische Regeln, die zur inhaltlichen Informationsübertragung keinen sinnvollen Beitrag liefern. Ja, wir verzichten mit schöner Regelmäßigkeit ausgerechnet dann auf Grammatik (und auf so manches Vokabular), wenn eine Notsituation da ist und es auf die übertragene Information tatsächlich ankommt. Wir schreien im Fall der Fälle eher »Hilfe!« als »Bitte helfen Sie mir, diesen außerordentlich gewaltbereiten Verbrecher abzuwehren!« oder auch »Eisberg steuerbord!« statt »Ein Eisberg befindet sich steuerbord und ich habe den unangenehmen Eindruck, dass er uns gleich rammen wird.«

Im realen Leben hilft der Kontext dem Verständnis oft mehr auf die Sprünge als die Grammatik – oder er macht zumindest große Teile der Grammatik und des Vokabulars für die reine Informationsübertragung komplett überflüssig. Fazit: Optimierte Informationsübertragung kann nicht der alleinige Zweck oder Daseinsgrund von Grammatik sein.

Und das ist sie natürlich auch nicht.

Von Pfauen und Menschen

Welche Funktionen könnte Grammatik sonst noch haben? Nehmen wir Japanisch. Auf Japanisch gibt es für das Satzverständnis überflüssige grammatische Elemente mit einer klar definierten Funktion. Ans Verb hängen Japaner nicht etwa eine Personalendung, wie das auf Lateinisch oder auf Deutsch üblich ist (ich geh*e*, du geh*st*, er geh*t*). Sie markieren das Verb mit einer Höflichkeitsendung, zum Beispiel -*masu*, die darauf verweist, in welchem sozialen Verhältnis Sprecher und Hörer des Satzes zueinander stehen! Grammatik kann eine soziale Signalfunktion haben. Und die hat sie nicht nur dort, wo es derart ins Auge springt. Sehen wir uns ein paar Fakten aus dem sprachlichen Alltag in Deutschland an:

1. Grammatikfehler in Klassenarbeiten zählen grundsätzlich als ganze Fehler, auch wenn sie das Verständnis nicht beeinträchtigen.

2. Grammatikfehler von Prominenten (»Hier werden Sie geholfen«, »Ich habe fertig«) werden in den Medien genüsslich durch den Kakao gezogen.

3. Schülererfahrung: Wer sich in Fächern wie Deutsch, Gesellschaftslehre und Religion in den Klassenarbeiten sprachlich gehoben ausdrückt, bekommt selbst für ein inhaltsleeres Geschwafel keine schlechte Note.

4. Manche volkstümlichen Grammatikvarianten wie »Peter sein Vater« (statt »Peters Vater«) oder »besser wie« (statt »besser als«) gelten als Gipfel der Unbildung. Viele versuchen krampfhaft, diese Formen zu vermeiden, ja verwenden sie manchmal selbst dann nicht, wenn sie hochsprachlich richtig wären.

5. Jeder von uns spricht am Skattisch mit Freunden anders als beim Vorstellungsgespräch oder auf einem wissenschaftlichen Kon-

gress. »Peter *sagt*, er *kann* nicht kommen, er *ist* krank« wird auf anderer Bühne zu »Professor Schmidt *lässt sagen*, er *könne* nicht kommen, er *sei* leider *erkrankt*.«

6. Ein israelischer Bekannter berichtet, bei seinen Aufenthalten hier sei er immer wieder unfreundlich oder herablassend behandelt worden, bis ihm klar wurde, dass dies eine Reaktion auf sein gebrochenes Deutsch war. Als er gutes Englisch sprach, wurde er zwar schlechter verstanden, aber viel zuvorkommender behandelt.

Nirgendwo geht es dabei um sprachliche Inhalte, überall geht es um äußere Form. *Wie* ich spreche (und schreibe), verrät sehr viel über mich, unabhängig davon, *was* ich sage. Es lässt durchscheinen, zu welcher sozialen Gruppe man gehört oder gehören möchte, wo man aufgewachsen ist, welche Schulbildung oder andere Bildung man besitzt, ob man in der Lage oder bereit ist, sich sozialen Konventionen anzupassen, ob man eher Distanz wahren oder vertrauteren Umgang pflegen will und so weiter und so weiter.

Die Grammatik ist ein integraler Teil dieser sozialen Signalfunktionen der Sprache. Aussprache, Vokabular, Ausdrucksweise und Grammatik helfen uns, jemanden schon im ersten Gespräch bewusst oder unbewusst »in eine Schublade zu stecken«, das heißt, hinsichtlich seiner sozialen Gruppenzugehörigkeit und seiner persönlichen Eigenschaften einzuschätzen.

Wie mir scheint, kommt der Grammatik dabei eine recht spezifische Rolle zu: Sie ist ein Indikator für Intelligenz. »Schlechte« Grammatik setzen wir leicht mit Dummheit gleich. Wer zu standardsprachlicher Grammatik nicht in der Lage ist, den halten wir für geistig minderbemittelt bis zum massiven Beweis des Gegenteils. Umgekehrt gilt: Wer hochsprachliche Grammatikformen wie indirekte Rede gekonnt einsetzt, wirkt intelligent. Und wer so kompliziert spricht oder schreibt, dass ihn kaum noch jemand versteht (wie mancher postmoderne Theoretiker), gilt schnell als intellektuelle Ikone.

Ob absichtlich oder nicht: Mit Sprache lässt sich wunderbar angeben. Und die Biologen unter den Lesern ahnen es längst. Es geht hier nicht nur um Gruppenidentitäten, sondern auch um die soziale und sexuelle Fitness. Pfauenfedern, lange Haare und überkomplizierte Grammatik haben eines gemeinsam: Sie sind praktisch nicht besonders nützlich. Aber sie sind für andere, zum Beispiel für Rivalen oder potenzielle Sexualpartner, ein Indikator dafür, ob jemand ein besonders »fittes« Exemplar der jeweiligen Spezies ist. Dem glänzenden Beherrscher langer Sätze und hochsprachlichen Vokabulars trauen wir leicht zu, dass er erfolgreich durchs Leben geht.

Für Otto und Ottilie Normalmensch sowie für den Durchschnittspfau gilt es aber natürlich erst einmal, die Mindestanforderungen zu erfüllen, um beispielsweise als Sexualpartner überhaupt infrage zu kommen! Lange, symmetrisch gemusterte Pfauenfedern und glänzendes Menschenhaar sind ein Indikator für die körperliche Gesundheit – genauso wie eine gute, zumindest den wichtigsten Konventionen der Sprachgemeinschaft entsprechende Grammatik ein Indikator für die geistige Gesundheit ist. Aber natürlich haben wir ein viel komplizierteres Sexual- und Sozialleben als Pfauen. Mit unserer geistigen (grammatischen) »Fitness« werben wir am wenigsten um einen Sexualpartner für ein einmaliges Beisammensein (da achtet man auf die »inneren Werte« nicht gar so genau …), sondern wir werben um Lebenspartner, Freunde, Arbeitgeber, kurz, um Kooperationspartner in allen Bereichen unseres Alltags.

Damit haben wir genügend Indizien zusammen. Gehen wir nun noch einmal dorthin zurück, wo unser Ausflug in den heutigen menschlichen Geist begann: zu der These Derek Bickertons und anderer, erst der moderne Mensch habe eine Grammatik entwickelt. Vorher, bei den Altmenschen, habe es nur grammatikfreie Einzelwörter gegeben.

Die These ist schwach, wo sie sich auf unspektakuläre technische Weiterentwicklungen der späten Altsteinzeit stützt. Sie ist ebenfalls schwach, wo sie die komplexen neurologischen Grundlagen von Grammatik und die deutlichen Anzeichen übergeht, die wir für deren allmähliche Fortentwicklung schon vor dem modernen Menschen besitzen. Und sie ist dort schwach, wo sie die engen Verflechtungen zwischen Grammatik und Vokabular ignoriert, wie wir sie in den letzten beiden Kapiteln kennengelernt haben. Dennoch hat Bickertons These eine große Stärke, nämlich dort, wo er sie mit einer ganz bestimmten kulturellen Entwicklung der späten Altsteinzeit untermauert: mit der Entstehung und vergleichsweise plötzlichen Verbreitung von Kunst und Schmuck.

In der Tat, eiszeitliche Funde von Schmuck oder Kunst könnten mit Grammatik zusammenhängen. Lateinische Formenlehre und liebevoll geschnitzte Elfenbeinpferdchen – sie sind keine Gegensätze. Denn die Funktionen dieser menschlichen Geistesprodukte überschneiden sich. Ob Sprachstil oder Kleidung, Geschmeide und Kunsthandwerk: Sie alle sind Signale für die soziale Gruppenzugehörigkeit. Das reicht vom Zungen-, Brauen- oder Nasenpiercing der Gothics bis zu den sprachlichen Eigenheiten von Hip-Hoppern, Bayern, Ärzten oder Geisteswissenschaftlern. Und sie sind Statussymbole (»Fitnesssignale«). Diamantcolliers und Designermöbel schreien »Seht her, ich bin reich!« in die Welt hinaus. Um den Status geht es auch in den oberen Banketagen und Politikerbüros, wo riesige moderne Ölgemälde hängen. Wir haben hier im Prinzip ein ähnliches Phänomen wie in bäuerlichen Kulturen. Selbst hergestelltes Kunsthandwerk galt als Signal dafür, dass man sich die Zeit und den Materialaufwand leisten konnte. Heute hat man Geld und Einfluss, um malen zu lassen.

Was bedeutet es also, wenn in der späten Altsteinzeit vermehrt Schmuck, Kunstgegenstände und standardisiertes ästhetisches Design von Werkzeugen auftauchen? Gruppenidentitäten und Statussymbole wurden wichtiger.

Die Frage ist, warum. Hatte eine »Sprachmutation« den Homo sapiens plötzlich empfänglicher für kulturelle Symbole oder Identitätsfragen gemacht? Viele nehmen das an. Merkwürdig nur, dass die unmutierten Neandertaler, kurz bevor sie ausstarben, ebenfalls anfingen, ihre Werkzeuge mit Deko-Kerben zu versehen oder schicke Wolfszahnketten zu tragen (eine gern unter den Tisch gekehrte Tatsache). Es war wohl doch eine Mode, keine Mutation. Und der Grund dafür könnte ganz einfach eine steigende Bevölkerungsdichte gewesen sein. Kulturelle Innovationen wie Schmuck verbreiten sich dann schnell, ähnlich wie Krankheitserreger, die bei dichter Bevölkerung rasch von Ort zu Ort springen. Wenn es mehr Menschengruppen gibt, dann muss man auch nicht mehr mit jeder, auf die man trifft, zur Inzuchtvermeidung Liebesbande knüpfen. Man kann sich abgrenzen, will sich vielleicht sogar abgrenzen, weil die »anderen« unliebsame Konkurrenz darstellen. Innerhalb der eigenen, nun größeren Gruppe ändert sich auch einiges: Man kennt nicht mehr alle Mitglieder des »Stammes«, ist nicht mehr mit jedem verwandt, sodass es sich lohnt, über Äußerlichkeiten wie die Wolfszahnkette Eindruck zu schinden. In größeren Gemeinschaften entsteht auch mehr Arbeitsteilung und eine stärkere soziale Schichtung.

Tatsächlich existieren Hinweise, dass es in Europa vor 40 000 Jahren ein Bevölkerungswachstum gab. Es war die Periode des Hengelo-Interstadials, einer kurzen, relativ warmen und feuchten Eiszeitpause. Extrem nördliche Regionen wie Teile der europäischen Arktis wurden erstmals besiedelt; es wurde riskanter gejagt, um mehr Fleischbeute zu machen. Und es gab einen sehr spezifischen Faktor, der Identität und Stärkedemonstrationen wichtiger machte als je zuvor: Neandertaler und moderne Menschen, die sich so ähnlich waren und doch so fremd, die bestimmt nicht die gleiche Sprache sprachen, aber um dieselben Lebensräume konkurrierten – diese beiden Gruppen trafen nun nach langer Trennung aufeinander.

Wenn also damals identitätsbildende und Status suggerierende Signale wichtiger wurden, wie uns die vermehrte Entstehung von Schmuck, Kunst und Design ahnen lässt, dann haben wir hier wirklich ein Indiz für Grammatik. Wenn wir eine Phase nennen sollten, in der Grammatiken, aber auch Vokabulare einen Komplexitätsschub erlebten, dann ist für Europa die Zeit zwischen 40 000 und 30 000 Jahren gar kein schlechter Tipp.

Was aber viel interessanter ist: Wir haben eine Funktion von Grammatik, ja von Sprache entdeckt, die von ihrem ganzen Charakter her sehr archaisch ist: Sprachfähigkeit als Signal für Fitness im Darwin'schen Sinne. Sichtbare Signale für soziale Gruppen- und Schichtenzugehörigkeit sind ein soziokulturelles Phänomen und womöglich eine relativ späte Erfindung in der menschlichen Kulturgeschichte.

Aber Signale für die biologische Fitness eines Individuums gibt es in der einen oder anderen Form bei den meisten Tieren.

Eine solche biologische Funktion von Sprache könnte schon sehr früh existiert haben. Selbst bei jenen Menschen, deren Lebensweise noch wenig die Notwendigkeit verbesserter Informationsübertragung erkennen lässt – aber sehr wohl die Hochschätzung einer über das Schimpansenniveau hinausgehenden allgemeinen und feinmotorischen Intelligenz. Dafür, ob ein Individuum beides besitzt, sind, wie wir gesehen haben, die Grammatik- und Artikulationsfähigkeit durchaus ein guter Indikator. Man kann einfach, indem man spricht, anderen ein Signal über die eigenen Geisteskräfte geben. Ein solches sprachliches Signal neurologischer Gesundheit oder Begabung zu senden, hätte wahrscheinlich schon ganz zu Beginn der Menschheitsentwicklung soziale, sexuelle und damit letztlich Fortpflanzungsvorteile gebracht.

Deshalb könnte der frühe Homo erectus vor 1,8 Millionen Jahren doch ein größeres Vokabular besessen haben, als er rational betrachtet brauchte – und auch so etwas wie eine primitive Grammatik.

Nun ist der Ausdruck »primitive Grammatik« allerdings sehr unbeliebt unter Sprachwissenschaftlern. Einige sind der Ansicht, dass es gar keine simple Frühversion von Grammatik geben kann, weil man diese entweder hat oder nicht hat. Dennoch: Affen, Kleinstkinder und erwachsene Fremdsprachenanfänger geben uns zumindest einen Hinweis darauf, wie Sprache aussehen kann, wenn man von ihrer heutigen Komplexität noch überfordert ist.

Ein bisschen scheint es, als wüssten wir jetzt alles über die Sprachevolution. Doch das stimmt nicht ganz. Wir haben bislang vernachlässigt, dass zur Sprache nicht nur praktische Fähigkeiten, anatomische Voraussetzungen und Verstand gehören, sondern auch Gefühl. Das erfahren wir, wenn wir uns ganz weit zurück in die Zeit vor jeder Grammatik begeben. Für diese Zeitreise um zwei, vielleicht sogar zweieinhalb Millionen Jahre in die Vergangenheit müssen wir nur in den Spiegel sehen.

Denn so manche merkwürdige Gewohnheit selbst aus der frühesten Prä-, Proto- und Urzeit der Sprache haben wir noch längst nicht aufgegeben.

VIERTER TEIL

GANZ AM ANFANG

FISCHEN NACH URWÖRTERN

Was waren die ersten Wörter? Der Sprachwissenschaftler Ray Jackendoff ist der Ansicht, dass in unseren modernen Sprachen noch Relikte davon zu finden sind. Wohlgemerkt, es geht hier nicht um Wörter aus der »Ursprache« des Homo sapiens, der Sprache also, die von jener recht kleinen Gruppe von Menschen gesprochen wurde, die vor 60 000 Jahren Afrika verließen. Nein, es geht um die allerersten »Proto-Wörter«, die – vielleicht – vor 2,5 Millionen Jahren die Hersteller der Olduwan-Geräte benutzten. Wörter, die für Homo ergaster vor 1,8 Millionen Jahren wahrscheinlich bereits ein altes Erbe waren.

Natürlich ist es mit Unsicherheiten behaftet, von heutigen, voll entwickelten Sprachen auf eine frühere, primitivere Phase der Sprachentwicklung zu schließen. Wenn allerdings eine solche Hypothese rätselhafte Phänomene gut und einfach erklärt und mit den bekannten Fakten übereinstimmt, dann muss man sie sehr ernst nehmen.

Am Anfang war ein »Boah!«

In allen Sprachen, so Jackendoff, gebe es Wörter, die eigentlich keine sind. Zum Beispiel »Au!« oder »Autsch!«, »Hu!« oder »Huch!«, »Ah!«, »Ui!«, »Ey!«, »Boa(h)!«, »Mhm!«, »Pssst!« und das nahezu unschreibbare laute Einatmen (»Hhhh!«), wenn man sich erschrickt. Soweit Grammatiker diese überhaupt zur Kenntnis nehmen, bezeichnen sie solche Wörter als Ausrufe oder Interjektionen. In traditionellen Sprachlehrbüchern werden sie fast nicht behandelt und in Wörterbüchern nur nachlässig und unvollständig verzeichnet.

Das ist merkwürdig. »Huch!« oder »Mhm!« kommen nämlich im Alltag viel häufiger vor und werden von viel mehr Menschen verstanden als seltene Dialektvokabeln wie »Mummel« und »Fehn« oder so manches Fremdwort. Interjektionen gelten aber offenbar nicht als vollwertiger Teil der Sprache. Fakt ist: Sie funktionieren völlig anders als reguläre Wörter. Sie enthalten viel mehr Inhalt. »Au!« heißt etwa: »Jetzt habe ich mir wehgetan, jetzt gerade tut es weh!« »Mhm!« bedeutet: »Ich höre dir zu, red nur weiter!« »Boah!« meint übersetzt: »Das ist aber ungewöhnlich, ich bin beeindruckt!« Und »Hhhhh!« steht für: »Jetzt habe ich mich aber erschreckt!«

Diese »Wörter« sind abnorm, weil sie auf einmal ausdrücken, was die Sprache normalerweise in mehrere einzelne Bedeutungsbestandteile zerhackt. Das Gleiche gilt übrigens auch für »Ja« und »Nein«. Auf Lateinisch, einer Sprache, in der es in klassischer Zeit offenbar keine Wörter dafür gab, finden wir stattdessen ganze Sätze. »So ist es!«, »Ich werde kommen!«, sagten oder schrieben die Lateiner, wo andere schlicht »Ja!« äußern würden.

»Ja« und »Nein« und die Interjektionen wollen sich deshalb auch in den Satzbau nicht einfügen. Höchstens vor einen Satz kann man sie stellen oder dahinter, aber integrieren kann man sie kaum. »Ich habe mir au wehgetan« oder »Ich finde das boah« hört sich irgendwie nicht gut an. Denn »Au!« und »Boah!« sind eben für sich genommen schon Quasi-Sätze.

Und die Interjektionen haben noch eine weitere verrückte Besonderheit. Ähnlich wie *nl* kann *tj* im Deutschen niemals am Anfang eines Wortes stehen. Mit *tj* fängt ein deutsches Wort einfach nicht an. Die beiden einzigen Beispiele, die Wahrigs *Wörterbuch* verzeichnet (»Tjalk« und »Tjost«), sind Fremdwörter aus dem Niederländischen und Französischen – und extrem selten. Und doch: *Ein* echtes deutsches Wort mit *tj* am Anfang gibt es! Nur verzeichnet es Wahrig nicht, obwohl es viel häufiger vorkommt: die Interjektion »Tja«. Die ist deutsch – aber verletzt die deutschen Lautregeln. Und wie ist es mit »Mhm«? Theoretisch ist diese Lautkombination ebenfalls unmöglich, egal an welcher Stelle im Wort. Die deutschen Silbengesetze erlauben das nicht. Außerdem wird vor dem »Mhm« noch ein Knacklaut gesprochen. Einen solchen Knacklaut setzen wir Deutsche unbewusst vor Vokale am Wortanfang, wie in »Auto«: Probieren Sie es langsam. Vor dem *a* verschließen Sie kurz den Rachen, anders als vor dem folgenden *u*. Vor *m* spricht man im Deutschen diesen Knacklaut niemals – außer wenn man »Mhm« sagt!

Nicht nur im Deutschen verhalten sich Interjektionen so seltsam. Blicken wir über den Kanal nach England: Da gibt es welche, die absolut unenglische Laute enthalten. *Ugh* beispielsweise, ein Ekel- oder Ärgerausruf. Das *gh* steht hier für einen kehligen Reibelaut wie im deutschen »Ach«. Im modernen Standardenglischen kommt dieser sonst nicht vor. Jede Sprache kennt solche Ausrufe, die man nur mit Not schriftlich wiedergeben kann. Und in jeder Sprache findet sich das gleiche Phänomen: Die lautlichen Konventionen gelten bei den Interjektionen nicht.

Wörter, die nicht ins lautliche System einer Sprache passen, sind meist Fremd- oder Dialektwörter. Ist das hier auch so? Einige wenige dieser merkwürdigen »Wörter« haben wir tatsächlich in neuester Zeit aus dem Englischen entlehnt, »Hey!« zum Beispiel. Wer jetzt denkt, das ist doch bloß die coole Variante des deutschen »He!«, der hat natürlich recht. »He!« gab es schon im Mittelhochdeutschen (»Hê, reine vrouwe!«). Und »Boah!« hört sich zwar nach Jugendslang an, hat aber eine Entsprechung im englischen »Whoah!« oder »Wow!« und muss daher bereits im gemeinsamen westgermanischen Vorläufer beider Sprachen in irgendeiner Form existiert haben. Schon Hermann der Cherusker dürfte gelegentlich »Boah!« (oder so ähnlich) gesagt haben.

Wenn nachweislich Altes in einer Sprache nicht in das System passt, dann kann es sich um sprachliche Fossilien handeln: die Überreste einer älteren, inzwischen überlagerten sprachgeschichtlichen Stufe. Wie das? Ein paar Beispiele: »Im Hause«, »bei Muttern« bewahren alte deutsche Fallendungen, die seit Jahrzehnten und teilweise Jahrhunderten kaum mehr benutzt werden. Unregelmäßige Verbformen wie »kam« (statt der Form »kommte«, die nach der Regel zu erwarten wäre) bewahren ein altes, inzwischen weitgehend verlorenes indoeuropäisches System, die Vergangenheit über Vokaländerungen zu bilden.

In eine noch grauere Vorzeit verweist eine sprachliche Ausnahme im Hebräischen: Die hebräische Formenlehre und das ganze Lautsystem beruhen darauf, dass alle Wörter drei Konsonanten besitzen. Das ist in allen semitischen Sprachen so. Nur ganz wenige echte hebräische Wörter widersetzen sich diesem System – darunter ausgerechnet Grundvokabular wie *av*, »Vater«, *em*, »Mutter«, oder *jad*, »Hand«, und *pe*, »Mund«. Auf Arabisch ist das genauso (und die Wörter lauten fast identisch). Höchstwahrscheinlich sind Wörter wie *jad* und *pe* Relikte aus der Zeit, bevor der gemeinsame Vorfahre von Hebräisch und Arabisch das Drei-Konsonanten-System entwickelte. Sie sind um Jahrtausende älter als der große Rest des hebräischen Vokabulars – das macht sie zu Ausnahmen.

Der Ausnahmestatus der Interjektionen geht noch viel weiter: Sie sind nicht in Sätze einbaubar, geben in einem einzelnen kurzen Pseudo-Wort umfassende Bedeutungen wieder, für die man eigentlich mehrere Wörter oder grammatische Elemente brauchen würde. Das heißt: Sie verstoßen nicht nur gegen die speziellen Regeln bestimmter Sprachen. Sie widersetzen sich den universellen Grundregeln darüber, wie menschliche Sprachen funktionieren!

Ray Jackendoff schließt daraus: Sich per Interjektionen mitzuteilen, ist älter als die reguläre grammatische Sprache. Zweifellos hat er recht. Viele Interjektionen wirken lautlich primitiv: »Mhm« ist zum Beispiel nasales Grunzen mit geschlossenem Mund, wie es sogar die angeblich sprachbehinderten Neandertaler Liebermans hinbekommen hätten. »Oh!«, »Ah!«, »Ih!« oder »Ui!« zeigen keine klassische Silbenstruktur. Und »He!«, »Huch!« oder »Ach!« verwenden Hauchlaute als Konsonanten, die sich vom lauten Atmen ableiten und die man gelegentlich schon bei Schimpansen hören kann. Mehr noch: Nichts an Sprache ist so wenig lautlich festgelegt wie die Interjektionen. Ob nun »Mhm!« oder »Nhn!«, »Oh!« oder »Ah!«, »Iiii!« oder »Igittigitt!«, »Äh!« oder »Bäh!« oder die in Frankreich beliebtere Variante »Böh!« (*beuh*), ist völlig beliebig.

Nicht beliebig ist der dabei gezeigte Gesichtsausdruck. Auffällig viele Interjektionen stehen in intimer Verbindung mit einem ganz bestimmten Gesicht. Bei »Iiiih!« schaut man angeekelt, bei »Boah!« beeindruckt, beim quiekenden Lufteinziehen »Hhhh!« erschrocken, bei »Huch!« überrascht-amüsiert. Und das ist kein Zufall, wie schon

Charles Darwin 1872 in seinem Werk *Der Ausdruck der Gemüthsbewegungen bei dem Menschen und den Thieren* erkannte.

Mimik, Gestik – Sprache?

Vokale irgendwo zwischen *i* oder *ä* entstehen, wenn wir mit angeekeltem Gesicht Laute von uns geben. Mund und Zunge befinden sich dann in einer für solche »vorderen« Vokale geeigneten Position. Die *ä*-Variante enthält zusätzlich das Element der ganz weit nach vorn geschobenen Zunge, mit der man das Eklige sozusagen wegschieben will. Offene *o*- oder dunkle *a*-Laute artikulieren sich dagegen leichter mit der Mundhaltung, die zu einem tief beeindruckten Gesicht und großen, bewundernden Augen gehört. Ein langes, offenes *o* passt noch auf einen anderen Gesichtsausdruck: den des Anteil nehmenden Bedauerns. Und genau einen solchen Laut verwenden wir im Deutschen hierfür: ein sehr offenes »Ooooh!«, für das es leider keinen passenden Buchstaben gibt.

Den entsprechenden Ausdruck – samt den vorgestülpten Lippen – gibt es übrigens auch als Jammersignal bei Schimpansen. Deren »Schmollgesicht« ist ebenfalls oft von Lauten begleitet. Und noch einen weiteren emotionalen Ausdruck der Menschen erkennt man leicht bei den Affen: den der Überraschung. Mehr noch, wenn sie überrascht sind (und auch so gucken), dann vernimmt man nicht selten einen Hauchlaut aus ihrem Mund, der sich wie »Hu!« oder »Oh!« anhört. Das alles legt nahe: Menschliche Interjektionen entstanden ursprünglich als lautliche Begleitung und Verstärkung emotionaler Gesichtsausdrücke. Und diejenigen Ausdrücke, die nicht oder jedenfalls nicht ganz so eng an Emotionen gebunden sind (wie »He!«, »Ey!«, »Hallo!«), wurden nach dem gleichen Schema hinzuerfunden.

Die stark emotionalen Interjektionen stehen also nicht alleine da. Sie sind Teil eines bei uns bis heute erhaltenen archaischen Kommunikationssystems, das sich in der Art, wie Bedeutung kodiert und verwendet wird, kaum von der »Sprache« nichtmenschlicher Primaten abhebt. Dazu gehören Laute, Gesichtsausdrücke, Körperhaltungen und Gesten.

Affenarten haben im Schnitt ein Repertoire von zehn bis 50 Lautäußerungen sowie eine ganze Reihe gestischer und körpersprachlicher Signale. Sehr viele davon sind mit Gefühlen verknüpft. Sehr viele sind schwer kontrollierbar, wie bei uns die Schreck- oder Schmerzenslaute. So lässt sich zum Beispiel der Essensruf von Schimpansen kaum unterdrücken. Jane Goodall beschreibt eine solche Situation. Die Primatologin und ihr Team hatten den Schimpansen Bananen geschenkt. Figan, ein damals rangniederes, leicht körperbehindertes Männchen, versuchte vergeblich, eine der begehrten Früchte zu ergattern. Die ranghöheren Tiere schnappten ihm stets alles weg. Figan (der dank seiner sozialen Intelligenz später zum Alphatier aufstieg) blieb an der Fütterungsstelle zurück, bis die stärkeren Männchen abgezogen waren. Es geschah, was er offenbar erhofft hatte: Die Forscher warfen ihm den Rest Bananen zu. Doch als er bei deren Anblick Essensrufe ausstieß, galoppierten die anderen prompt zurück, und Figan ging wieder leer aus. Aber der Schimpanse hatte gelernt. Am nächsten Tag blieb Figan erneut am Fütterungsort, bis die anderen abgezogen waren. Dieses Mal unterdrückte er die Essensrufe beim Anblick seiner Bananen – wenn auch mit Mühe: Man hörte es in seiner Kehle rumoren. Tapfer hielt er den Mund geschlossen, es entwich ihm kein lautes Geräusch und er konnte in aller Ruhe die Früchte einheimsen.

Es gibt viele solcher Beispiele, die zeigen, dass Affen der Signalcharakter ihrer emotionalen Reaktionen bewusst ist und dass sie solche Signale in manchen Fällen nicht nur unwillkürlich, sondern eben auch gezielt und kontrolliert einsetzen. Wenn ein Schimpansenmann einen Ast abreißt, der als Teil von aggressiven Angriffswarnungen benutzt wird, wenn er diesen Ast in aller Seelenruhe an einen für den folgenden Angriff strategisch günstigen Ort trägt und erst dort plötzlich mit lautem Krakeelen sein aggressives Angriffsdisplay beginnt, dann weiß er, was er tut. Wenn einige der bedrohten Weibchen daraufhin schreiend weglaufen, andere jedoch mit einem maskenartigen Ausdruck verharren, dann kann es sich um die bewusste Unterdrückung von Angstreflexen handeln, die ihrerseits signalisiert: Du beeindruckst mich überhaupt nicht. (In der Tat wurden die sitzen gebliebenen Weibchen nicht angegriffen.)

Die nächste, wesentlich stärker der bewussten Kontrolle unterworfene Ebene besteht aus nicht angeborenen Signalen. Diese sind bei Affen, soweit man heute weiß, in der Regel nicht lautlich, sondern gestisch. In einer Schimpansengruppe heißt ein auf bestimmte Weise erhobener Arm: Ich fordere dich zum Raufspiel. In einer anderen Gruppe klopfen niederrangige Männchen leise mit den Knöcheln gegen einen Ast, um ein in der Nähe befindliches empfängnisbereites Weibchen auf sich und die eigene Erektion aufmerksam zu machen – ohne dass der Pascha der Gruppe es mitbekommt. Um Blicke auf sich zu ziehen, schlagen manche Schimpansen auch laut auf den Boden. Wenn alle oder der Gemeinte hinsehen, dann wird das Signal präsentiert, das eigentlich kommuniziert werden soll, etwa ein Spielgesicht. Das Schlagen auf den Boden heißt dann nicht mehr und nicht weniger als unser »He!«, »Ey!«, »Hey!« oder auch, höflicher, »Hallo!«

Ich bin eine große Verliererin und werde oft von hinten mit »Hallo!« angesprochen. Wenn ich mich auf einen solchen Anruf umdrehe, zeigt die freundliche Helferin, statt etwas zu sagen, einfach nur mit dem Finger auf den hingefallenen Schal oder Handschuh. Die Zeigegeste ist neben dem Schulterzucken die universellste, verbreitetste Vokabel unseres menschlichen Gestenrepertoires.

Der Anthropologe Paul Ekman hat mit Kollegen überall auf der Welt jene körperlichen Gesten (Fachausdruck: »Embleme«) untersucht, die wie Interjektionen allein für eine ganze Aussage stehen. Es stellte sich heraus: Das tradierte Emblemrepertoire ist in unterschiedlichen kulturellen Gemeinschaften unterschiedlich groß. Die Palette reicht von etwa zehn bis zu 120 gestischer »Vokabeln«. Bei uns sind sicher Nicken und Kopfschütteln die bekanntesten Beispiele, und an ihnen lässt sich auch vieles zeigen, was für Embleme typisch ist. So sind sie – wie die meisten Embleme – nicht weltweit verständlich. Aber ihre Verbreitung reicht – wie bei den meisten Emblemen – über ein einzelnes Sprachgebiet hinaus und umfasst hier sogar den größten Teil Europas sowie natürlich die Ableger der europäischen Kultur auf den anderen Kontinenten. Vielleicht haben die alten Römer schon genickt und den Kopf geschüttelt und kamen deshalb auch ohne Wörter für »Ja« und »Nein« bestens zurecht.

Als Europäer im Orient gilt es allerdings aufzupassen: Indienreisende wundern sich oft, warum der Kellner immer so merkwürdig den Kopf schüttelt, wenn man etwas bestellt. Wie, kein Tandoori-Chicken heute? Doch, natürlich! In Indien heißt seitliches Kopfwackeln »Ja!« Die Probleme für europäische Touristen beginnen aber schon ein gutes Stück weiter westlich. Im Nahen Osten, in Griechenland und dem in der Antike griechisch kolonisierten Teil Süditaliens bedeutet einmaliges Hochreißen des Kopfes »Nein!« Vielleicht handelt es sich hier um eine ritualisierte, ihres Emotionsgehalts beraubte Abwehrgeste: In aggressiven Händeln reißen Menschen oft den Kopf hoch bis in den Nacken, was wohl angeboren ist und eine Art Imponiergehabe darstellt. Dagegen könnte unser (nord-)europäisches Kopfschüttel-Nein seinerseits von einer ritualisierten Ekelgeste stammen: Kinder, denen man etwas nicht Gewünschtes in den Mund schieben will, machen spontan eine ganz ähnliche Bewegung.

Gerade die archaischen, nicht eigentlich sprachlichen Signale sind eben oft nicht ganz willkürlich ihrer Bedeutung zugeordnet. Die Bettelgeste ist bei uns, genau wie bei Schimpansen, aus offensichtlichen Gründen die leere hingehaltene Hand. Und der erhobene Arm als Herausforderung zum Spiel ist bei Schimpansen die ritualisierte symbolische Form eines tatsächlichen Spielbeginns durch spielerisches »Angreifen« des Raufpartners. Mit den primitiven, stark an Gefühle gebundenen Interjektionen ist es in gewisser Weise ähnlich: Zunächst nur lautliche Untermalungen oder Verstärkungen von Gesichtsausdrücken, können sie allein als Teil für das Ganze stehen. Auch wenn einem der Sprecher den Rücken zudreht, versteht man »Boah!« oder »Huch!«, genau wie Schimpansen zweifellos am Telefon ein Lachen ihrer Artgenossen oder einen mit sozialer Fellpflege verbundenen Schmatzlaut als solchen erkennen würden.

Nur haben Schimpansen nicht das Telefon erfunden. Und wir hätten das sicher auch nicht getan, wären wir bei unserem archaischen Kommunikationssystem geblieben. Das Telefon, die Waschmaschine und andere Erfindungen der letzten Jahrhunderte sind aus einer langen kulturellen Tradition hervorgegangen, die viel zu komplex war, um mit einsilbigen Ausrufen und »Emblemen« auszukommen. Warum?

Weil in den »Wörtern« dieses alten Systems zu viel Inhalt steckt! Wir wissen es längst von unserem hypothetischen sprechenden Pantoffeltierchen: Der menschliche Satz »Dort riecht es nach Essen« hat zwar viel mehr Wörter als das eine inhaltsreiche Wort *schlurp* für dieselbe Bedeutung. Aber man kann dafür den menschlichen Satz sehr viel leichter variieren und jedes einzelne Element in vielen anderen Kontexten verwenden. Sobald man das Bedürfnis hat, von mehr als nur einem bestimmten Geruch zu reden, und sobald die riechenden Dinge eben nicht nur im Riech-Kontext wichtig sind, sondern auch noch gepflückt, gesammelt, gestohlen, gesehen oder weggeworfen werden können und man auch über sie sprechen muss, wenn sie nicht zu sehen oder zu riechen sind, dann wird es effizienter, die inhaltsreichen, primitiven Signale in Wörter oder grammatische Elemente mit Teilbedeutungen aufzuspalten, die sich kombinieren lassen.

Keine Frage, unser kombinatorisches Sprachsystem ist tausendfach besser geeignet, viele variable Inhalte genau auszudrücken und kompliziertes Wissen über Generationen hinweg anzuhäufen und zu bewahren. Merkwürdig eigentlich, dass wir die alte, tierähnliche Kommunikationsweise mit weniger stark strukturierten Signalen nie ganz aufgegeben haben. Im Gegenteil, wir haben sie stellenweise sogar erweitert! Denn in bestimmten, engen Kontexten ist die grammatikfreie Kurzkommunikation klar von Vorteil.

Denken wir nur an den Verkehr. Schilder und Ampeln sind Kurzsignale – aus praktischen Gründen. Man stelle sich nur vor, Verkehrsschilder wären sprachlich kodiert. Dann müssten wir auf weißen Rechtecken so komplizierte Aufschriften entziffern wie: »Wenn Sie hier einbiegen wollen, müssen Sie die Vorfahrt beachten.« Nicht auszudenken! Und wenn wir beim Trampen den Daumen heben, ist das wesentlich kürzer und effektiver als: »Ich würde gerne mitgenommen werden!« Alle diese Wörter sind in dem einen Signal enthalten, das zudem noch weithin sichtbar ist. Wo immer Sprache ausfällt, beim Tauchen, bei Lärm oder im Ausland, leistet uns das alte System unschätzbare Dienste.

Im emotionalen Bereich hat das primitive, grammatikfreie Signalsystem ebenfalls große Vorzüge. Ein Gesichtsausdruck und der passende emotionale Laut berühren uns viel unmittelbarer als jede sprachliche Kodierung der gleichen Bedeutung. Die Emotionen des anderen sprechen ohne langen neuronalen Umweg direkt unsere eigenen emotionalen Hirnzentren an. Auf dieser angeborenen Ebene erkennen wir auch viel leichter, wie »echt« ein Signal ist. »Das tut mir leid« kann eine Floskel sein, ein tröstendes offenes »Oooh!« und die entsprechende Miene gehen mitten ins Herz.

Wann auch immer Sprache im eigentlichen Sinne begann, wir kennen ihren Ausgangspunkt: ein affenähnliches Kommunikationssystem aus größtenteils angeborenen mimischen sowie lautlichen Signalen, ergänzt durch eine freier variierende, lernbare Gestik von Arm und Hand. Diese einfachen Signale bildeten eine Art Grundvokabular, an das die Sprache anknüpfen konnte. An das sie anfangs sogar anknüpfen musste, um das entstehende neue, anders strukturierte Vokabular in einen Kontext zu betten, der sicherstellte: Das neue Element wird verstanden. So machen das Anfänger in einer Sprache – ob Babys, ob Erwachsene – heute noch.

Viele Wissenschaftler behaupten allerdings, emotionale Ausrufe hätten evolutionsgeschichtlich nichts, aber auch gar nichts mit unseren heutigen Sprachen zu tun. Gerade wegen ihrer uralten tierischen Wurzeln seien sie für die Entstehung des neuen sprachlichen Kommunikationssystems so irrelevant wie unsere Haarfarben.

Tatsächlich? Wir werden es überprüfen müssen.

VERSTAND ODER GEFÜHL?

In den wenig zartfühlenden Zeiten des Ersten Weltkriegs kamen die amerikanischen Neurologen Leyton und Sherrington auf die Idee, einem männlichen Schimpansen, der die Pfleger durch besondere Lautstärke genervt hatte, den unteren Stirnlappen samt etwaigen

Broca-Bereichen herauszuschneiden. Das Tier erholte sich von dem Eingriff.

Doch siehe da: Zum Ärger seiner menschlichen Gefängniswärter und dem Erstaunen der Forscher war die »Sprache« des Versuchstiers unbeeinträchtigt. Jedenfalls war es bald ebenso laut wie zuvor! (Wie es um die Hand- und Gesichtsmotorik des versehrten Tieres stand, ist nicht überliefert.) Das Fazit der Forscher: Bei Affen wird die Lautgebung von einem anderen, unbekannten Hirnort aus gesteuert. Der Versuch fiel in die Hochzeit der Erstellung von Hirnkarten. Die Deutschen Fritsch und Hitzig waren um 1870 die Pioniere: Sie hatten entdeckt, dass man Reaktionen hervorrufen kann, wenn man einzelne Punkte auf der Rinde eines lebenden freigelegten Gehirns mit Elektroden stimuliert. Ihr Versuchsobjekt waren Hunde. Später ließ man den Forschereifer auch an Affen und Menschen aus.

Natürlich würde sich kein Mensch zur Befriedigung wissenschaftlicher Neugier bei lebendigem Leib den Schädel aufsägen lassen. Aber wer unter schwerster, medikamentös nicht behandelbarer Epilepsie leidet, dem bleibt manchmal keine Wahl: Die letzte Therapiemöglichkeit ist, das Hirnareal zu entfernen, von dem die Anfälle ausgehen. Vorher muss genauestens geklärt werden, wo die betroffene Region liegt, welche Funktionen sie hat und welche anderen, umgebenden Regionen man keinesfalls verletzen darf. Weil aufgrund der individuellen Verschaltungsentwicklung in der Kindheit kein Gehirn dem anderen exakt gleicht, sind allgemeine Hirnkarten hierfür nur ein grober Maßstab. Dieser Maßstab muss im Fall der Fälle sorgfältigst auf jedes einzelne Gehirn angepasst werden.

Eben dazu dient eine Voroperation bei örtlicher Betäubung, in der Elektroden an vielen Stellen der freigelegten Großhirnrinde platziert werden. Während der Patient bei vollem Bewusstsein ist, werden örtlich einzelne Stromstöße abgegeben. Reizt man beim Menschen Punkte innerhalb der motorischen Areale im Stirnlappen, können plötzliche Arm- oder Beinbewegungen entstehen. Wenn man die richtigen Bereiche trifft – jawohl, Abschnitte des Broca-Zentrums sind dabei –, dann werden auch artikulierte Laute provoziert, meist in Form einzelner, sinnloser Silben. Die Silben unserer Muttersprache sind wie

Gehbewegungen gelernte Abläufe, die wir als automatisierte Bewegungsmuster in einem frontal-basalen Netzwerk bereithalten.

Es ist sicher ein sehr merkwürdiges Gefühl, wenn einem plötzlich wie ferngesteuert eine Silbe aus dem Mund geplumpst kommt! Noch unheimlicher aber wird es, wenn man den Bereich der reinen, willkürlichen Muskelkontrolle und Handlungsplanung verlässt und zu den emotionalen Zentren vorstößt. Beispielsweise zum Gyrus cinguli, zu Deutsch etwa: Gürtelwindung.

Die Geschwätzigkeit der Gürtelwindung

Ganz unten auf der normalerweise nicht sichtbaren, nach innen gelegenen Seite jeder Großhirnhälfte windet der Gyrus cinguli sich über älteren Hirnstrukturen. Wenn in seinem vorderen Bereich Stromstöße gesetzt werden, können bemerkenswerte Dinge passieren: Als Erwachsener stößt man urplötzlich einen Laut aus, der verdächtig wie der Schrei eines Neugeborenen klingt. Auch das Weinen wird hier ausgelöst, samt Mimik und Gefühlen. Ebenso das Lachen und andere emotionale Gesichtsausdrücke. Koordinierte Silben jedoch niemals. Es liegt auf der Hand: Der vordere Gyrus cinguli ist auch ein Ort, an dem man das angeborene emotionale Laut- und Ausdrucksrepertoire von Affen elektrisch hervorlocken kann.

Kein Wunder, denn er gehört zu unserem »Gefühlshirn«. Ständig läuft hier ein Strom von Informationen aus dem ganzen System uralter Strukturen ein, mit dem Tiere auf dieser Erde seit eh und je ihr Gefühlsleben und ihr instinktives Verhalten regeln. So steht der Gyrus cinguli in engstem Kontakt zum Mandelkern, der Fischen Angst vor ihren Feinden macht und uns vor der Dunkelheit. (Ganz früher in Afrika drohten nachts Leoparden zu kommen und uns aufzufressen. Da galt es, bei Dunkelheit besonders schreckhaft und aufmerksam zu sein.) An den Angstreaktionen des Mandelkerns sieht man sehr schön, was Gefühle eigentlich sind: Ihre ursprünglichste und wichtigste Funktion ist es, uns zu überlebenswichtigen Verhaltensweisen wie Flucht, Nahrungssuche oder Sexualkontakt zu motivieren.

Es scheint also festzustehen: Das Broca-Areal ist für die hehre menschliche Sprache zuständig, der vordere Gyrus cinguli und die ihm angeschlossenen Gefühlszentren für die primitiven, angeborenen emotionalen Lautäußerungen. Tierlaute und Sprache hätten demnach nichts miteinander zu tun. Evolutionsgeschichtlich nicht und aktuell schon gar nicht. So lautet die verbreitete Meinung, die auch Derek Bickerton vertritt.

Rätselhaft nur: Bei Affen werden soziale Laute und Gesten bevorzugt in der linken Gehirnhälfte verarbeitet – genau wie beim Menschen die Sprache. Rätselhaft auch: Unsere edle, rationale Sprache scheint den gefühligen vorderen Gyrus cinguli zu brauchen. Immer wenn wir sprechen oder einander zuhören, ist er aktiv! Dies wird gern damit abgetan, dass er »bloß« an dem emotionalen Beiklang der Stimme beteiligt sei. Dank seiner erkennen wir nämlich nach wenigen gesprochenen Worten, ob es unseren Liebsten blendend oder elend geht oder ob man dem Chef heute lieber aus dem Weg gehen sollte. Es ist kein Zufall, dass das Wort »Stimmung« von »Stimme« kommt.

So mancher Grammatikfanatiker hält dieses emotionale Stimmsignal für einen atypischen, unbedeutenden Nebenaspekt der Sprache. Doch auf eine solche Idee kann wohl nur kommen, wer mit schriftlichen Sprachbeispielen arbeitet. Im mündlichen Leben gilt dagegen das Sprichwort: Der Ton macht die Musik. *Wie* wir etwas sagen – neutral, bittend, ängstlich, fordernd, aggressiv, vorwurfsvoll, ungeduldig, scherzhaft-verspielt oder liebevoll –, das ist alles andere als irrelevant. Es sollte uns auch zu denken geben, dass ausgerechnet diejenigen Menschen sich am meisten für den Ton interessieren, die besonders stark sprachlich orientiert scheinen. Zum Beispiel kleine Kinder: die erfolgreichsten Sprachenlerner auf diesem Planeten. Bekanntlich lauschen sie emotionaler, melodiöser Sprache besonders aufmerksam. Ebenso Frauen. Sie sprechen mit stärker ausgeprägter Satzmelodie als Männer und erweisen sich in Tests als geschickter, die emotionalen Nuancen in der Stimme anderer zu interpretieren. Sieht man bei solchen Tests genauer hin, stellt sich heraus: Frauen ist der Ton schlicht wichtiger. Deshalb hören sie darauf. Viele Männer muss man hingegen eigens auffordern, den Ton zu berücksichtigen, sonst überhören sie ihn.

Die offensichtliche weibliche Begabung für emotionale Tonfragen ist nicht unbedingt angeboren; die Kultur spielt eine große Rolle. Frauen gestehen wir viel Gefühl zu, während Gefühlswallungen von Männern in unserer Kultur als weibisch oder tuntig bewertet werden (es sei denn, es sind Aggressionen). Kinder lernen früh, was für ihr Geschlecht angemessen ist: Zum Beispiel sind englischsprachige Eltern zu kleinen Mädchen zärtlicher als zu kleinen Jungen. In romanischen und orientalischen Kulturen ist das anders. Da dürfen Männer weinen, und es ist für einen Mann völlig normal, männliche Freunde und Verwandte zu herzen und zu küssen. (Männer dürfen dort übrigens auch Schmuck und ein für den besseren Blick auf die Brust fast bis zum Nabel aufgeknüpftes Hemd tragen, ohne lächerlich zu wirken.)

Doch ganz gleich, wie viel nun die Kultur ausmacht und wie viel die Gene, Fakt ist: Das im Schnitt gefühligere Temperament von Frauen geht mit einem höheren sprachlichen Output einher. Zu Deutsch: Frauen reden mehr. Die einzigen halbwegs verlässlichen Zahlen, die es hierzu gibt, stammen aus dem *British National Corpus*. Für diese Spracherhebung wurde ein repräsentativer Querschnitt von Menschen zwei Tage lang mit einem Mikrofon ausgestattet. Zählt man die Wörter aus, so sprechen Frauen etwa eineinhalbmal so viel wie Männer. Und sie sprechen anders: Die Männer warfen mit Kraftausdrücken nur so um sich. *Fuck* und *fucking* führen die Liste der acht am häufigsten benutzten Wörter an! Auch produzierten sie viele ungrammatische Kurzäußerungen wie »joh«, »okay« oder »öhm«. Die Frauen scheinen hingegen deutlich mehr vollständige, komplexe Sätze hervorgebracht zu haben. Wir haben all diese Unterschiede als Klischees im Kopf. Um eine Raumschiffbesatzung tuntig wirken zu lassen, reichte es etwa in einer deutschen Filmkomödie, die Herren beim Fitnesstraining auf dem Laufband miteinander »tratschen« zu lassen – »richtige« Männer würden einsam vor sich hin schwitzen.

Fazit: Es gibt bei uns Menschen einen Zusammenhang zwischen Gefühlsleben und Sprache. Je stärker Ersteres ausgeprägt ist, desto höher scheint Letzteres entwickelt. Dieser Zusammenhang ist natürlich zunächst einmal sehr vage. Wie oft bei solchen komplizierten Fragen sind es Menschen mit Störungen im Gehirn, die uns zeigen, wie eng die Verbandelung zwischen Sprache und Gefühl tatsächlich ist. Sehen wir uns Menschen an, die im vorderen Gyrus cinguli Verletzungen erlitten haben.

Ärzte schneiden manchmal gezielt ein Stückchen aus diesem Areal heraus. Man macht das als letztes Mittel bei Patienten mit schweren chronischen Schmerzen. (Die Schmerzen verschwinden dadurch nicht, aber sie werden als weniger quälend und belastend empfunden.) Bei einer Nachuntersuchung, in der ein Jahr nach einer solchen Operation die Patienten mit einer nicht operierten Kontrollgruppe verglichen wurden, fiel vor allem eines auf: Die Operierten waren wortkarg. Angehörige beschrieben, sie wirkten emotional abgestumpft und sprächen weniger.

In seltenen Fällen treffen auch Schlaganfälle oder Tumoren den vorderen Gyrus cinguli. Was dann passiert, kann uns eine Patientin erzählen, die hier statt eines winzigen Schnitts eine tiefe, großflächige Läsion erlitt. Sie war wochenlang völlig stumm. Als sie dann wieder – selten und ausdrucksarm – zu sprechen begann, fragte sie einer der Ärzte, ob sie sehr darunter gelitten habe, überhaupt nicht sprechen zu können? Sie sei ja gar nicht sprachgestört gewesen, erklärte die Patientin. Sie habe nur die ganze Zeit nicht im Geringsten das Bedürfnis verspürt, etwas mitzuteilen! – Offenbar bewirkt also eine schwere Verletzung im vorderen Gyrus cinguli eine mindestens so starke Sprachbehinderung wie eine in Broca-Areal und Basalganglien. Jedoch ist sie völlig anders gelagert.

Werfen wir nun einen Blick auf eine geistige Behinderung, die (unter anderem) so ziemlich das Gegenteil von dem bewirkt, was wir an den Patienten mit Läsionen beobachten. Das Williams-Beuren-Syndrom wird manchmal auch Elfen- oder Koboldsyndrom genannt wegen des zarten Körperbaus und des besonderen Gesichtsschnitts der Betroffenen. Es handelt sich um einen Gendefekt, an dem mehrere Gene, unter anderem eines für ein Bindegewebsprotein, beteiligt sind. Viele Organe können in Wachstum und Funktion leicht beeinträchtigt sein, am Nervensystem sind die Effekte allerdings am auffälligsten.

Kinder mit Williams-Beuren-Syndrom entwickeln sich geistig und motorisch langsamer als andere. Sie malen ungewöhnlich schlecht, denn ihre räumliche Wahrnehmung ist schwer gestört. Wenn sie in die Schule kommen, gibt es beim Schreiben und in Mathematik Probleme. Wird dann einmal ein IQ-Test gemacht, kommen nicht selten weit unterdurchschnittliche Werte heraus, wie sie sich auch bei Kindern mit Down-Syndrom finden. Aber die Williams-Beuren-Kinder scheinen irgendwie aufgeweckter. Vor allem können sie meist ganz erheblich besser sprechen!

Während Down-Syndrom-Kinder beim Sprechen verlangsamt wirken und manchmal kaum grammatische Sätze zusammenbringen, sprudelt es aus den Williams-Beuren-Kindern regelrecht heraus. Sie können sehr schön farbig und lebhaft Geschichten erzählen, und wenn man sie bittet, ein paar Tiere aufzuzählen, dann lassen sie es anders als das Durchschnittskind bei Hund, Katze und Kuh nicht bewenden. Ihnen fällt zusätzlich noch exotisches Getier wie Yak oder Kolibri ein.

Der Kontrast zwischen Gesamtintelligenz und Sprachfähigkeiten ist bei diesen Kindern besonders groß. Deshalb führen chomskyanisch gesinnte Sprachwissenschaftler sie gern als lebenden Beweis für ein spezielles Grammatikorgan im Gehirn an. Dort fänden die Kinder angeblich genetisch vorgeprägtes grammatisches Wissen vor, das sie in die Lage versetze, trotz schlecht entwickelter allgemeiner Intelligenz die Grammatik ihrer Muttersprache zu lernen. Es ist charakteristisch für die Chomsky-Jünger, dass sie sich allein auf die übrigens eher mäßigen grammatischen Fähigkeiten der Kinder konzentrierten statt auf ihren auffällig stark entwickelten emotionalen Ausdruck. Dabei deutete von Anfang an so vieles darauf hin: Die vergleichsweise guten sprachlichen Leistungen der Williams-Beuren-Kinder beruhen auf etwas anderem als auf einem kühl kalkulierenden neuronalen Grammatikgenerator.

Die Betroffenen haben ein extrem sensibles Gehör. (Auf laute Schreie in ihrer Gegenwart sollte man tunlichst verzichten!) Sie sind auch hochmusikalisch: Notenlesen lernen die Kinder normalerweise zwar nicht, aber sie können über das bloße Gehör ein Instrument spielen lernen. Dabei nehmen sie die Musik, wie alle Geräusche, noch stärker emotional wahr, als Menschen das ohnehin schon tun. Überhaupt zeigen sie eine überentwickelte Emotionalität: Sie sorgen und ängstigen sich leicht, spüren feinste Nuancen in der Stimmung anderer, achten streng auf Gerechtigkeit und haben ganz viel Liebe zu verschenken. Ihr soziales Kontaktbedürfnis ist außerordentlich hoch – das Mitteilungsbedürfnis ebenfalls.

Gehirnscans mit den neuen Bildgebungsverfahren haben inzwischen an den Tag gebracht, was hirnphysiologisch dahintersteckt: Menschen mit Williams-Beuren-Syndrom haben zwar insgesamt eine kleinere Großhirnrinde als der Durchschnitt. Doch während einige Areale (etwa für die visuelle Wahrnehmung) enorm geschrumpft sind, sind gewisse andere stärker entwickelt als normal! Williams-Beuren-Menschen haben einen vergrößerten vorderen Gyrus cinguli. Größer sind auch einige mit ihm verschaltete Strukturen: die für die Bewertung von Gefühlen zuständigen Bereiche des Stirnlappens sowie der Mandelkern. Nicht weit neben dem Mandelkern, etwa auf Ohrenhöhe, befinden sich die sogenannten Heschl'schen Windungen, wo Höreindrücke verarbeitet werden. Beim Williams-Beuren-Syndrom sind sie ebenfalls vergrößert und durch extrem viele Nervenleitungen mit dem Mandelkern verbunden. Emotional gefärbte Klänge, wie Sprache oder Musik, werden so stärker empfunden.

Williams-Beuren-Kinder haben also ein höchst emotionales Wesen. Genau das ist es wohl, das sie bei aller Behinderung im räumlichen und logischen Denken zu so vergleichsweise kompetenten Sprechern werden lässt. Ihre Lernmotivation, ihre Aufmerksamkeit für Sprache ist einfach extrem hoch. Denn Sprache ist ein Mittel des emotionalen Ausdrucks, das Williams-Beuren-Betroffene als ihre ureigene Domäne empfinden und so nötig brauchen wie die Luft zum Atmen.

Doch nicht, dass wir anderen ohne sie auskämen: In gewisser Weise hat die ganze Menschheit das Williams-Beuren-Syndrom.

Spindelneuronen

Kehren wir kurz zurück zu Sue Savage-Rumbaugh und den »sprechenden« Schimpansen. Die jungen Affen im Gardner-Fouts-Projekt benutzten Sprache anders als Kinder. Sie gaben Befehle, äußerten Wünsche wie »Komm kitzeln!« oder »Washoe Banane!«, nie jedoch erzählten sie etwas oder begannen Gespräche. Die Gardners ignorierten diese Auffälligkeit und zählten stolz die »gelernten« Wörter. Dabei ist Sprache ein sozial-emotionales Kontaktmedium, mit dem man die anderen an den eigenen Gedanken und Empfindungen teilhaben lassen kann. Genau das hatten die Schimpansen entweder schlecht begriffen – oder es interessierte sie nicht.

Zwar ist, wie Savage-Rumbaugh hervorhebt, das Mitteilungsbedürfnis bei Kanzi und anderen Bonobos ausgeprägter als bei gewöhnlichen Schimpansen. Sogar untrainierte Bonobos gestikulieren zu emotionalen Lauten, um sich besser »auszudrücken«. Aber auch bei Kanzi ist über 90 Prozent von dem, was er sagt, eine Aufforderung (ihm Smarties zu geben). Und sicher: Er kann durchaus Sätze wie »Matata beißen« bilden, also über Erlebtes sprechen. Interessant ist jedoch: Auch diese Äußerung beantwortete eine Frage, und zwar danach, was mit seiner Hand passiert sei. Kanzi, wiewohl offensichtlich psychisch mitgenommen von dem Vorfall, war von selbst nicht auf die Idee gekommen, seiner engen Bezugsperson Sue Savage-Rumbaugh davon zu berichten oder ihr die blutige Hand zu zeigen.

Bei einem Menschenkind hätte das anders ausgesehen. »Der hat mir mein Auto weggenommen« oder »Hab mir wehgetan« sind Elternalltag. Menschen halten es kaum aus, Erlittenes nicht zu berichten. Und selbst wenn es kein Leid zu erzählen gibt: Irgendetwas haben wir eigentlich immer zu sagen. Wir sind eine Spezies, die mit der besten Freundin ganze Tage ohne Ziel und Zweck verschwätzen kann. Banale Tagesordnungspunkte von Vereinssitzungen können sich Stunden hinziehen, weil unbedingt jeder seinen Senf dazugeben muss. Und wir pflegen gar tröstend auf kranke Hunde, Katzen und Karnickel einzureden, obwohl die uns sicher nicht verstehen.

Wir Menschen besitzen eine tief verwurzelte *gefühlsmäßige* Disposition, uns mitzuteilen. Dieses Bedürfnis nach Ausdruck und Austausch mit anderen ist es, was uns und unsere Sprachlichkeit vielleicht am meisten ausmacht. Die Anlagen dafür gehören zu den wichtigsten genetischen Voraussetzungen für Sprache überhaupt. Es beginnt gerade erst, Allgemeingut in der Forschung zu werden: Die menschliche Sprache hängt nicht nur von Artikulations- und Grammatikfähigkeit ab, sondern auch von einer Spezialisierung im Gefühlssystem. Ein Anlass für das Umdenken war eine neurologische Entdeckung.

Lange schon wusste man von der Existenz der sogenannten »Spindelneuronen«. (Nicht zu verwechseln mit den Spiegelneuronen!) Das sind lang gestreckte, spindelartig aussehende Zellen, die es nur im vorderen Gyrus cinguli gibt und die weitverzweigte Leitungen in andere Bereiche des Gehirns ausbilden. Doch erst in den Neunzigerjahren entdeckte man: Diese rätselhaften, hoch spezialisierten Zellen kommen überhaupt nur bei Menschen und bei Menschenaffen vor. Man sezierte und sezierte, beim Durchschnittsprimaten und dem Durchschnittssäugetier wurde man einfach nicht fündig. Und plötzlich fielen den Forschern noch zwei andere Merkwürdigkeiten auf: Im vorderen Gyrus cinguli speziell von Menschen und Schimpansen sind die Spindelneuronen im Gewebe anders verteilt als bei den übrigen Menschenaffen. Sie sind dichter. Zu Deutsch: Es sind mehr Spindelzellen pro Quadratmillimeter Gewebe vorhanden.

Hier scheint der gemeinsame Vorfahre von Schimpansen und Menschen vor sechs Millionen Jahren einen neuen Weg eingeschlagen zu haben. Nicht ganz uninteressant ist, dass die beiden Schimpansenarten untereinander leicht abweichen. Bei den Bonobos – wie unserem alten Bekannten Kanzi – wirkte die Verteilung der Spindelneuronen am menschenähnlichsten. Aber auch zwischen Bonobos und Menschen gibt es zwei wichtige Unterschiede. Bei Menschen sind die Spindelzellen deutlich dicker und wir haben insgesamt viel mehr davon. Der vordere Gyrus cinguli ist bei uns mehrfach so groß wie bei den Schimpansen.

Um es gleich klarzustellen: Niemand weiß derzeit, welche Funktion die rätselhaften Spindelneuronen haben. Aber wir wissen: Sie sind eine Spezialisierung des Gyrus cinguli, die in der Menschenaffenlinie entstand. Der Mensch hat hier offenbar eine typische menschenäffische Fähigkeit weiter ausgebaut.

Gibt es vielleicht eine Funktion des Gyrus cinguli, in der sowohl Menschen als auch Menschenaffen begabter sind als andere Tiere?

Spezialisten für Liebe – und Betrug

Irgendwann vor 250 Millionen Jahren entstand die Liebe. Nein, ich spreche nicht von Sex! Den gibt es schon ewig, und glauben Sie niemandem, der Ihnen sagt, er wisse warum. Warum Sex sich entwickelt hat und so verbreitet ist, bleibt eines der größten Rätsel der Evolutionsgeschichte.

Die Liebe ist viel weniger rätselhaft. Sie tauchte in der Frühzeit der Dinosaurier auf, als es erstmals Tiere gab, die sich nach der Geburt intensiv um ihre Jungen kümmerten. Unsere Vorfahren, primitive, reptilienähnliche Ursäuger, gehörten dazu. Irgendetwas musste sie ja zur Brutpflege antreiben. Ein Areal der gerade erst in der Entstehung begriffenen Großhirnrinde spezialisierte sich darauf. Das wichtigste neurologische Äquivalent zur Liebe ist der vordere Gyrus cinguli – in Zusammenarbeit mit dem Glückshormon Oxytocin. Beide sorgen dafür, dass Säugetiere engen Körperkontakt mit ihrem Nachwuchs als beglückend und befriedigend empfinden.

Dieses Hirnareal ist bis heute die Grundlage jeder tiefen emotionalen Bindung. Schimpansen, und mehr noch Menschen, haben auffällig viele und auffällig stabile solcher Bindungen: Wir lieben nicht nur (meistens) unsere Kinder und Mütter (wie alle Säugetiere). Wir sind ihnen auch über die Kinderzeit hinaus ein Leben lang verbunden. Gleiches gilt für Großeltern und Enkel. Dann gibt es, bei Schimpansen wie bei uns, natürlich die Geschwister. Und diese intensiven Familienbande sind längst nicht alles. Wir pflegen langjährige, enge Freundschaften und entwickeln meist auch ein oder mehrere Male im Leben eine enge, liebende Bindung an einen Sexualpartner. Daher kommt bei Menschenkindern zur Mutterbindung die Vaterbindung hinzu. In der Tat haben Menschen im Schnitt zwei Bezugspersonen mehr als Schimpansen und andere Affen.

Nähe als beglückend zu empfinden, reicht allerdings nicht aus, um Beziehungen so lange aufrechtzuerhalten, wie das bei Menschen und Menschenaffen geschieht. Ja, es reicht wohl nicht einmal, um ein beliebiges Säugerjunges erfolgreich aufzuziehen. Deshalb kann der Gyrus cinguli noch mehr, als nur Liebe empfinden. Eine Mutter, die in engem Kontakt mit ihren Kindern lebt, muss deren Signale deuten können. Sie muss wissen, wie es den Kleinen geht und ob ihnen etwas fehlt. Aus diesem Grunde *verstehen* Menschen, wie alle sozialen Säugetiere, andere emotional. Wir *fühlen mit*, wenn anderen etwas wehtut oder wenn sie sich freuen – weil es, genau wie im Broca-Zentrum, auch im vorderen Gyrus cinguli und verwandten Regionen eine Art inneren Spiegel gibt.

Der deutsche Neurologe Dieter Ploog erschloss es 1989 theoretisch, und in den letzten Jahren zeigen bildgebende Untersuchungen, wie richtig er lag: Die Neuronen im vorderen Gyrus cinguli reagieren nicht nur auf eigene Gefühle. Sie reagieren unmittelbar auf die Gefühlsäußerungen anderer, bilden deren Gefühle in uns selbst ab, so als wären wir es, die leiden. Wenn wir uns in den anderen hineinversetzen, dann versetzen wir in Wahrheit die Gefühle des anderen in uns! Daher kann so mancher von uns kaum hinsehen, wenn anderen wehgetan wird. Das Grundprinzip unserer Moral, »Was du nicht willst, dass man dir tu, das füg' auch keinem andern zu«, hat seine hirnphysiologische Grundlage nicht in der Ratio, sondern im Gefühlsleben.

Andere Säuger teilen diese gefühlte Moral mit uns. Bei einem Experiment bekam immer, wenn ein Rhesusaffe den Futterautomaten bediente, ein anderer im Nebenkäfig Stromstöße. Die Tiere verstanden sofort den Zusammenhang – und holten sich fortan kein oder viel weniger Essen. Einige hungerten lieber tagelang, als zuzulassen, dass einem anderen Stromstöße zugefügt wurden. Dieses Experiment gehört allerdings zu den Versuchen, die die menschlichen Forscher ihrerseits als ziemlich mitleidlose Gesellen zeigen. Die mitfühlenden Reaktionen des emotionalen Systems lassen sich, wie hier bei den Forschern, nämlich auch aushebeln. Durch Gewöhnung etwa, die abstumpft. Oder durch Ideologie, die sich in Sätzen wie »Es sind doch nur Tiere/Verbrecher/Terroristen« oder »Es dient der Wissenschaft« manifestiert.

In gewisser Weise ist der vordere Gyrus cinguli für solche Effekte sogar mitverantwortlich. Denn gerade er macht das Gefühlssystem flexibler, weniger schematisch und reflexhaft als das vieler Fische oder der weniger sozialen Säuger. Er kann emotionale Reize in wechselnde Kontexte einordnen und je nach Kontext bewerten. Deshalb sieht man den vorderen Gyrus cinguli heute als die Schnittstelle zwischen Fühlen und Denken: Zumindest bei höheren Säugern ist er so mit anderen Großhirnarealen verschaltet, dass er Gefühle mit Informationen von dort abgleichen und entsprechend anpassen kann. Im Guten wie im Bösen.

Wir Menschen sind in der Lage, den *langfristigen* emotionalen Nutzen oder Schaden möglicher Reaktionen einzuschätzen und zu bedenken, wie sie kulturell bewertet werden. Das dient uns als Grundlage, unsere Gefühle zu steuern, uns beispielsweise in Selbstbeherrschung zu üben. Wer morgens aufsteht und arbeiten geht, obwohl er lieber liegen bleiben würde, wer seine Aggression im Zaum hält, statt bei Ärger gleich rumzubrüllen oder draufzuhauen, wer eine Enttäuschung oder Schadenfreude, wo es opportun scheint, zu verbergen sucht, der verdankt die Fähigkeit dazu diesem Hirnareal und seiner Verschaltung. Auch die Schimpansendamen sind zur Selbstkontrolle fähig, wir haben es erlebt: Trotz Angst blieben sie vor dem drohenden Männchen bemüht nonchalant sitzen.

All das sind Fähigkeiten, in denen Schimpansen schon ganz gut sind – doch wir Menschen sind brillant. Wir können weit besser als andere Tiere kurzfristige Befriedigung für langfristigen Nutzen zurückstellen. Ständig sind wir damit beschäftigt, die Gefühle anderer zu interpretieren und zugleich zu kalkulieren, wie unser Verhalten auf sie wirkt. Wir sind Routiniers darin, falsche Gefühle vorzutäuschen oder unsere echten zu verbergen: Zu Weihnachten heucheln wir Freude über das geschmacklose Geschenk, wir lachen künstlich über schlechte Witze oder drücken per Floskel unser Mitleid aus, obwohl wir insgeheim »Ätsch, bätsch, geschieht ihm recht« denken. Wir verbergen unsere vor Angst zitternden Stimmen beim Bewerbungsgespräch, unsere Geringschätzung des netten, aber inkompetenten Kollegen oder den Zorn über die Fehlentscheidungen unseres Chefs. Ja, wir Menschen sind die mit Abstand besten Heuchler und Schauspieler auf dieser Erde.

»Hunde lügen nicht«, hört man oft. Und es stimmt: Hunde sind grundehrlich. Nicht weil sie die besseren Menschen wären. Sondern eben weil sie keine Menschen und auch keine Menschenaffen sind. Sie sind fast nicht in der Lage, über ihre Gefühle und deren Wirkung auf andere bewusst nachzudenken und dann entsprechende Entscheidungen zu treffen. Wir Menschen schon – und unsere Cousins, die Menschenaffen, ebenfalls. Wenn auch weniger als wir selbst. Zumal uns die Sprache hilft, hier noch geschickter zu taktieren als Affen: durch verbales Lügen.

Der Neurologe Daniel Langleben hat einmal Menschen dazu aufgefordert, auf Fragen absichtlich falsche Antworten zu geben. Dabei hat er sie Gehirnscans unterzogen. Es stellte sich heraus: Lügen aktiviert den vorderen Gyrus cinguli extrem stark. Es handelt sich ja um komplizierte emotionale Konfliktsituationen, in denen eine Entscheidung zugunsten der »gefälschten« Reaktion getroffen werden und die spontane »ehrliche« Reaktion unterdrückt werden muss. Lügen ist, wie Gefühle Heucheln oder Unterdrücken, schlicht eine Extremleistung in dem Bereich, für den der vordere Gyrus cinguli zuständig ist: die flexible, situationsangepasste Steuerung unseres Sozial- und Gefühlslebens. Ursprünglich für die Liebe geschaffen, wurde er bei Menschenaffen und noch mehr bei den Menschen so weiterentwickelt, dass wir heucheln, lügen, kurz: unsere Gefühle und die zugehörigen Signale für gute wie für böse Zwecke kontrollieren können.

Die Neuro- und Verhaltenswissenschaftler Uwe Jürgens und Dieter Ploog hatten, ihrer Zeit weit voraus, die wichtigen neurologischen Zusammenhänge schon 1976 gesehen. In einer Pionierarbeit untersuchten sie die Steuerung von Lautäußerungen im Tierreich. Der Vergleich zwischen Fröschen, Krokodilen, altertümlichen und jüngeren Säugetieren brachte ein interessantes Ergebnis. Der vordere Gyrus cinguli und seine unmittelbare Umgebung »scheinen eine essenzielle Rolle für das Auslösen von Vokaläußerungen in solchen Situationen zu spielen, die nicht von einem festen Reiz-Reaktionsschema gekennzeichnet sind«. – Wie immer, wenn wir sprechen.

Damit ist unsere Sprache eben doch aus den »Tierlauten« des Gyrus cinguli hervorgegangen! Denn diese Laute wurden ja nicht einfach durch Sprache ersetzt. Die Artikulation von Silben und Wörtern wurde den »Tierlauten« *zusätzlich* aufmoduliert. Wir verfeinern sozusagen unsere emotionalen Laute mit ein paar artikulatorischen Tricks, wenn wir sprechen. Das erledigen im Gehirn solche feinmotorischen Planungsareale (das Broca-Zentrum eingeschlossen), die dem vorderen Gyrus cinguli benachbart sind. Sicher kein Zufall. Neuerdings wissen wir auch: Schon bei Affen arbeiten die für Laute zuständigen Neuronen des vorderen Gyrus cinguli mit einigen Zellen im Broca-Areal zusammen. Wahrscheinlich sind dadurch die emotionalen Laute für Affen eine Spur formbar (so wie bei uns Lachen und Weinen ganz unterschiedlich klingen kann). Diese Verbindungen existierten also schon – sie mussten nur ausgebaut werden.

Bis heute ist und bleibt jede unserer sprachlichen Äußerungen ein sozial-emotionales Stimmungssignal. Gesteuert wird unsere Sprache dabei maßgeblich von einem Hirnareal, das uns bindungs- und liebesfähig macht. Und das ist auch gut so. Denn wer spielt die wichtigste Rolle in dem Prozess, die Sprache von Generation zu Generation weiterzutragen? Richtig, die Babys und die Frauen.

Babys, Frauen und die Sprachevolution

Chomsky hatte recht: Unsere Ein- bis Zweijährigen sind keine Einsteins. Eigentlich scheinen sie intellektuell kaum fähig, etwas so Komplexes wie Sprache ohne angeborenes Vorwissen zu lernen. Was Chomsky jedoch als Schreibtischtäter nicht bedachte: Unsere Kleinsten haben statt des mäßig ausgebildeten Intellekts etwas anderes im Übermaß: Emotionalität – und das Bedürfnis nach Bindung.

Eltern wissen es. Niemand kann so viel quietschende Lebensfreude in ein simples »Da!« hineinlegen wie ein Kind, das gerade Sprechen lernt. Und niemand ist emotional so fixiert auf einen anderen Menschen wie ein Kleinkind auf die lebenswichtige Mutter. Kinder sind gefühlsmäßig über den Ton beeinflussbar, lange bevor sie Sprache verstehen: Sanfter, monotoner Singsang hat eine beruhigende, tröstende Wirkung auf Säuglinge, ähnlich wie Wiegen oder Umhertragen. Gereizter elterlicher Ton kann Quengeln und Weinen auslösen. Vorsprachliche Babys wissen allein anhand der Satzmelodie, ob die Mama sie gerade lobt oder ihnen das spannende, spitze neue Spielzeug auf dem Küchentisch verbieten will. Jede Mutter weiß auch, dass Kinder lallend und brabbelnd Wort- und Satzmelodien imitieren, bevor sie richtig sprechen lernen. Ab etwa dem vierten Monat schon können Mutter und Säugling sich in zärtlichen, melodiösen »Lall-Duetten« den Ball zuwerfen. Ja, Sie haben richtig gelesen: »Lall-Duette« ist das Fachwort. Denn was reden die Frauen dabei? »Ei, was macht denn mein Mutzibutzi!« »Ja gucke mal da! Ja gucke mal!« Oder Unsinnssilben pur, genau wie die Babys: »Ahaitschibu! Gu-gu!« Die Sprache oder Pseudo-Sprache dient in dieser Situation in erster Linie der Kontaktaufnahme und liebevollen Bindung. Sie ist ein dialogisches Ritual – wie der Tanz von Kranichen oder das Schnäbeln sich liebender Papageien oder, natürlich, wie die Piep-Dialoge zwischen Gänseküken und Gänsemutter, die schon im Ei beginnen.

Eine populäre These behauptet nun, dass wir hier, bei den brabbelnden Müttern und Kindern, den ersten Ursprung der Sprache vor uns haben! Eine frühe Sprachstufe sozusagen, wie sie vor zwei Millionen Jahren existiert haben könnte. Ist das plausibel?

Von Ernst Haeckel stammt die Annahme, die Entwicklung jedes Individuums wiederhole, was sehr viel langsamer zuvor in der biologischen Stammesentwicklung geschehen sei. Zum Beispiel lässt sich unsere tierische Ahnenreihe von Einzeller über Fisch, frühe Säuger und Affen noch an heranwachsenden Menschenembryonen erahnen. Viele der Schlüsse, die Haeckel hieraus über Verwandtschaftsverhältnisse von Tierarten zog, bestätigten sich später durch fossile Dokumentation oder genetische Untersuchungen.

Allerdings wissen wir heute: Selbst in den frühesten Phasen des menschlichen Keims haben längst unsichtbare Wachstums- und Stoffwechselprozesse eingesetzt, die das werdende Menschlein von seinen einzelligen oder Fisch-Vorfahren unterscheiden. Erst recht gilt das für Kinder außerhalb des Mutterleibs: Ein heutiges menschliches Baby ist eindeutig ein modernes Menschenbaby, und sein Gehirn ist alles andere als identisch mit den Gehirnen von Frühmenschen oder Frühmenschenbabys. Außerdem ist Sprechenlernen nur bedingt ein biologisches Phänomen: Wir erleben bei unseren Kindern ja einen Lernprozess, der durch die heutige, hoch entwickelte Form menschlicher Sprachen geprägt wird und daher garantiert nicht eins zu eins widerspiegelt, wie die Vor- und Frühformen von Sprache aussahen.

Trotzdem müssen wir Haeckel hier aus der Mottenkiste holen. Die »Gesetzmäßigkeiten«, die ihm damals aufgefallen waren, die hatten einen Grund. Denn warum beginnt jeder Mensch das Leben als Einzeller, wie der Urahn allen mehrzelligen Lebens? Warum »rekapituliert« die individuelle Entwicklung tatsächlich so oft die Evolutionsgeschichte? Es liegt an simplen, typischen Merkmalen von Entwicklungsprozessen: Das Einfache kommt (meist) vor dem Komplexen. Komplexes setzt sich aus Einfachem zusammen. Neues baut auf Altem auf. Der Aufbau vollzieht sich nicht schlagartig, sondern schrittweise.

So dürfte es auch in der Sprache gewesen sein. Und deshalb ist es für die Sprachevolution sehr wohl von Bedeutung, wenn wir feststellen, dass für Säuglinge melodisches Lauten mit der Mutter ein Bindungsritual ist, wie man es durchaus auch von Tieren kennt.

In den Siebzigerjahren haben die deutsch-britische Anthropologin Doris Jonas und ihr Mann, der Psychiater David Jonas, schon eine Hypothese zu den ersten Ursprüngen von Lautsprache angeboten, die in der Mutter-Kind-Bindung den Anfang der Sprachevolution sieht. Diese Hypothese ist heute, dank der neuen Erkenntnisse, viel plausibler geworden. Damals war sie ziemlich ungewöhnlich. Die beiden Forscher kamen nur deshalb darauf, weil sie sich in ihrer Praxis für Sprachstörungen ständig wunderten, dass Jungen häufiger als Mädchen betroffen waren. War Sprache möglicherweise im weiblichen Leben wichtiger ist als im männlichen? War sie deswegen in weiblichen Gehirnen stabiler angelegt? Und hatte dies mit der Mutterrolle zu tun? Sie begannen zu beobachten, wie Mütter mit Babys redeten – und irgendwann klingelte es bei ihnen.

Für Doris und David Jonas bestand der erste Schritt auf dem Weg zur Sprache in Folgendem: Emotionale Laute dienten dazu, die Beziehung von Müttern zu ihren Babys zu festigen. Ganz ähnlich wie Lächeln und Zurücklächeln. Unsere Babys scheinen uns nämlich mit Lächeln und Lallen zur Zuwendung aufzufordern. Ein lächelndes, brabbelndes Baby ist zumindest für die Frauen unter uns ein Auslösereiz erster Güte. Wir können nicht anders, wir müssen uns einfach drüberbeugen und uns mit dem süßen Fratz beschäftigen!

Warum aber brauchten unsere Vorfahren solche Mutter-Kind-Bindungssignale? Wahrscheinlich deshalb, weil ihre Babys im Vergleich mit Affenkindern unreifer und hilfloser geboren wurden. Beim Homo ergaster ist der Geburtskanal enger als bei Affen. Die schmalen Hüften sind eine Anpassung an den aufrechten Gang, der bei dieser Art erstmals optimal effizient war. Sie führen aber zu Problemen bei der Geburt, jedenfalls wenn, wie bei Homo ergaster der Fall, zugleich das Gehirn und damit der Kopf des Babys größer ist als zuvor. Um diese Probleme zu mildern, kamen die Kinder von Homo ergaster und vielleicht schon von seinen unmittelbaren Vorfahren unreifer zur Welt als der Affennachwuchs. Damit war der Kopfumfang bei der Geburt geringer.

Das hatte einen Nachteil: Die Kinder waren länger unselbstständig als die Affenkinder. Und schlimmer noch: Sie konnten sich nicht einmal mehr selbst an ihren Müttern festhalten. Nicht unbedingt, weil ihnen dazu die Kraft gefehlt hätte – für Greifreflexe braucht es kein ausgereiftes Gehirn. Die Schwierigkeit lag woanders. Genetische Indizien zur Entwicklung von Hautpigmenten deuten an, dass Homo ergaster wie wir ein ziemlich nacktes Wesen war. (Möglicherweise brauchte man für die neue Lebensweise bessere Schweißkühlung – aber so genau weiß das niemand. Der Haarverlust kann auch ein Trick gegen Parasiten gewesen sein.) Die Mütter besaßen also kein Fell mehr, an dem sich die Babys hätten festhalten können, so wie es Affenbabys tun.

Die Ergaster-Babys mussten immer und überallhin getragen werden. Ziemlich lästig für eine Spezies, die – das sagt uns ihr Körperbau – große Distanzen zurücklegte. Ein Ergaster-Kind tat gut daran, seine Mutter zum Mitschleppen zu motivieren. Unsere heutigen Kleinen erreichen dies zur Plage mancher hart geprüfter Eltern anfangs hauptsächlich durch strafendes Schreien und Weinen, weil direkt nach der

Geburt ihr Gehirn noch zu unterentwickelt für viel mehr als das ist. Doch ab etwa dem dritten Monat halten sie uns glücklicherweise auch durch belohnende Bindungsrituale wie Lächeln, Lallen und Kitzelspiele bei der Stange. Nun erst beginnt das komplette emotionale System mit Mandelkern und Gyrus cinguli halbwegs gut zu funktionieren.

Wahrscheinlich kamen Ergaster-Neugeborene neurologisch nicht ganz so unreif zur Welt wie unsere Babys. Sie könnten bei oder kurz nach der Geburt schon das Reifestadium heutiger dreimonatiger Säuglinge gehabt haben. Und wer von ihnen es schaffte, die Mutter noch enger an sich zu binden, der hatte die wesentlich besseren Überlebenschancen. So erklären es jedenfalls Doris und David Jonas.

Sicher, manches an der insgesamt wohlbegründeten These des Forscherehepaars wirkt etwas unausgegoren. Aber das rechtfertigt nicht das Entsetzen und die Missachtung, mit der sie nach ihrer Publikation gestraft wurden. Um Himmels willen! Aus sinnlosem Baby- und Müttergebrabbel sollte etwas so Edles wie die Sprache hervorgegangen sein? Das konnte man doch nicht ernst nehmen! Der Ansatz geriet in Vergessenheit.

Heute deutet vieles darauf hin, dass die beiden Forscher dicht an der Wahrheit waren. Wir wissen schließlich: Die Sprechmotivation wird aus dem vorderen Gyrus cinguli gesteuert – jenem Areal, das für zwischenmenschliche Bindungen, insbesondere auch die Mutter-Kind-Bindung, zuständig ist. Und noch etwas scheint geradezu eine Bestätigung ihrer Thesen zu sein: Anthropologen datieren sowohl den Fellverlust als auch die beginnende Unreife der Babys auf die Zeit des Homo ergaster. Hätten Doris und David Jonas recht, dann müsste der Anfang der Sprache in dieser Zeit liegen. Läge er deutlich später, wäre ihre These widerlegt. Doch er liegt nicht später, sondern wohl tatsächlich hier bei den allerfrühesten Menschen – das sagen die neuesten fossilen Indizien, von denen das Ehepaar damals noch nichts wissen konnte.

Die menschliche Sprache ging von der Mutter-Kind-Beziehung aus: Diese Auffassung ist im Augenblick zum ersten Mal keine Außenseitermeinung mehr. Es ist vielmehr die populärste These zur Sprachevolution überhaupt! Im Jahr 2004 befasste sich ein Band der renommierten Zeitschrift *Behavioral and Brain Sciences* ausführlichst damit –

übrigens ohne zu erwähnen, dass das Ehepaar Jonas schon vor Jahrzehnten auf diese Idee gekommen war. Nicht ein einziger der zig beteiligten Wissenschaftler wies darauf hin. Dabei war die Jonas'sche These besser durchdacht als die in der Zeitschrift diskutierte Version der Amerikanerin Dean Falk.

Doch halt: So populär und plausibel die These in der einen oder anderen Version heute ist – man darf nicht zu euphorisch werden. Sie berücksichtigt nämlich nur *einen* möglichen sozialen Faktor in der Evolution früher Sprache. Dieser Faktor – lautliche Rituale erweisen sich als nützlich für die Mutter-Kind-Bindung – hat gewiss existiert. Sonst gäbe es die Rituale heute nicht. Aber ob er der wichtigste oder der früheste war, das lässt sich nicht belegen.

Fest steht: Für jedes Menschenkind ist die Sprache zu Anfang seines Lebens ein Bindungs- und Stimmungssignal. Dieses Signal unterscheidet sich für das Baby zunächst nicht von anderen ritualisierten Kontaktspielen, wie Lächeln–Zurücklächeln oder Kitzeln–Lachen. Dass viel mehr dahintersteckt, nämlich in Wörtern und Grammatik kodierte Bedeutung, bekommt ein Baby erst später mit.

Und noch eines müssen wir für die Sprachevolution bedenken: Die ursprünglichste Funktion der Sprache in der kindlichen Entwicklung – die eines Bindungssignals – geht bei uns Erwachsenen nicht verloren. Daher der Ausdruck: »Mit dem spreche ich nicht mehr!« Nicht minder hartnäckig hält sich der Ritualcharakter der frühen Mutter-Kind-Dialoge. Denken wir nur daran, wie extrem ritualisiert unser sprachlicher Alltag ist.

Hohe und andere Tiere und ein *missing link*

»Moin, Moin!« – »Morgen.«
»Guten Tag« – »Guten Tag.«
»Bitte.« – »Danke.«
»Mahlzeit.« – »Mahlzeit.«
»Schönes Wochenende!« – »Danke, Ihnen auch.«
»Oh, hallo, wie geht's?« – »Danke, gut. Und Ihnen?«

Das alles sind Rituale. Mit Liebe oder tiefer emotionaler Beziehung zwischen Eltern und Kind hat keines der Beispiele zu tun. Sie stammen aus einem weniger gefühligen Bereich und stehen für ein beschränktes, aber vorhandenes Maß an sozialer Bindung und gegenseitiger Verpflichtung. Sich mit »Guten Tag« zu grüßen, heißt: Man kennt sich, steht sich aber nicht besonders nahe, ist sich neutral-positiv gesinnt (oder hält diesen Anschein aufrecht) und man wäre bereit, zusammenzuarbeiten.

So ist das jedenfalls in Großstädten. Auf dem Land können auch völlig Fremde sich grüßen. Ich bin einmal, selbst dick bekleidet, beim Spazierengehen an einem windverwehten Küstenstreifen auf einen völlig nackten Mann gestoßen, der mir entgegenkam. Es war unmöglich, grußlos aneinander vorbeizulaufen. Zwei einsame Menschen in der Mitte von Nirgendwo können sich nicht ignorieren. (Obwohl wir in dem Fall beide beim Grüßen lachen mussten.)

Bei Fremden in der Wildnis symbolisiert das Bindungsritual »Gruß« keine auf Dauer angelegte Beziehung. Es signalisiert vielmehr: Ich nähere mich nicht in feindlicher Absicht. Wer jemals in kriegerischen, unsicheren Gebieten unterwegs war, der weiß: Beim Grüßen aus der Ferne handelt es sich um eine Art Vertrag. Grüßende verpflichten sich durch ihren Gruß, nicht anzugreifen.

Doch zurück zu unserem Alltag. Glücklicherweise müssen wir in Deutschland nicht damit rechnen, von jedem Fremden mit der Kalaschnikow angegangen zu werden. Mitten in einer belebten Fußgängerzone ist auch das Risiko einer Vergewaltigung eher gering einzuschätzen. In Städten ist es überflüssig und schlicht unmöglich, jede und jeden zu grüßen. Hier reservieren wir unser »Guten Tag« für Leute, die wir kennen – und denen wir durch das Grüßen signalisieren: Unsere Beziehung besteht weiter.

Nimmt man Ton, Gesichtsausdruck und die jeweilige Situation hinzu, lässt sich selbst das simple »Guten Tag« noch weiter differenzieren. Und zwar, weil wir die Sprache mit den alten »tierischen« Signalsystemen kombinieren und dadurch mehr Möglichkeiten gewinnen. Ein besonders freundliches »Guten Tag« mit strahlendem Lächeln könnte heißen, dass einem der neue Kollege sympathisch ist und man sich freut, ihn zu sehen – ohne sich bisher nähergekommen zu sein. Ein beiläufig hingemurmeltes »Guten Tag« ohne Gesichtsregung mag bedeuten: Ich, der große Chef, habe es nicht nötig, mich beim Hereinkommen der Putzfrau volksnah zu zeigen. Es reicht, wenn ich sie überhaupt zur Kenntnis nehme.

Natürlich: Es geht beim Grüßen auch um die soziale Hackordnung. Der neue Chauffeur, der unserer Frau Bundeskanzlerin Dr. Merkel ein muffeliges »Tach« entgegenspuckt, der hat sich (absichtlich?) im Ton vergriffen. Beim Militär hat der gemeine Soldat die höheren Chargen selbstverständlich zuerst zu grüßen (ob er sie kennt oder nicht). Umgekehrt gilt auch im Zivilleben: Wer Gesicht und Mund dezidiert nicht regt, bis der andere »Guten Tag« gesagt hat, oder es dann nur bei einem Nicken bewenden lässt, stellt damit klar: Ich bin das höhere Tier von uns beiden.

Die kleinen sprachlichen Rituale des Alltags sind alles andere als nebensächlich. Es gibt keine menschliche Kultur auf dieser Welt, die darauf verzichtet. Sie sind die Basis jedes sozialen Zusammenlebens: Ein einfaches, aber hocheffizientes, hochflexibles Mittel, um soziale Beziehungen aufrechtzuerhalten, zu bestärken, zu knüpfen oder zu beenden – und wie nebenbei gleich auch die Rangverhältnisse und den jeweiligen Grad an Distanz zu klären.

Gestehen wir es ein: Das sind klassische Funktionen der Tierkommunikation. Wir erledigen sie (auch) sprachlich. Andere Tiere erledigen sie anders. Bei Wölfen sind die sozialen Signale durchweg angeboren. Die Kommunikation von Wölfen arbeitet stark mit Gerüchen. Die Tiere »beschnüffeln« sich und nehmen dabei den Hormonstatus wahr. So unterscheidet sich das Alphaweibchen im Geruch markant von den anderen Weibchen eines Rudels und signalisiert dadurch eben die Tatsache, dass es das Alphaweibchen ist und vorläufig bleiben wird. Die Methoden mögen andere sein, doch die Funktionen sind uns teils sehr vertraut. Auch Wölfe kennen auf ihre Art das Ritual des Grüßens – wie jeder Hundebesitzer weiß.

Bei unseren engen Verwandten, den Schimpansen, spielt der Geruchssinn eine geringere Rolle. Wie alle Primaten sind sie keine begabten Riecher. Bei ihnen sind die sozialen Beziehungen in der Gruppe viel weniger schematisch festgelegt als bei Wölfen und werden ständig neu austariert. Schimpansen verwenden, wir wissen es schon, eine Reihe von nichtangeborenen, symbolisch anmutenden Elementen in ihrer sozialen Kommunikation. Die Affen in Tansanias Mahale-Gebirge haben zum Beispiel ein Bindungsritual entwickelt, bei dem zwei Tiere sich an den Händen halten und gemeinsam den Arm in die Höhe heben. Für diese ziemlich verrenkt aussehende Bewegung der eng verschränkten Arme ist körperliche Nähe und Kooperation nötig. Genau das symbolisiert die Geste eben auch: »Wir stehen uns nahe, wir arbeiten zusammen.«

Bei uns Menschen sind solche Rituale oft ähnlich bildhaft. Ein Grüß-Ritual ist dialogisch und steht an sich schon für Gegenseitigkeit, für Kooperation. Aber es kann eine weitere Ebene hinzukommen: Die wörtliche Bedeutung dessen, was man da austauscht, verstärkt oft die Funktion des Rituals. »Guten Tag« oder »Schönes Wochenende« sind symbolische Geschenke: Man »schenkt« den guten Wunsch. Sich gegenseitig zu beschenken ist ein bei allen Kulturen verbreitetes soziales Bindungsritual, das kooperatives Verhalten symbolisiert. Es gibt Anlässe, bei denen wir diese Geschenkrituale nicht nur sprachlich, sondern mit greifbaren Dingen komplett ausspielen. Kleinstkinder tun es: Zehn Monate oder ein Jahr alte Kinder pflegen Fremden zur freundlichen Kontaktaufnahme gern ein Stück angelutschten Zwieback hinzuhalten. Erwachsene tun es: durch Einladungen zum Essen (wo der Eingeladene seinerseits ein kleines Geschenk mitbringt oder sich früher oder später revanchiert), durch gegenseitige Geburtstagsgeschenke, durch Mitbringsel bei Staatsbesuchen.

Es ist nicht einfach, soziale Signalsysteme unterschiedlicher Spezies bezüglich ihrer Effizienz oder Komplexität zu vergleichen. Aber einige Dinge fallen doch ins Auge, wenn wir uns und unsere nächsten Verwandten betrachten.

Unser menschliches Sozialleben strotzt nur so von stark ritualisierten Signalen, die kooperative soziale Beziehungen und Verpflichtungen markieren. Nehmen wir allein mal diejenigen unserer eigenen Kultur, die mit der Hand zu tun haben: Da gibt es den Handschlag, das Händeschütteln, das »Abschlagen« beim Sport, den Handkuss, das

Aufstecken des Eherings, das Handheben zum Gruß, ein Winken zum Abschied ... und das sind sicher noch nicht alle. In der reinen Zahl der Signale sind wir den Schimpansen wahrscheinlich voraus. Allerdings nicht exorbitant: Das erreichen wir erst, wenn wir die sprachlichen oder sprachlich modifizierten Signale hinzunehmen.

Wir haben also ein neues Medium für alte soziale Funktionen gefunden. Und dieses Medium ist sehr praktisch. Es kostet wenig Zeit und Energie und funktioniert auch aus der Ferne. Im wörtlichen Sinne: wenn der andere weit weg steht. Und im übertragenen Sinne: wenn wir nur eine entfernte Beziehung haben, in der Körperkontakt zu intim wäre. Vor allem ist dieses Medium extrem reichhaltig: Die Sprache eröffnet uns viel mehr Möglichkeiten, das Signal zu differenzieren. Man grüßt (beinahe) jeden, den man kennt – aber durch die Auswahl eines spezifischen Grußwortes können wir Menschen ohne Zusatzaufwand genauestens angeben, welche Art der Beziehung wir zu dem Gegrüßten haben oder zu haben glauben. Ob wir »Na, alter Schwede!« sagen, »Guten Morgen, verehrter Herr Professor!« oder »Mein kleines Schnuckibu! – das macht einen sehr großen Unterschied. Wir hatten es in einem früheren Kapitel schon erwähnt: In manchen Sprachen ist unabhängig vom Grüßen oder der Anrede jede verwendete Verbform, jedes Substantiv ein Zeichen für den Rangunterschied oder den Grad der Intimität zwischen Sprecher und Angesprochenem. In einer australischen Ureinwohnersprache gibt es gar eigene Sprachformen speziell für die Kommmunikation zwischen Schwiegertochter und Schwiegermutter.

Denken wir jetzt noch einmal an die Lall-Duette zwischen Mutter und Kind. Wenn beim Kind heute lautliche Bindungsrituale am Anfang der Sprachentwicklung stehen und wenn zugleich heute noch sprachliche Bindungsrituale eine entscheidende Rolle für die Organisation unseres Sozialebens spielen, dann ist das ganz bestimmt kein Zufall. Die vorsprachliche Frühphase der kindlichen Sprachentwicklung ist ein einleuchtendes Modell dafür, wie sich in der Vorgeschichte des Menschen die Sprache aus tierähnlichen Lauten entwickelte. Unabhängig davon, ob man nun gerade in der Mutter-Kind-Bindung den ersten Anlass hierfür sieht.

Lautliche Bindungsrituale sind von Form und Funktion her noch eng an tierische Kommunikationssysteme angelehnt. Hier sehen wir nicht den tiefen Graben, der menschliche Sprache laut Lehrbüchern von Tiersprache trennt. Diese Rituale schlagen die Brücke zwischen beiden. Und wohl nur, wenn man sie übersieht, mag man auf die Idee kommen, die Sprache müsse durch eine Zufallsmutation aus dem Nichts entstanden sein, da sie bei den Tieren keinen Vorläufer habe.

Auf einer Art Stufenleiter der Sprachentwicklung gehören die emotionalen Interjektionen wie auch die Wohlfühllaute oder Quengellaute der Babys noch ganz zur Tierkommunikation. Lautliche dialogische Bindungsrituale – die grammatikfrei sein können, wie wir es bei Babys sehen – sind schon eine Stufe weiter auf dem Weg zu dem, was wir heute Sprache nennen. Gleichwohl sind auch sie der tierischen Kommunikationswelt noch sichtbar verbunden.

Sie sind das *missing link* der Sprachevolution.

Augen-Blicke

Aus der Zeit dieses *missing link* stammt wahrscheinlich auch der »Augenaufschlag«: Man hebt die Augenbrauen (und damit scheinbar auch die Lider) kurz an, zeigt ein mehr oder weniger intensives Lächeln und macht eine kleine Nickbewegung mit dem Kopf. Das ist ein klassisches Flirtsignal, oder einfach ein wortloser Gruß. Es findet in Bruchteilen von Sekunden statt und die Einzelheiten der Bewegung sind uns kaum bewusst.

Der Augenaufschlag wird überall auf der Welt verstanden. Im Gegensatz zu unseren Sprachen, die sich von Kultur zu Kultur unterscheiden. Dieser Gruß scheint also angeboren zu sein – doch er hat eine Sonderrolle unter den ererbten Signalen. Es gibt nämlich kein direktes Äquivalent unter den emotionalen Gesichtsausdrücken anderer Primaten. Nicht einmal bei den Schimpansen, deren Bindungsgesten wie das Umarmen, Lausen oder Küssen sonst so offensichtlich mit den unseren verwandt sind.

Der Augengruß ist eine Verhaltensneuheit, die allein die menschliche Linie auszeichnet. Diese flüchtige kleine Geste sagt eine Menge darüber aus, was uns von äffischer Kultur weggeführt hat. Sie scheint mit Sprache merkwürdige Ähnlichkeiten zu besitzen. Sie ist ein Distanzgruß, der Berührung überflüssig macht, und wie sprachliche Rituale »dialogisch«: Ein so Gegrüßter grüßt fast immer zurück. Damit ist die Geste – wie das oft damit verbundene Lächeln – ein leicht durchschaubares Symbol für Kooperationsbereitschaft. Am interessantesten am Augengruß ist aber: Er arbeitet mit dem Element Blickkontakt. Die Augen der Grußpartner treffen sich und halten sich einen »Augenblick«.

Es gibt kaum etwas außer Sprache, das typischer für das Sozialverhalten von Menschen wäre. Wir haben hier nämlich eine Sonderanpassung erworben. Sehen Sie mal in den Spiegel: Sie haben, wie alle heutigen Menschen, eine weiße Augenhaut. Und jetzt stellen Sie sich mal ein Schimpansengesicht vor. Hat das auch weiße Augen? Nein. Bei Menschenaffen ist die Augenhaut meist pigmentiert, teils sogar sehr dunkel. Achten Sie beim nächsten Zoobesuch auf die Augen der Schimpansen. In welche Richtung guckt zum Beispiel das alte Männchen hinten in der Ecke? Es ist gar nicht so leicht festzustellen. Denn durch die dunkle Augenhaut stechen Pupille und Iris nicht so stark hervor wie bei uns. Und vielleicht fällt Ihnen, wenn Sie die Affen eine Weile beobachten, noch etwas anderes auf: Sie stellen viel seltener als wir Blickkontakt miteinander her. Selbst wenn einer dem anderen Futter abgibt, schaut er ihn nicht immer an. Ein Unding unter Menschen.

Mittlerweile gibt es dazu Versuche, deren Ergebnisse die sonst so menschenähnlichen Schimpansen als sehr fremde Wesen erscheinen lassen. Die Tiere wurden in eine Situation gebracht, in der sie von Menschen Futter erbetteln mussten. Sie verwendeten spontan die bei Menschen und Affen verbreitete Bettelgeste. Damit diese Geste erfolgreich ist, muss sie von dem Angebettelten gesehen werden. Jedenfalls wissen Menschen, dass das so ist. Den Schimpansen wurden nun jeweils zwei Menschen vorgesetzt, von denen einer sie ansah, der andere nicht. Was geschah? Die Schimpansen bettelten beide Personen gleich häufig an!

Waren die Schimpansen also zu blöd, um zu berücksichtigen, dass andere im wahrsten Sinne des Wortes einen anderen Blickwinkel haben als sie selbst, eine eigene Wahrnehmung, eigene »Gedanken«? Diese erste Einschätzung ging zu weit. Denn wenn man das Sozialverhalten im Schimpansenalltag beobachtet, scheinen die Tiere sehr wohl ein Gespür dafür zu besitzen, was andere wissen oder denken könnten.

Verfeinerte Varianten des Tests zeigten schließlich: Die Schimpansen versuchen in der Tat zu berücksichtigen, ob der andere ihre Signale wahrnehmen kann. Aber sie benutzen dafür nicht die Blickrichtung als Indiz. Sie achten hauptsächlich auf die Körperhaltung. Wenn jemand den Körper zu ihnen gewendet hat, dann ist er für sie ein Anbettel-Partner (selbst wenn er nicht hinsieht). Wenn jemand den Körper weggedreht hat, dann ist er eher kein Anbettel-Partner – auch wenn er hinsieht.

Schimpansen achten nicht so stark auf die Augen. Wir Menschen jedoch sind absolut fixiert darauf. Ja, wir geben durch kleine Anpassungen unserer Blickrichtung ständig feinmodulierte Kontakt- und Distanzsignale. Die Autorin weiß das besser als andere. Sie hat nämlich ein gelähmtes Auge. Um nicht heftig zu schielen (was Schimpansen herzlich egal wäre, aber menschliche Gesprächspartner irritiert), bleibt mir nichts, als immer möglichst stur geradeaus zu blicken. Dadurch bin ich in vielen sozialen Situationen des Alltags gehandicapt.

Glücklicherweise profitiere ich trotzdem von so manchem, was unsere menschliche Augen-Fixation uns ermöglicht. Augen sind die Fenster der Seele. Denn bei Primaten als Seh-Tieren nimmt die »Seele« vor allem über die Augen die Außenwelt wahr. Wir Menschen, die wir auf die Blickrichtung anderer so genau achten, wissen exakter als Schimpansen, welches Bild der Außenwelt sich gerade in der Seele des anderen spiegelt. Es gehört wohl zum Menschsein, sich dafür sehr zu interessieren. Und das ist eine Grundlage dafür, dass die Sprache im engeren Sinne entstehen konnte. Wie wir gleich sehen werden.

Finger-Zeige

Kind (zeigend): »Da!«
Mutter: »Oh, ein Auto! Guck mal, da fährt ein Auto!«

Wir Menschen haben eine Technik, den Blick des anderen auf das zu dirigieren, was wir auch gerade ansehen. Es ist, natürlich, die Zeigegeste.

An der Universität von Sussex beobachtet man derzeit das Zeige-Verhalten von Babys und Kleinkindern. Die Forscher stellen fest, dass diese Geste in höchst intimem Zusammenhang mit der kindlichen Sprachentwicklung steht. Der exakte Zeitpunkt, an dem das Kind zum ersten Mal mit ausgestrecktem Zeigefinger am Patschehändchen auf etwas deutet, erweist sich als ausgezeichnetes Indiz für den Verlauf seiner Sprachentwicklung. Dieses Datum zu kennen reichte, um eine verlässliche Prognose zu geben, wie viele Wörter ein Kind in welchem Alter beherrschen wird!

Auffällig war: Die ersten echten Wörter produzierten die Testkinder in jeweils exakt der Woche, in der sie zum ersten Mal selbst die Zeigegeste verwendeten. (Mit »echten Wörtern« ist nicht das erste »Mämä« gemeint! »Mama«, »Dada« und dergleichen versteht ein Säugling am Anfang ganz anders als seine leicht verblendeten Eltern. Für ihn sind das schlicht Laute, die besonders verlässlich Zuwendung auslösen. Dass »Mama« für die Person seiner Mama steht, weiß das Kind da noch nicht.) Klar, die Zeigegeste ist später eine gezielte Technik zum Erfragen von Wörtern. Bei ihrem ersten Auftreten aber sagt sie uns vor allem eines. Das Kind hat nun etwas sehr Grundlegendes verstanden:

Ein anderer und ich, wir können *gemeinsam* den Blick auf etwas Drittes richten. Wir können zu zweit unsere Aufmerksamkeit auf dieses Dritte bündeln, sodass wir gegenseitig voneinander wissen: Du betrachtest das jetzt mit mir. Zum Beispiel ein Auto. Oder Oma, die gerade die Leiter hochklettert. Und was auch immer einer von uns beiden in einem solchen Moment an Signalen äußert: Es bezieht sich eindeutig auf das, was wir gemeinsam ansehen.

Hier haben wir einen ganz entscheidenden Schritt in der Sprachentwicklung. Einen, den es im Leben jedes Kindes gibt und den es ähnlich auch in der Menschheitsgeschichte gegeben haben muss. Der Moment nämlich, wo soziale Kommunikation nicht mehr nur auf das Ich und das Gegenüber bezogen ist, sondern zu einem gezielten Austausch zwischen zweien über Drittes wird.

Dieser Moment ist der Ausgangspunkt für echte Sprache. Für die Form von Sprache eben, die nicht nur emotionale Signale (»Autsch!«) und soziale Rituale (»Hallo!«) kodiert, sondern die Wörter für Personen, Objekte und Handlungen enthält. Und damit auch das Rohmaterial für Grammatik.

Wir können das nicht nur an Babys beobachten. Mithilfe von Fingerzeigen entstehen noch heute aus improvisierten Anfängen neue Sprachen und Gebärdensprachen. Das passiert, wo normal intelligente Menschen ohne eine gemeinsame Sprache für länger zusammenkommen. Ein Beispiel stammt aus Nicaragua: Dort wurden unter der sandinistischen Regierung erstmals Schulen für Gehörlose eingerichtet. Da es in dem Land bis dahin keine Gehörlosenausbildung gegeben hatte, waren die Kinder und Jugendlichen zunächst sprachlos. Doch in den Achtziger- und Neunzigerjahren entwickelten sie auf dem Schulhof wie nebenbei eine eigene Gebärdensprache, zum Schrecken der hörenden Lehrer, die die »Geheimsprache« nicht verstanden und sich ausgeschlossen fühlten.

Wild lebende Affen entwickeln ihre »Gebärdensprache« nie so weit, und sie verzichten weitgehend auf Fingerzeige als Ausgangspunkt. Die brauchen die Tiere nicht für das wenige, was sie ausdrücken wollen. Übersetzen wir mal das »emblemische« Vokabular der Schimpansen ins Deutsche. Da gibt es »Hallo!«, »Ist ja gut, ich ordne mich unter!«, »Mein Schatz!«, »Danke!«, »Bitte!«, »Lass uns spielen!«, »Schlaf mit mir!« Es geht um soziale Rituale zwischen dem »Sprecher« und dem »Angesprochenen« und um soziale Aktivitäten, auf die der »Sprecher« gerade Lust hat. Sich mittels Gesten über *dritte* Personen oder Dinge zu »unterhalten«, ist bei Schimpansen nicht üblich.

Und bei anderen sozialen Tieren? Sehen wir uns die wenigen an, die außer uns Menschen fähig sind, willkürlich Laute zu produzieren und zu lernen. Papageien gehören bekanntlich dazu, auch einige Fledermausarten und Delfine. Sie alle nutzen in freier Wildbahn gelernte Laute zur Kommunikation, etwa bei der Partnerwahl oder für verschiedene soziale Rituale. So lernen die Mitglieder einer Fledermausgruppe eine Art Passwort, das anzeigt: Ich bin legitimes Gruppenmitglied und kein Eindringling. Manche dieser Rituale sind auch dialogisch wie bei uns so häufig. Aber jenes typisch menschensprachliche Element, über gemeinsam betrachtetes Drittes zu kommunizieren, das ist bei diesen Tieren nicht entwickelt.

Im letzten Jahrzehnt erst dringt es in die Lehrbücher ein: Diese »gemeinsame Aufmerksamkeit«, für uns so selbstverständlich, ist im Tierreich kaum in Gebrauch. Border-Collies und anderen hündischen Wesen haben wir extra ein bisschen davon angezüchtet, damit sie unsere Befehle verstehen. Einen besonders Begabten haben wir im ersten Teil des Buches kennengelernt. Was einfach nur Gerede ist und nicht Befehl, interessiert Collies wie Rico allerdings weniger: »Hol den Teddy!« ist ein spannendes Spiel für ihn, aber »Guck mal, wie groß der Teddy ist!« passt nicht in seine Welt. Und wer je versucht hat, sich mit Schimpansen über etwas Drittes zu verständigen, der weiß: Eines der größten Probleme ist, wie man die Tiere zum »Aufpassen« bringt. Schimpansen »hören nicht zu« und »gucken nicht hin« (es sei denn, es handelt sich um Futter): Neugierig sind sie schon, aber das scheint eher eine individuelle Neugier zu sein.

Esther Herrmann vom Max-Planck-Institut für evolutionäre Anthropologie in Leipzig hat den Verdacht, dies hänge mit einem anderen Unterschied zwischen Affen und Menschen zusammen. Sie testete Kleinkinder sowie die Schimpansen und Bonobos des Leipziger Zoos darauf, wie sie reagieren, wenn menschliche Versuchsleiter sich entweder als Konkurrent oder als helfende Kooperationspartner gaben. Zunächst gestikulierte die menschliche »Konkurrentin« (die wusste, wo das Versteck war) mit bösem Gesichtausdruck: »Halt, geh hier auf keinen Fall hin!« Sofort war sowohl den Schimpansen als auch den Kleinkindern klar: Hier ist die Belohnung versteckt! Und sie holten sie sich, sobald die »böse« Person den Raum verlassen hatte. Menschenkinder und Schimpansen erwiesen sich also als gleich gut, wenn es darum ging, egoistische Absichten und gestisch-mimische Signale von Konkurrenten zu verstehen. Doch erstaunlicherweise versagten die Schimpansen jämmerlich bei der eigentlich viel einfacheren Aufgabe, das Signal der netten zweiten, »kooperativen« Versuchsleiterin zu verstehen: Mit einer freundlichen Geste à la »Guck mal, hier ist's drin!« konnten nur die Kinder etwas anfangen, nicht die Schimpansen. Schimpansen rechnen einfach nicht damit, dass man ihnen helfen will!

Sicher: Als sehr soziale Affen können Schimpansen auch kooperieren. Aber das ist nicht ihre größte Stärke. Schimpansen sind besser, wenn es um Konkurrenz geht. Im Gegensatz zu uns. Wir Menschen, schlägt Esther Herrmann vor, sind unter den ohnehin kooperativen Primaten die absoluten Spezialisten. Um unsere nahezu perfekte Zusammenarbeit abzustimmen, müssen wir uns dauernd »über etwas verständigen«. Dafür ist die gemeinsame Aufmerksamkeit ein unerlässliches Instrument.

Am Schluss soll nicht unerwähnt bleiben: Das Ganze dient auch der Bindung, dem Kontakt unter uns Menschen, und hat mit dem Gefühlsleben zu tun. Kontaktfreudige Kinder, Jugendliche und enge Freunde haben eine so extreme Bereitschaft, ihre Aufmerksamkeit gemeinsam auszurichten, dass es ständig von selbst passiert. Es sind auch Gefühle, die uns antreiben, unseren Blickwinkel mit einem anderen Menschen zu synchronisieren, wissen zu wollen, wie er etwas sieht. Das »Da!« von Babys ist ein schönes Zeichen hierfür: Es ist den Kindern ungemein wichtig, dass die Mami auch das anguckt, was sie selbst gerade sehen, und sich mit ihnen freut oder staunt und das Wunderding kommentiert. »Guck mal!« oder »Das wollte ich dir immer schon zeigen!« sind auch unter befreundeten Erwachsenen nicht gerade selten. Denken Sie an die Fotos oder Witze, die Sie gemailt bekommen. Sich etwas zu erzählen – ohne dass ein Objekt oder eine Person da wäre, auf die man zeigen könnte –, ist lediglich die fortgeschrittene, rein sprachliche Variante des gemeinsamen Hinschauens.

Emotionale Bindung wird so geschaffen oder bestärkt. Das »Wir« steht im Vordergrund: Wir staunen oder wundern uns gemeinsam, wir teilen unsere Gedanken oder lösen ein Problem miteinander. Mancher intelligenten, aber emotional anders gestrickten Spezies fehlt offenbar das Bedürfnis nach dieser Art von Nähe.

Wir sind hier ganz unbemerkt wieder zum neurologischen Ausgangspunkt unserer Reise durch das Gefühlsleben zurückgelangt: Aufmerksamkeitsregelung ist von jeher, bei allen höheren Säugetieren, eine Domäne des vorderen Gyrus cinguli. Er sorgt dafür, dass man die eigene Aufmerksamkeit auf den emotional relevanten Reiz und die nötigen Reaktionen richtet (und nicht auf irgendwelche Nebensächlichkeiten). Bei uns hat sich offenbar die Funktion »Aufmerksamkeitsregelung« mit der Funktion »sozial-emotionale Kommunikation« engstens verbandelt. Wir haben uns damit eine neue Welt erschlossen.

SOZIALE GEHIRNE

Gefühl kontra Verstand? So überlegt, wie wir menschlichen Taktiker und Meister der Selbstbeherrschung mit unseren Gefühlen umgehen, ist klar: Unser Gefühlsleben *benutzt* den Verstand. Und die Sprache, Instrument unseres taktischen und kooperativen Geschicks, bedient sich beider. Insbesondere tut sie das auf ihrer höchsten, anspruchsvollsten Ebene. Nein, gemeint ist nicht die Grammatik, sondern der Sprachgebrauch im Alltag, von Fachleuten Pragmatik genannt: Zu wissen, ob etwas wörtlich, ironisch oder als höfliche Umschreibung von etwas ganz anderem gemeint ist; wie lange ich reden darf, wo und wie ich, während der andere spricht, einhaken kann; wie ich in welcher Situation ein Gespräch beginne oder beende, das fordert Verstand *und* Gefühl in höchstem Maße. Schon ein leichtes Intelligenzdefizit wirkt sich in diesen sozialen Feinheiten der Sprache aus, mehr noch als in der Grammatik.

War es ein für die Sprache glücklicher Zufall der Evolution, dass bei den frühen Menschen ein erhöhter Trieb nach Bindung mit wachsendem Verstand zusammenkam?

Weihnachtskarten und graue Zellen

Erinnern wir uns: Sprachliche Rituale (wie »Guten Tag!«) spielen auch dort eine große Rolle, wo es nicht um die Nächsten und Liebsten, sondern um entferntere Beziehungen geht. Seit Anfang der Neunzigerjahre ist viel zu der Frage geforscht worden, wie groß das soziale Beziehungsgeflecht von Menschen wohl sein mag. Britische Wissenschaftler ermittelten zum Beispiel, an wie viele verschiedene Personen ihre Versuchspersonen die in England obligatorischen Weihnachtskarten verschickten. Dann erfragten sie, wann diese mit der entsprechenden Person zuletzt Kontakt gehabt hatten und wie nahe sie ihr zu stehen glaubten. Die Ergebnisse dieser und anderer Untersuchungen: Das erweiterte Beziehungsgeflecht scheint sich im interkulturellen Vergleich immer ungefähr in der gleichen Größenordnung zu bewegen – nämlich zwischen 100 und 200. So fanden die Weihnachtskartenforscher heraus, dass ein Erwachsener in den mittleren Jahren im Schnitt zu knapp 150 Personen eine soziale Beziehung pflegt. Darunter sind etwa fünf sehr enge Bindungen und viele entfernte Bekanntschaften.

Das soziale Netzwerk der Menschen ist damit viel größer als das unserer nächsten Verwandten. Und natürlich sind wir zugleich auch die Affen mit den größten Gehirnen. Auf unsere grauen Zellen bilden wir uns so viel ein, dass wir sogar meinen, wir seien eigentlich gar keine Affen. Sieht man sich nun allerdings die Gehirne der äffischen Verwandtschaft genauer an, fällt ein sehr verlässlicher Zusammenhang ins Auge. Die relative Größe der Großhirnrinde – eben jenes Hirnteils, der bei uns so riesig ist – wächst bei Affen mit der Gruppengröße. Affen sind ja grundsätzlich sehr soziale Tiere, die sich anders als Kühe ständig in intensivem Kontakt miteinander befinden. Je mehr Kontaktpartner da sind, desto mehr scheint freie Rechenkapazität gefordert. Weil der Zusammenhang zwischen Gruppengröße und Gehirn so regelhaft ist, kann man sogar aus der Masse der Großhirnrinde für eine beliebige, neu entdeckte afrikanische Affenart berechnen, wie groß ungefähr die Gruppen sind, in denen diese Art lebt.

Man könnte natürlich auch auf die Idee kommen, die Formel auf den Menschen anzuwenden – auf jenen Altweltaffen, der sich für etwas

Besseres hält als die Verwandtschaft. Nimmt man die Größe der menschlichen Großhirnrinde im Verhältnis zum Körper als Ausgangswert, ergibt sich als Gruppengröße für den Affen »Mensch« eine Zahl. Und die lautet 148. Das passt nun schon geradezu unheimlich gut auf die Ergebnisse der Studien, die menschliche soziale Beziehungsgeflechte untersuchen.

Der britische Psychologe und Verhaltensforscher Robin Dunbar war es, der 1993 erstmals diese Rechnung aufstellte. Fortan verkündete er: Der Mensch ist ein Affe, dessen Gehirn sich an das Leben in besonders großen Horden angepasst hat. Die Sprache gehöre dazu. Sie sei ein nötiges Mittel, viele Beziehungen mit wenig Aufwand zu pflegen und sich per Klatsch und Tratsch über jene sozialen Verwicklungen auf dem Laufenden zu halten, die man selbst nicht mitbekommen hat. Die Sprache, aber auch die menschliche Intelligenz insgesamt dienen nach Dunbar nur dem einen Zweck: uns in die Lage zu versetzen, mit unserem überdimensionierten Beziehungsgeflecht zurechtzukommen. Die ganzen anderen geistigen Leistungen der Menschheit – komplexe Werkzeuge, die Sixtinische Kapelle, die Relativitätstheorie – wären alle nur ein zufälliges Abfallprodukt eines einzigen Sachverhalts: Wir Menschen sind in extrem großen Gruppen lebende Affen.

Inzwischen haben die Biologen ihre Computer mit immer neuen statistischen Analysen heiß laufen lassen, um das zu überprüfen. Jetzt ist klar: Die Gruppengröße ist sehr wichtig, aber sie ist nicht alles. Das Volumen der Großhirnrinde hängt noch von weiteren Aspekten ab. Fruchtesser und Allesfresser sind intelligenter als Blätter essende Affen, vielleicht weil die Überlegung, welcher Baum jetzt reif sein könnte, den Geist fordert. Doch fast alle anderen Faktoren, die mehr Rechenpower im Großhirn benötigen, sind wieder sozialer Natur: Geistig anspruchsvoll sind Gruppen, die sich (wie menschliche Jäger und Sammler) zur Futtersuche immer mal aufspalten, um später wieder zusammenzukommen. Flexible Hierarchien brauchen mehr Grips als starre, ebenso ist die Fähigkeit zu Betrug und Lüge an die Gehirngröße gekoppelt. Besonders wichtig ist auch die Intensität und Zahl der engen Beziehungen.

Apropos Beziehungen …

Können Hodensäcke sprechen?

Die Frage muss mit Ja beantwortet werden. Es ist schon ziemlich aussagekräftig, dass das durchschnittliche Menschenmännchen im Vergleich mit der näheren tierischen Verwandtschaft einen dicken Penis hat – dafür aber kleine Hoden. Männerhoden produzieren längst nicht so viel Sperma pro Koitus wie Schimpansenhoden. Und Menschenweibchen haben einen »versteckten Eisprung«: Sie haben keine Genitalschwellung am Hintern, die alle und jeden darauf aufmerksam macht, wann diese Dame ganz besonders gerne möchte und wann eher nicht.

All diese unsere genitalen Tatsachen sind typisch für Tiere mit Tendenz zu heterosexueller Paarbindung. In der Tat gibt es in beinahe allen jemals darauf untersuchten menschlichen Gesellschaften so etwas wie die Ehe – eine gesellschaftliche Institution, die anerkennt, dass eine Frau und ein Mann sich für länger zusammentun. (Es gibt auch das Phänomen der Verliebtheit, das uns zu solchen riskanten sozialen Verpflichtungen antreibt.)

Heterosexuelle Paarbindung ist häufig unter Vögeln, im Gegensatz zu Affen, zu denen wir stammesgeschichtlich ja gehören. Unter den Altweltaffen findet sie sich nur bei den Gibbons, die von Bengalen bis Indonesien in Regenwaldbäumen umherhangeln. Nicht in Gruppen, sondern zu zweit – als Pärchen. Nun haben Gibbons eine auffällige vokale Verhaltensanpassung entwickelt, die bei Affen ungewöhnlich ist. Sie singen nämlich. Bevorzugt im Duett.

Zufall ist diese Parallele zu Vögeln, und zu menschlicher Sprache, bestimmt nicht. Keine Frage: Sexuelle Paarbindung braucht starke Bindungsrituale. Am besten lautliche, die jeden im Umkreis erreichen. Sie bringen nicht nur die Partner einander näher, sie machen zugleich den anderen klar: Achtung, diese beiden sind vergeben! Wer von nun an mit ihnen anbandelt, tut etwas Unerlaubtes. Auch bei den Menschen gibt es solche Rituale – die sprachlich ablaufen. »Ich liebe dich.« »Ich dich auch.« Beide Sätze symbolisieren Bindung und gegenseitige Verpflichtung. Öffentlich gemacht wird diese durch das »Ja« auf dem Standesamt.

Ritualisierte Bindungslaute können schon in den Frühestformen der Sprache funktioniert haben, als die Laute hauptsächlich emotional-soziale Bedeutung hatten und noch kaum in ein grammatisches System eingebettet waren. Der Neurologe Terrence Deacon spekuliert sogar: Die Monogamie sei der erste Anlass gewesen, unsere Vorfahren neue Kommunikationsformen entwickeln zu lassen. Er meint zu wissen, wann die Paarbindung bei unseren Vorfahren entstand – nämlich vor 2,5 bis 2 Millionen Jahren, als der Fleischkonsum sich vermehrte und Weibchen angeblich von der Gunst der jagenden Männchen abhängig wurden. Zeitlich würde das, ähnlich wie bei der Jonas'schen These, durchaus zu den frühesten fossilen Indizien für Sprache passen. Allerdings: Die Jäger heutiger Naturvölker verteilen erjagtes Fleisch eher an männliche Freunde oder kollektiv an alle, als dass sie es bevorzugt an die eigene Frau weiterreichen. Ein vermehrter Fleischkonsum muss nicht zwangsläufig die Monogamie hervorbringen.

Und Hodensäcke erhalten sich nicht fossil. Wirklich handfeste Indizien dafür, wann die Tendenz zur Monogamie beim Menschen entstand, sind rar gesät. Die Körpergröße von fossilen Menschen und Vormenschen gibt zwar einen vagen Hinweis: Je geringer der Größenunterschied zwischen Männern und Frauen, desto wahrscheinlicher, dass es Paarbindung gab. Und offenbar waren bei den Neandertalern und dem Homo heidelbergensis die Größenverhältnisse zwischen den Geschlechtern nicht viel anders als bei uns. Doch was sehr frühe Menschen und Vormenschen aus der Zeit zwischen 3 bis 1,5 Millionen Jahren betrifft – da widersprechen sich die Forschungsergebnisse eben heftigst. Was der eine Forscher als sehr unterschiedlich große Männchen und Weibchen derselben Spezies einordnet – zum Beispiel die frühen Menschen aus Koobi Foora in Kenia –, das möchten andere als Fossilien von zwei verschiedenen Frühmenschenspezies gelten lassen! Und da fangen die Unsicherheiten erst an. Man hat ja nicht gerade viele vollständige Skelette aus dieser alten Zeit. Für unsere wahrscheinlichen Australopithecus-Vorfahren und den frühen Homo sollte man also vorläufig lieber offenlassen, wie das Paarungverhalten aussah.

Fazit: Es fehlt derzeit eine fossile Untermauerung von Deacons These, wonach ausgerechnet die Paarbindung der soziale Selektionsdruck war, der am Anfang der Menschheitsentwicklung und der Sprache stand. Und doch hat Deacon einen wichtigen Zusammenhang erkannt. Der Neurologe postulierte bereits 1993, die kommunikativen Ansprüche der Monogamie müssten unsere Vorfahren intelligenter und dadurch indirekt sprachbegabter gemacht haben. Damals eine höchst gewagte These. Denn monogame Affen galten als die »Döfchen« unter den Primaten. Die klugen Menschenaffen sind ja alle nicht partnertreu! Dass Deacon hier dennoch auf keinem Holzweg war, stellte sich erst jüngst heraus, als der kanadische Anthropologe Michael Schillaci viele verschiedene Affenspezies im Paarungsverhalten verglich. Er wollte überprüfen, ob die Evolution der Gehirngröße bei Primaten etwas damit zu tun hat. Seine Annahme war: Diejenigen Arten müssten am intelligentesten sein, bei denen die Männchen untereinander extrem um die Weibchen konkurrieren. Doch siehe da, das Gegenteil erwies sich als richtig. Die Macho-Affenarten hatten im Verhältnis zum Körper kleinere Gehirne als ihre sanfteren nächsten Verwandten. Für Prügeleien und Stärkedemonstrationen braucht es offenbar längst nicht so viel Cleverness wie gedacht. Schillaci stellte erstaunt fest: »Die größten relativen Gehirngrößen unter Primatenspezies sind mit monogamen Paarungssystemen assoziiert.«

Es brauche für stabile monogame Beziehungen, so schloss er, doch eine Menge Grips.

Wir haben ihn. Denn unser menschliches Sozialverhalten kombiniert auf einmalige Weise *alle* bekannten Faktoren, die bei Affen größere Intelligenz befördern! Dunbar hat wohl im Grundsatz recht: Unser Gehirn ist tatsächlich in erster Linie ein soziales Gehirn.

Das sollte uns nicht wundern. Wir haben im letzten Kapitel geballt Indizien gesammelt, die nahelegen: Der Mensch ist ein Spezialist für soziale Beziehungen und die Sprache ist in diesem Kontext entstanden. Jetzt wissen wir zusätzlich: Als unsere Vorfahren sich anschickten, zu Extremspezialisten für soziale Bindung und Kommunikation zu werden, da musste das Folgen haben. Für das Gehirn. Es wuchs.

Damit können wir die sozialen Umbrüche datieren! Wenn bei Primaten die relative Gehirngröße am meisten von der sozialen Komplexität abhängt, sind die Schädel unserer Vorfahren ein verlässlicher, unabhängiger Hinweis, wann die ungewöhnliche soziale Entwicklung des Menschen begann. Und da sehen wir in der kritischen Zeit von vor knapp zwei Millionen Jahren, dass sich bei mindestens einer Spezies von Vormenschen etwas getan haben muss. Ihre Gehirne maßen plötzlich nicht mehr 400 Milliliter, sondern 600 bis 800 Milliliter. Das kann nach diesen Vorinformationen eigentlich nur heißen: Ihr Sozialleben hatte sich radikal verändert. Es war jetzt neurologisch noch anspruchsvoller als das von Menschenaffen und allen anderen Primaten. Die damals eingeschlagene Richtung entspricht dem, was wir heute an Unterschieden zwischen Menschen und Affen beobachten, einschließlich einer zusehends komplizierter werdenden Kommunikation.

Wir haben so nochmals, mit einem unabhängigen Indiz, den Anfang der Sprache in die grauste Vorzeit des Menschen datiert.

Aber, aber ...

Die Sprache als Teil einer Sozial-Spezialisierung? Da beschwert sich Derek Bickerton: Alles großer Unsinn! Sprache kann nicht als Verbesserung der emotionalen Kommunikation oder des Zusammenlebens entstanden sein. Denn das Sozialleben der Affen funktioniert auch so ausgezeichnet! Warum also sollten unsere äffischen Vorfahren daran etwas geändert haben?

Man hört dieses aus evolutionsbiologischer Sicht ein bisschen abstruse Argument immer wieder. Bevor wir die Fäden zusammenfügen und uns am Ende die evolutionäre Geschichte des Menschen und der Sprache im Zusammenhang ansehen, werden wir also wohl oder übel noch ein paar Worte mit Professor Bickerton wechseln müssen.

Wäre seine These korrekt, müsste die Evolution seit Jahrmilliarden stagnieren. Denn gut angepasste Einzeller hatten ja eigentlich gar keinen Grund, zu Mehrzellern zu werden. Fische, im Wasser bestens angepasst, wären nie an Land gegangen. Sind sie aber.

Lebewesen verändern sich nun einmal, und Millionen Jahre später kann man als Forscher meist nur raten, welcher Selektionsdruck, welche Zufälle, welche spezifischen Bedingungen eine bestimmte neue

Anpassung in einer Spezies sinnvoll und erfolgreich gemacht haben. So offensichtlich wie bei den Darwinfinken mit ihren an verschiedene Futtersorten angepassten Schnäbeln sind die Zusammenhänge in den seltensten Fällen. Vor allem: Fast immer bleibt rätselhaft, warum andere, verwandte Tiere im gleichen Lebensraum dieselbe Entwicklung nicht durchgemacht haben. Nehmen wir das Beispiel der Fledermäuse. Die stammen alle von einer einzigen Urart ab. Nur ein einziges Mal in der Gruppe der Insektenfresser, ja sogar nur ein einziges Mal in der Gruppe der Säugetiere wurden Flügel entwickelt. (So wie nur einmal in der Gruppe der Primaten gelernte Vokalkommunikation entwickelt wurde – nämlich von uns.)

Welchen Nutzen die Flügel für die Fledermäuse haben, das sehen wir. So mancher unter uns hätte auch gern welche. Doch wir werden nie exakt wissen, welcher *spezifische* Anlass den Urahn aller Fledermäuse dazu brachte, als einziges Säugetier diesen neuen Weg einzuschlagen. Wir wissen nur, er hat es getan. Und das war sicher keine singuläre, schicksalhafte Mutation, sondern ein Prozess. Bei den Fledermäusen verlief er vom Springen über das Gleiten bis zum Fliegen. Was später zum echten Fliegen wurde, baute auf jeweils Vorhandenem auf: Springen von Ast zu Ast beherrschen fast alle baumbewohnenden Säuger (auch Affen). Nur die Fledermäuse erhoben sich dann vollends in die Lüfte – warum, weiß niemand.

Bei sozialen Verhaltensänderungen, wie wir sie bei unseren Vorfahren vermuten müssen, gestaltet sich die Ursachenforschung noch schwieriger. Sozialverhalten lässt sich weniger eindeutig als Fledermausflügel oder Elefantenrüssel an fossilen Überresten ablesen. Änderungen im Verhalten beruhen oft auf Gründen, die sich archäologisch nicht erhalten. Wir haben zum Beispiel nicht die geringste Ahnung, wie, wann und warum es dazu kam, dass Bonobos promisken Sex als Mittel zur Konfliktbereinigung nutzen, die mit ihnen eng verwandten gewöhnlichen Schimpansen jedoch kaum. Passiert ist es trotzdem.

Nur in seltenen Glücksfällen ist man sozusagen live dabei, wenn die Weiche umgelegt und die soziale Entwicklung in ein neues Gleis kanalisiert wird. So jüngst geschehen bei einer von Forschern über Jahre beobachteten Paviangruppe.

Kleine Ursache, große Wirkung: Was eine verrückte Pavianhorde uns über den Anfang der Sprache lehrt

Paviane haben ein aggressives, von Angst und Gewalt geprägtes Sozialleben: Einige cholerische Paschas terrorisieren die Weibchen und rangniederen Männchen. In einer Paviangruppe aber verendeten zum Entsetzen der zusehenden Forscher alle aggressiven Männchen. Und zwar deshalb, weil sie, mutig und risikobereit, wie sie waren, auf einer Müllkippe gewildert und sich dabei an verdorbenem Fleisch vergiftet hatten. Zurück blieben die Weibchen und die Feiglinge. Plötzlich war das Leben in der dezimierten Gruppe wie umgekrempelt: Es gab kaum noch Kämpfe, alles krault sich einträchtig den Rücken, rangniedere Tiere saßen entspannt neben den ranghöheren herum, ohne vertrieben oder vermöbelt zu werden. Die entnervten Forscher beschlossen, die Untersuchungen an dieser nun völlig atypischen Paviangruppe einzustellen. Die Überraschung kam, als sie 15 Jahre später erneut Beobachtungen aufnahmen.

Wie erhofft, waren zu der Gruppe neue erwachsene Männchen von außerhalb hinzugestoßen. Nur hatten die Neuen den Laden keineswegs auf Pavian-Vordermann gebracht! Sie hatten sich vielmehr dem sanften Hippie-Klima angepasst. Die Forscher staunten, blieben und beobachteten über Jahre immer wieder, wie neue, zunächst agressive Pavianmännchen in die Gruppe kamen – und ganz schnell lernten, dass es sich ohne ständige Händel und mit ein paar Streicheleinheiten mehr bestens leben lässt. Eine feste Rangordnung existiert durchaus und sie ist nicht einmal weniger stabil als in anderen Pavianhorden. Aber sie wird nun ohne jedes Mobbing aufrechterhalten. Man muss in dieser Gruppe als rangniederes Tier schon böswillig provozieren, um angegriffen zu werden. In anderen Gruppen passiert einem das jederzeit ohne Grund, was rangniedere Tiere zu nervösen Wracks werden lässt.

Bluttests zeigen: In der friedlichen Gruppe erfreuen sich jetzt auch die rangniederen und die von Natur aus sanfter veranlagten Tiere bester Gesundheit – ganz anders als zuvor. Auf Dauer wird sich das für sie in längerem Leben und mehr Nachkommen niederschlagen. Das heißt: Die Effekte einer durch ein Zufallsereignis ausgelösten, zunächst nur kulturell weitergetragenen Verhaltensänderung sind auf dem Weg, sich auf den Genpool auszuwirken. Kulturelle Ursache und genetische Wirkung verstärken sich dann gegenseitig: Die Tiere werden allmählich von Natur aus sanfter, was die friedliche Kultur stabilisiert. Im Verlauf einiger Jahrhunderte und Jahrtausende könnte aus dem Umkreis dieser Gruppe eine neue Pavianart mit anderen genetischen Verhaltensdispositionen entstehen. Für Forscher der Zukunft wäre allerdings nicht mehr zu entschlüsseln, was diese Änderung ursprünglich ausgelöst hat – das verseuchte Fleisch auf einer Müllkippe.

Das Beispiel zeigt drastisch, warum es heute so gut wie unmöglich ist, den vielleicht ebenfalls gänzlich zufälligen allerersten Anlass für den Sonderweg des Menschen *absolut sicher* zu identifizieren. Es ist eine Tatsache. Wir Menschen sind heute sozial spezialisiert, und vieles deutet darauf hin: Dieser Prozess hat in der Zeit zwischen 2,5 bis 1,8 Millionen Jahren begonnen. Er ist der Motor der Menschwerdung wie der Sprachentwicklung. Doch weitere Ursachenforschung bleibt letztlich Spekulation.

Eine Reihe zwar spekulativer, aber durchaus begründeter Kandidaten für die Ursachen gibt es natürlich. Das Schönste ist: Sie schließen sich gegenseitig nicht aus. Im Gegenteil: Es scheint fast, als hätten hier mehrere verschiedene Faktoren im Konzert in die gleiche Richtung gewirkt.

Jetzt wird es Zeit, einen Blick auf das Gesamtbild zu werfen.

FÜNFTER TEIL

DIE FÄDEN LAUFEN ZUSAMMEN

WANN DIE SPRACHE ENTSTAND:
EIN ÜBERBLICK ÜBER DIE BEWEISLAGE

Wir haben jetzt das Material, (fast) alle wichtigen Fragen zur Sprachentstehung zu beantworten. Beginnen wir mit dem »Wann« und einem Kurzüberblick über all das, was wir herausgefunden haben – um ganz am Schluss noch einen Schritt weiter zu gehen.

Das Streitobjekt

Immer wieder sind wir darauf gestoßen: Es gibt zwei konkurrierende, sich widersprechende Thesen über die Entstehung der Sprache. Die eine sagt: Sprache, wie wir sie kennen, ist ein Geschenk, das dem Homo sapiens in den Schoß fiel – vor gerade einmal 50 000 bis höchstens 200 000 Jahren. Die andere sagt: Die Anfänge der Sprache liegen zehnmal so weit zurück, nämlich um die zwei Millionen Jahre – in jener grauen Vorzeit, als aus aufrecht gehenden Menschenaffen die ersten frühen Urmenschen wurden.

Wir werden gleich die Karten auf den Tisch legen und auszählen, welche These nach den hier zusammengetragenen Forschungsergebnissen mehr Punkte zusammenbekommt. Doch erst einmal müssen wir verstehen, dass es dabei um mehr geht als um eine Zeitangabe. Es geht zugleich um sehr unterschiedliche Vorstellungen davon, was Sprache ist, wie sie entstand und was sie mit Menschsein zu tun hat.

Nach These eins (späte Sprachentstehung) war die Sprache plötzlich da, als Zufallsprodukt einer einzelnen Mutation. Diese bewirkte eine unsichtbare und sehr spezielle Umstrukturierung im Gehirn, die sprachfähig macht. Entweder haben Menschen diese Mutation (wie wir), dann besitzen sie Sprache. Oder sie haben diese Mutation nicht (wie alle Urmenschen), dann sind sie sprachunfähig. Homo ergaster, Homo erectus, Homo heidelbergensis und die Neandertaler kommunizierten demnach wie Tiere, sagen manche Vertreter der These. Andere gehen davon aus, dass diese Altmenschen zwar Wörter, aber keine Grammatik besaßen – und damit eben auch keine Sprache. Denn gerade Grammatik sei das entscheidende Kriterium dafür, was als echte, leistungsfähige, von der Tierwelt abgehobene menschliche Sprache gelten könne und was nicht.

Für die Anhänger der These von der späten Sprachentstehung ist klar: Die Sprache hat die Kulturgeschichte des modernen Homo sapiens beeinflusst. Und das heftig. In der langen biologischen Evolutionsgeschichte der Menschheit davor spielte sie allerdings keine Rolle. Denn sie betrat ja erst um eine Minute vor zwölf die Bühne, als es Mitglieder der biologischen Gattung Homo (Menschen) schon lange gab.

These zwei (frühe Sprachentstehung) sieht das völlig anders. Für sie war die Sprache nicht das Überraschungs-Sahnehäubchen, das dem Menschen ganz zum Schluss seiner Evolution aufgesetzt wurde. Sprache war vielmehr beim Prozess der Menschwerdung von Anfang an dabei, hat diesen Prozess mitgeprägt.

Deshalb müssen die frühen Urmenschen vor zwei Millionen Jahren noch längst nicht exakt wie wir gesprochen haben. Aber nach These zwei kommunizierten sie zumindest auf erkennbar andere, sprachähnlichere Weise, als Affen es tun. So hätten unsere Vorfahren den Weg zur Sprache im heutigen Sinne geebnet. Denn nur wenn einfachere Frühformen von Sprache existierten, konnte eine extreme Sprachbegabung wie die unsrige überhaupt durch Darwin'sche Auslese der Besten entstehen.

Demnach ist unsere voll entwickelte Sprache (einschließlich der Grammatik) nicht das Resultat einer *einzelnen* Mutation. Sprache hat sich vielmehr aus einfachen Anfängen nach und nach entwickelt, gemeinsam mit der Sprach- und Grammatikfähigkeit der Menschheit. Das bedeutet auch: In dieser Entwicklung gab es keine klare Trennlinie zwischen Nicht-Sprache und Sprache. Selbst die ältesten Varianten besaßen wichtige Elemente heutiger Sprachen, die dann zunehmend stärker ausgebaut wurden und zu denen sich später weitere Elemente gesellten. Sprachfähig kann man also, anders als schwanger, auch ein bisschen sein oder ein bisschen mehr oder ganz besonders.

These eins oder These zwei? Die Beweislage hat sich, nach langer Stagnation, in den letzten Jahren entscheidend verändert – zugunsten der Letzteren.

Die Indizien

Rekapitulieren wir die wichtigsten Punkte. Für die plötzliche und späte Entstehung der Sprache gab es bis vor Kurzem noch drei starke Indizien:

1. Nach einer anatomischen Rekonstruktion von Philip Lieberman aus den Siebzigerjahren waren Neandertaler und andere Altmenschen von ihrer Anatomie her für die Artikulation menschlicher Sprachlaute unbegabt. Leicht schwächelte diese Annahme schon lange. Um die Jahrtausendwende haben ihr nun zwei neue, groß angelegte Untersuchungen zur Kehlkopfanatomie jede Basis entzogen.

2. Ein altes Wirbeltiergen für die Hirnentwicklung, FOXP2, stellte sich Ende der Neunzigerjahre als sprachwichtig beim Menschen heraus. Auf diesem Gen tragen Menschen zwei Mutationen, die, so errechnete man, erst beim Homo sapiens entstanden seien. Und diese Mutationen hätten das Gen zum Sprachgen gemacht.
    Doch auch dieses sensationelle Indiz erwies sich als trügerisch. Zwar behindert ein Ausfall des Gens bei Menschen die Sprache. Aber derselbe Gendefekt stört auch Mäuse beim Piepsen! Ob das Gen die menschlichen Mutationen trägt oder nicht, scheint eine geringere Rolle für die Sprache zu spielen. Zudem war die erste Berechnung über den Zeitpunkt der Mutationen fehlerhaft. Inzwischen hat sich gezeigt, dass sie viel älter sind als

der moderne Homo sapiens: Neandertaler besaßen sie auch. Das Gen FOXP2 kann daher keine Stütze mehr für These eins sein.

3. Schmuck und Kunst blühten erst im letzten Jahrhunderttausend so richtig auf, besonders in den letzten 40 000 Jahren. Beide haben mit Sprache verwandte Funktionen: Sie tragen symbolische Bedeutung, signalisieren beispielsweise, dass jemand einen hohen Rang hat, Zeit, Muße und handwerkliches Geschick besitzt oder zu einer bestimmten Gruppe gehört. Dieses Phänomen lässt sich allerdings in jener Zeit sowohl bei den französischen Neandertalern als auch bei den modernen Menschen beobachten. Es handelt sich demnach um eine kulturelle Entwicklung, nicht um das Resultat einer genetischen Mutation.

Wo es Schmuck und Kunst gibt, heißt das: Die Menschen bewegen sich in einem großen Sozialverband. Es gibt Personen, die nicht zu ihrer Intimgruppe gehören und die sie daher mit Kunst und Schmuck beeindrucken können. Solch ein größeres soziales Netz entsteht bei wachsender Bevölkerungsdichte, ein Faktor, der auch die Entwicklung der Sprache verursacht oder befördert haben kann. Daher bleibt dieses kulturelle Indiz für die These der späten Sprachentstehung ein wichtiges Argument.

Doch sehen wir uns nun an, was für die zweite These und die Auffassung spricht, dass die Sprachentwicklung viel früher begann.

1. Dicke Nervenkanäle zur Atemkontrolle sind ein anatomisches Indiz für Sprache. Sie finden sich seit den frühesten echten Urmenschen (Homo ergaster) vor 1,8 Millionen Jahren.

2. Erinnern Sie sich an Miguelón, den spanischen Homo heidelbergensis? 600 000 Jahre alt, ist er der früheste direkte Beleg für die typisch menschliche Zungenbeinform. Ein kürzlich entdecktes, 3,3 Millionen Jahre altes Australopithecus-Baby besaß dagegen ein schimpansenartiges Zungenbein. Anatomische Modellrechnungen zeigen: Der Übergang zur menschlichen Zungenbein-

form geschah wahrscheinlich schon bei der Entstehung der Art Homo ergaster vor über 1,8 Millionen Jahren. Ein Hinweis mehr, dass dieser frühe Urmensch seinen Stimmapparat anders verwendete als seine Ahnen.

3. Über die Hörfähigkeiten noch älterer Menschenformen weiß man nichts. Aber Miguelón und seine Artgenossen zeigen vor 600 000 Jahren eine sprachtypische Hörspezialisierung im knöchernen Ohr: Bei diesen Ur-Europäern und Vorfahren der Neandertaler war die Form des Gehörgangs auf die optimale Verstärkung jener Frequenzen eingestellt, anhand derer sich die Konsonanten menschlicher Sprachen unterscheiden lassen.

4. Eine wichtige Rolle für das Sprechen spielen Schaltkreise im Gehirn, die unser sogenanntes »Sprachzentrum«, das Broca-Areal, mit tieferen Hirnstrukturen, den Basalganglien, verbinden. Heute weiß man: Das Broca-Zentrum dient nicht ausschließlich der Sprache. Vielmehr dient es allgemein dem Planen und Verstehen von Handlungen, insbesondere von feinmotorischen Bewegungen der Hand. Vor etwa 1,5 Millionen Jahren waren diese sprachwichtigen Hirnstrukturen bereits über das Menschenaffenniveau hinaus entwickelt. Darauf deutet die Werkzeugkultur der damaligen Menschen hin.

5. Sprechen erfordert viele verschiedene geistige Fähigkeiten, einschließlich dessen, was man landläufig Intelligenz nennt. Fast jede Struktur des Gehirns ist in irgendeiner Weise an der Sprachverarbeitung beteiligt. Die allgemeine Verbesserung der Intelligenz und Lernfähigkeit, wie wir sie von den frühesten Urmenschen an beobachten können, optimierte also zugleich die Sprachbegabung unserer Vorfahren.

6. Wörter sind Lautkombinationen, die nur aufgrund einer kulturellen Konvention etwas bedeuten. Sie stehen symbolisch für das, was sie bezeichnen, auch wenn es nicht da ist. Sie können sich auf-

einander beziehen, bedeuten im Zusammenhang etwas anderes als jedes Wort einzeln. All dies sind Eigenschaften menschlicher Sprachen, die in der Tierkommunikation selten oder gar nicht vorkommen. Dennoch können Menschenaffen diese speziellen Eigenheiten unserer Sprachen im Grundsatz erlernen. Die wichtigsten Intelligenz-Voraussetzungen für eine *sehr einfache* Sprache waren demnach in der menschlichen Evolution früh gegeben, nämlich schon bei den Vorfahren der frühesten Menschen.

7. Grammatik und Wörter sind von ihrer Funktion her verwandt, von ihrer Form her nicht scharf trennbar und ergänzen sich. Mehr noch: Die sprachgestörte Familie Brown und Schlaganfallpatienten zeigen, dass die Artikulation von Wörtern und die Grammatik neurologisch die gleiche Basis haben. Daher ist es nicht sinnvoll zu glauben, Urmenschen wären zwar zu Wörtern, nicht aber zu Grammatik fähig gewesen (wie nach einer Variante von These eins).

8. Immer wenn wir sprechen, sind all jene uralten Hirnstrukturen aktiv, mit denen Affen und andere Säugetiere ihre soziale Kommunikation regeln. Viele im Alltag hochwichtige Funktionen der Sprache sind denn auch mit den Aufgaben von Tierkommunikation engstens verwandt. Dazu gehören:

- Stimmungssignale: Wir signalisieren beim Sprechen über den Klang unserer Stimmen, ob wir gerade traurig oder fröhlich, böse oder freundlich gestimmt sind.
- Bindungs- und Rangsignale: Unsere Grußrituale bestätigen beispielsweise die soziale Verpflichtung zwischen den sich Grüßenden, und sie verweisen darüber hinaus auf die Enge der Bindung und die Hierarchieverhältnisse.
- Fitnesssignale: Die Qualität unserer Sprache (gute Artikulation, guter Wortschatz, korrekte Grammatik …) ist ein Zeichen für geistige Gesundheit und Begabung (»Fitness« im darwinschen Sinne), das wir Menschen an potenzielle Kooperationspartner

oder Sexualpartner senden. Nicht viel anders, als es Kanarienvögel beim Trällern tun.
- Signale für die Gruppenzugehörigkeit: So wie die gelernten »Passwörter« mancher Fledermausarten oder der regionale Dialekt von Dompfaffen signalisiert die kulturell geprägte sprachliche Form unserer Äußerungen den anderen, ob wir »Insider« sind oder »Outsider«, waschechte Schwaben oder Zugereiste, Mediziner oder Laien.

Unsere Sprache stellt in diesen Bereichen natürlich ein leistungsfähigeres, nuancenreicheres Medium dar als Tierkommunikation. Doch die Funktionen sind im Grundsatz die gleichen, und sie wären schon mit einfacheren sprachlichen Mitteln erfüllbar, als wir heute dafür verwenden. Das deutet auf eine Kontinuität in der Entwicklung von der »Sprache« der Tiere zur Sprache der modernen Menschen hin.

9. Es gibt Anzeichen aus Neurologie (Spindelneuronen), Körperanatomie (das Weiße in unseren Augen) und Verhalten, die zeigen: Auch unabhängig von Sprache sind wir Menschen mehr noch als Menschenaffen auf soziale Kooperation und Kommunikation aus. Diese Eigenart kann ein Selektionsdruck für die Entstehung von Sprache gewesen sein.

10. Und letztens: Bei Affen ist es so: Je komplexer das Sozialleben einer Art, desto größer ihr Gehirn. Da unsere Vorfahren Menschenaffen waren (und wir nach der biologischen Klassifizierung immer noch welche sind), können wir davon ausgehen: Als vor 2,6 bis 2 Millionen Jahren in unserer Linie das Gehirn zu wachsen begann, wurde das Sozialleben intensiver und komplizierter. Dies und die vorherigen beiden Punkte legen nahe: Sprache ist als Teil einer sozialen Spezialisierung des Menschen in genau dieser Zeit entstanden – und nicht Jahrmillionen später durch eine Zufallsmutation.

Fazit: (Fast) alle Indizien weisen in die gleiche Richtung: Der sprachliche Weg der Menschheit hatte bei den ersten echten Urmenschen (Homo ergaster) vor 1,8 Millionen Jahren bereits begonnen.

Bloß – wann war er beendet? Wann waren die Sprachen so kompliziert und funktionell vielseitig wie heute? Stellen wir diese schwierige Frage noch einmal kurz zurück.

WIE DIE SPRACHE ENTSTAND: EIN SZENARIO FÜR DIE FRÜHZEIT

Menschen erzählen gerne Geschichten, und wir dürfen uns nun auch eine gönnen.

Unsere Vorfahren lebten als aufrecht gehende Menschenaffen in Wäldern an Gewässern. Vor rund 2,6 Millionen Jahren waren sie einer Klimakatastrophe ausgesetzt. Das Eiszeitalter begann. Überall auf der Welt wurde es trockener, weil immer mehr Wasser in Gletschern und Polkappen gebunden war. In weiten Teilen Afrikas und Westasiens gab es jährlich lange Phasen ohne Regen, Grasländer breiteten sich aus, Früchte wurden rarer. Die Vormenschen hielten nach neuen Nahrungsquellen Ausschau, und einige von ihnen aßen nun mehr Fleisch. Fleisch von größeren Tieren.

Wie man Adlern entkommt und Löwen ärgert

Das Leben im offenen Gelände ist gefährlich. Um sich gegen Großkatzen und Hyänen besser zu schützen, bevorzugen die Affen in den Savannen Afrikas größere Gruppen als ihre Verwandten in den Wäldern. Unsere eigenen äffischen Vorfahren waren vor zwei, drei Millionen Jahren noch Beute für Raubtiere, sogar für Adler, die sich die Kinder griffen. Es gibt fossile Vormenschenschädel mit Spuren von Leopardengebissen oder Löchern, die Adlerklauen gebohrt haben. So schlossen sich auch die Vormenschen in den gefährlichen offenen Landschaften zu größeren Gruppen zusammen, als es bislang bei ihnen üblich gewesen war. Als Menschenaffen hatten sie ohnehin immer ein geistig anspruchsvolles Sozialleben gehabt. Das galt es nun, auf mehr Individuen zu übertragen. Ihr Gehirn wuchs im Vergleich mit der Verwandtschaft im Regenwald, wie es bei savannenbewohnenden Affen generell der Fall ist. Nebenbei wurden aber auch ihre Beine länger. Lange Beine erleichterten nicht nur das Weglaufen; man wirkte so auch größer, was Hyänen und Löwen hoffentlich beeindruckte.

Das war nötig. Denn unsere Vorfahren begannen, Raubtieren ihre Beute abzujagen. In Teamarbeit natürlich: Man musste als Affenmenschenhorde straff zusammenhalten und gut aufeinander eingespielt sein, um frisches Aas aufzuspüren, anderswo umherstreifende Teile der Truppe zur Unterstützung herbeizuholen und die garantiert nicht amüsierten Löwen oder Hyänen mit Gebrüll und Steinwürfen vom Festmahl zu vertreiben.

Und dann musste die Beute natürlich gerecht verteilt werden! Schließlich sollte die ganze große Gruppe was davon haben. Sonst hätten die leer Ausgegangenen künftig auf ihre Beteiligung an derartigen Himmelfahrtskommandos verzichtet und lieber im Alleingang nach Termiten gefischt. Das durfte man nicht riskieren; man brauchte wirklich jeden und jede, um Löwen oder Hyänen zum Rückzug vor der Übermacht zu bewegen.

Die Bereitschaft zur Selbstbeherrschung und zum Teilen war also gefordert, ebenso die Fähigkeit zur halbwegs friedlichen Verständigung darüber, was wem zustand. Direkt oder indirekt gute Beziehungen zu vielen in der Gruppe zu halten, war gleichfalls wichtig: Die eigenen Freunde oder die Freunde der Freunde würden einem nicht den letzten Bissen vor der Nase wegschnappen. Da zum Zerlegen des Fleisches größerer Tiere und für manch andere Aufgaben Werkzeuge gebraucht wurden, war es überdies nützlich, in handwerklichen Dingen nicht unbegabter zu sein als der Rest der Meute – und bereit, sich von anderen abzuschauen, was man selbst noch nicht beherrschte.

Wie Mann zum Kinderpfleger wird

Früher oder später kam dann jener Faktor hinzu, der in der derzeitigen Diskussion so hoch gehandelt wird. Die Kinder wurden lästig: unfähig, sich im spärlicher werdenden Fell der Mütter selbst festzuhalten, unreifer und pflegebedürftiger. Viele glauben, zwischen den hilflosen Babys und ihren Müttern hätten sich in dieser für die Mutter-Kind-Beziehung schwierigen Zeit lautliche Bindungsrituale entwickelt, die den Ursprung der Sprache bildeten. Aber die Hilflosigkeit der Kinder kann sich auch anders, oder sogar gleich doppelt, auf das Sozialverhalten ausgewirkt haben: Vielleicht fanden damals die entnervten Frauen, dass die Väter ruhig auch mal die Babys tragen könnten. Oder zumindest die Drei- und Vierjährigen, die noch nicht gut mitkamen, sich aber auf die Schultern setzen ließen. (Da konnten sie sich prima an den Haaren festhalten.) Damit ein Mann sich zu solchen Hilfsdiensten bereitfindet, sollte man ihm lieber den Eindruck vermitteln, dass er auch tatsächlich der Vater sei. Ein monogameres Verhalten der Frauen machte sich hier bezahlt.

Bei Gibbons läuft das so, auch bei den südamerikanischen Nachtaffen. Diese sind klein, süß, pelzig und neigen wie Gibbons und Menschen zu heterosexueller Paarbindung. Ihre Männchen tragen mindestens so oft die Kinder wie die Weibchen. So könnte es auch bei unseren weite Strecken durchquerenden Vorfahren gewesen sein.

Menschen sind allerdings nicht nur halbwegs monogam, sie leben zugleich in Gruppen, die bei uns »Stamm«, »Lager« oder »Dorf« heißen. Alle monogamen Affen halten das anders: Sie wohnen isoliert als Kleinfamilie in einem weiten Territorium und pflegen nur wenig Kontakt zu Außenstehenden. Sowohl eine enge Partnerbindung als auch das Gruppenleben fordern den Verstand. Mehr als eins von beiden würde ein durchschnittliches Affenhirn wohl nicht packen. Zumal es für Pärchen zusätzliche Probleme schafft, wenn man die sexuelle Konkurrenz dauernd um sich hat. Unsere Vorfahren haben trotzdem irgendwann angefangen, sich beides aufzuhalsen, das Leben als Paar und in einer großen, hochkooperativen Gruppe. Wann? Falls die Monogamie tatsächlich mit dem Haarverlust zu tun hatte, ist es wohl vor um die 1,8 Millionen Jahren geschehen (bei der Homo-ergaster-Gruppe von Dmanisi lässt sich die Paarbindung an dem geringen Größenunterschied zwischen Mann und Frau erahnen.) Es ist aber nicht auszuschließen, dass Monogamie und Gruppenleben schon vor 2,6 Millionen Jahren aufeinandertrafen: falls nämlich unsere letzten baumbewohnenden Vorfahren als territoriale Kleinfamilien lebten, die sich in der Savanne notgedrungen zusammenschlossen. Sicher ist in jedem Fall: Das Leben unserer Vorfahren stellte seit der Zeit vor rund 2,6 Millionen Jahren wachsende Ansprüche an ihre Kooperationsbereitschaft und an ihre soziale Intelligenz.

Stimmbandakrobatik

Dabei passierte sehr bald etwas Unerwartetes – etwas, das es so noch nie gegeben hatte: Als einzige Primaten wurden wir zu Lautakrobaten.

Gibbons und Nachtaffen haben unäffische lautliche Angewohnheiten, die an Singvögel erinnern, aber nicht erlernt, sondern angeboren sind. Wie schlecht unsere engsten Verwandten, die Schimpansen, gelernte Laute aussprechen können, haben wir bereits erfahren. Uwe Jürgens und seine Schülerin Kristina Simonyan haben am Deutschen Primatenzentrum sorgfältig die Verschaltung von Affengehirnen untersucht. (Leider nicht ohne Todesopfer unter den Versuchstieren.) Demnach erhalten die Stimmbänder bei Affen zwar Befehle aus den Zentren der Willkürmotorik, die dafür zuständigen Neuronen können ihre Befehle jedoch nicht direkt an die Muskeln der Stimmbänder weitergeben. Sie müssen sozusagen den Dienstweg gehen. Der Befehl landet zuerst auf dem Schreibtisch von Neuronen im Stammhirn. Die machen Dienst nach Vorschrift und tragen am liebsten alles in die ihnen vorliegenden Standardformulare ein – sprich, sie passen es an die ihnen bekannten, genetisch vorgefertigten Bewegungsmuster an.

Bis die Befehle endlich bei den Stimmbändern landen, bleibt von eventuellen feinmotorischen Absichten des Tieres nicht mehr sehr viel übrig.

So wie bei heutigen Affen war wahrscheinlich auch bei den Affenmenschen vor 2,6 Millionen Jahren die Hirnverschaltung organisiert. Als diese Wesen zu mehr sozialem Austausch und größeren Gruppen gezwungen wurden, kommunizierten sie zunächst mit allem, was sie hatten: mit Händen, Gesicht und Mund (der viel mehr als angeborene Laute noch nicht hervorbrachte). Damit allein gelang es ihnen, ein paar bedeutungstragende Gesten und neue soziale Rituale zu erfinden, die kulturell weitergegeben wurden. Und während zugleich ihr Gehirn wuchs, bereitete sich eine Revolution vor.

Terrence Deacon, der Neurologe mit dem Faible für die Sprachevolution, hat viel darüber gearbeitet, wie sich Verschaltungen im Gehirn im Embryo und Jungtier organisieren. Sie tun das zu einem erheblichen Anteil ohne genetische Vorgaben: Welche Nervenleitungen wohin durchkommen, hängt von der Entfernung zwischen den einzelnen Arealen und ihrer relativen Größe ab. Welche Leitungen dann im Laufe der Entwicklung erhalten bleiben, wird dadurch bestimmt, ob und wie stark sie benutzt werden. Deacon glaubt: In dem Moment, als bei uns die Großhirnrinde wuchs, wurde *automatisch* eine bessere Willkürkontrolle der Stimmbänder, Lippen, Zunge und Atemmuskeln möglich – weil die Zentren der Willkürkontrolle mehr Neuronen besaßen und daher mehr Verbindungen aussenden konnten. Wurden diese Verbindungen benötigt, blieben sie bestehen. Die klassischen Mechanismen der Evolution – Vorteile für jene, die ihre Stimme besonders gut kontrollieren konnten – dürften ihr Übriges getan haben.

Vor spätestens 1,8 Millionen Jahren war es wohl so weit. Der sozialste und kommunikativste unter allen Primaten, mit dem bereits damals größten Gehirn aller Primaten, war in der Lage, willkürlich Laute zu produzieren! Noch dazu wurden diese Wesen immer lernfähiger: Denn bei ihnen fand nach und nach ein größerer Teil der Hirnreifung und Hirnverschaltung außerhalb des Mutterleibes statt. Gelerntes konnte so das Gehirn immer stärker prägen.

Als gelernte Laute möglich wurden, katapultierte uns das endgültig aus der Menschaffengemeinschaft heraus. Denn die entstehende Lautsprache forderte die Gehirne weiter und verschaffte all jenen Wesen Vorteile, die ihre Feinmotorik optimal kontrollieren, besser alles Gewünschte kommunizieren und die Äußerungen der anderen verstehen konnten.

Vielleicht beherrschten die frühesten Menschen noch nicht alle Feinheiten der Artikulation, konnten beispielsweise noch nicht kontrollieren, ob ein Lippenlaut als *b*, *p* oder *w* herausrutschte, sodass nur wenige, grobe artikulatorische Unterschiedungen möglich waren. Vielleicht interessierten sie sich am Anfang nicht einmal für Konsonanten. Möglich, dass ihre gelernten Laute und lautlichen Rituale zunächst mehr mit Vokalen und Melodien arbeiteten. Noch heute hat ja Gesang soziale Funktionen (stärkt beispielsweise das Gemeinschaftsgefühl) und Melodien und Töne sind als sprachliche Bedeutungsträger wichtig. Von Babys werden die melodischen Anteile der Sprache besonders früh gelernt. Doch wie alle intelligenten Tiere, seien es Papageien, Kapuzineraffen oder Delfine, waren die frühen Menschen verspielt. Ihre Kinder probierten in jeder Generation neu aus, was sich mit dem Mund für lustige Geräusche produzieren ließen und wie die Eltern darauf reagierten. (Bis heute »erfinden« Kinder idiosynkratische Babywörter, die von den belustigten Eltern bereitwillig aufgegriffen werden.) Es konnte nicht mehr lange dauern, bis die Sprache im eigentlichen Sinne entstand.

Doch wann genau war das? Wann war es wirklich Sprache? Das ist die Frage mit den meisten Unsicherheiten.

»Ab wann ist es Sprache?«

So überschrieb die Gebärdensprachenexpertin Judy Kegl einen Bericht über die gehörlosen nicaraguanischen Kinder, die auf dem Schulhof im Verlauf mehrerer Schülergenerationen eine immer kompliziertere Gebärdenkommunikation entwickelten. Die Forscher streiten sich, ab wann die »Nicaraguanische Zeichensprache« als echte Sprache zu betrachten ist (und ob überhaupt). Betrachtet man ihre heutige Form und die Anfänge vor knapp 30 Jahren, fällt zumindest mir das Urteil leicht: Heute ist es eine Sprache (wenn auch eine vokabelärmere und ganz anders strukturierte als Spanisch oder Deutsch). Am Anfang war es noch keine Sprache. Zumindest keine »richtige«. Doch betrachtet man den Prozess, so war der Übergang graduell, und eben darauf wollte Judy Kegl in ihrem Artikel hinweisen.

Wir kennen einen solchen graduellen Übergang von Babys: Wenn sie Gurr-Geräusche machen, weil sie sich wohlfühlen, dann ist das noch keine Sprache. Wenn sie uns mit melodiösem Brabbeln antworten, ist es wohl noch keine Sprache, obwohl Elemente typisch sprachlicher Kommunikation (das Dialogische und die Melodie) vorhanden sind. Wenn die ersten bedeutungstragenden Wörter wie »Da!« oder »Balla!« kommen, könnte man schon eher von Sprache reden. Oder doch nicht? Wenn »Grammatik« das definierende Zeichen für Sprache ist, dann »sprechen« unsere Babys, sobald sie anfangen, zwei Wörter regelhaft aufeinander zu beziehen. Wäre also das nach Kinderregel grammatisch korrekte »Teddy haben!« echte menschliche Sprache? Dann muss man allerdings zugeben, dass auch so manches Tier sprechen gelernt hat (»Will Nuss!«, »Komm kitzeln!«). Sind vielleicht erst Dreiwort-Kombinationen »Sprache«? Wenn sie diese erstmals produzieren, benutzen unsere deutschen Babys allerdings noch immer keine Nebensätze. So mancher Grammatikfan unter den Sprachwissenschaftlern hält aber nun gerade Nebensätze für ein definierendes Kennzeichen der Sprache. Pech: Vor Kurzem stellte sich heraus, dass es in Südamerika eine Indianersprache gibt, die Nebensätze überhaupt nicht kennt …

Die Wahrheit ist natürlich: Im Verlauf der Sprachentwicklung wurde der Code unserer Vorfahren, abhängig von Kultur und geistigen Fähigkeiten, immer präziser und komplexer – doch die Übergänge waren fließend. Es gibt eben tatsächlich keine scharfe Grenze zwischen Tierkommunikation und Sprache. Das ist sicher eines der wichtigsten Ergebnisse dieses Buches.

Wenn wir uns jetzt fragen: Wann gab es bei unseren Vorfahren Sprache im eigentlichen Sinne, dann müssen wir zunächst eine willkürliche Grenze festlegen, ab wann von »echter« Sprache die Rede sein soll.

Um brauchbar zu sein, sollte eine solche Definition möglichst alle heutigen menschlichen Sprachen einschließen. Und die unterscheiden sich heftigst! Manche werden gesprochen, manche gebärdet. (Gebärdensprachen gibt es auch bei Hörenden, wie das *Plains Standard* der Prärieindianer, mittels dessen Angehörige unterschiedlicher Stämme miteinander kommunizierten.) Neu entstandene oder eingeschränkt verwendete Sprachen haben manchmal nur wenige Hundert Wörter. Viele kleine, schriftlose Sprachen haben wenige Tausend, solche mit Millionen von Sprechern, langer Schrifttradition und einer reichhaltigen materiellen Kultur im Hintergrund mehrere Hunderttausend. Manche Sprachen haben Hunderte von grammatischen Suffixen, andere gar keine. Manche können unendlich lange Wörter bilden (»Donaudampfschifffahrtsgesellschaftskapitänswitwenpensionsgesetzesnovelle…«), andere können das nicht. Manche neigen zu Sätzen von Seitenlänge, andere halten es kurz und simpel.

Halten wir es mit unserer Definition auch simpel. Eine Sprache ist eine Sprache, wenn sie mindestens 150 bedeutungstragende Elemente enthält, die kulturell tradiert werden und sich, wenn man sie kombiniert, nach mindestens einer Regel aufeinander beziehen. Damit hat das zweijährige deutsche Durchschnittskind »Sprache«, das einjährige hingegen noch nicht. Die nicht sehr stark elaborierten Gebärden, mit denen sich die Mönche mancher katholischer Orden während der Schweigephasen verständigen, stünden gerade an der Schwelle zur Sprache.

Wann haben unsere Vorfahren diese überschritten? Vielleicht schon vor 1,9 oder 1,8 Millionen Jahren. Es liegt nahe. Denn die neurologischen und sozialen Voraussetzungen für die von uns definierte Minimalsprache waren beim frühesten Homo ergaster vorhanden. Zugleich wissen wir so gut wie sicher, dass er bereits eine für Affen ungewöhnliche Form der Lautkommunikation besaß. Der Übergang von der »Tiersprache« zur »Sprache« wäre dann vor 2,6 bis 1,8 Millionen Jahren geschehen, bei Wesen irgendwo zwischen Australopithecus und Homo ergaster.

Aber bewiesen ist das nicht.

Beinahe sicher ist dagegen, dass unsere Minimalforderung an »Sprache« vor 600 000 Jahren erfüllt war. Denn wozu hätte Homo heidelbergensis Konsonanten gebraucht, wenn nicht, um ein viel breiteres Vokabular zu entwickeln, als es Tiersprachen eigen ist? Und ein breites Vokabular kommt ganz ohne Grammatik nicht aus, wie wir gesehen haben.

Nach derzeitigem Wissensstand kann es Sprache also schon vor 1,8 Millionen Jahren gegeben haben. Setzen wir unsere bescheidene Definition an, ist das durchaus wahrscheinlich. Eine vorsichtige Hypothese würde das Zeitfenster für die Entstehung der ersten »echten« Sprache allerdings weiter fassen: Danach überschritten unsere Vorfahren die Schwelle in der Zeit zwischen 2,6 Millionen und 600 000 Jahren – lange vor dem modernen Menschen und den Neandertalern.

Wir sollten dabei Homo ergaster nicht unterschätzen. Ob wir es nun Sprache nennen oder nicht, wir müssen davon ausgehen: Bei ihm gab es eine gelernte Form der Kommunikation, die geistig anspruchsvoll war. So anspruchsvoll, dass trotz lange gleichbleibender Lebensweise die Gehirne nach der Entstehung der Spezies weiter wuchsen. Am Ende, bei Homo heidelbergensis, den Neandertalern und uns, waren sie dreimal so groß wie die der nächsten Verwandten im Tierreich.

WARUM DIE SPRACHE ENTSTAND

Wir Menschen sind die Einzigen auf diesem Planeten, die (fast) alles ausdrücken können. Warum hat kein anderes Tier einen so vielseitigen Code wie die Sprache entwickelt? Und warum ist es gerade bei uns passiert? Das ist eine der am häufigsten gestellten Fragen, wenn es um Sprachevolution geht. Manchmal müssen Wunder für ihre Beantwortung herhalten (ein Sechser im Mutationslotto). Andere glauben, die Intelligenz sei zuerst da gewesen, und ein derart intelligentes Wesen habe sich dann einfach aus rationalen Gründen eine bessere Kommunikation ausgedacht.

Wir können die Frage anders und besser beantworten. Es war ein außerordentliches Zusammentreffen günstiger Umstände – aber durchaus folgerichtig. Unsere Vorfahren waren nur zufällig die Ersten, die in einer längst eingeschlagenen Richtung noch einen entscheidenden Schritt weiter gingen.

Seit es Vögel und Säuger gibt, neigen beide Gruppen zu größeren Gehirnen als Fische, Amphibien und das Standardreptil. Auch die Tendenz zu mehr Sozialkontakt ist alt, die Brutpflege war nur der erste Schritt. Als dann vor vielleicht 80 Millionen Jahren innerhalb der Säugetiere die Primaten entstanden, gehörten sie zu den Tieren, die ihre Fähigkeit zu engen Eltern-Kind-Beziehungen nach und nach auf das Gruppenleben übertrugen. Dabei entwickelten sie besonders große Gehirne. Aber die Primaten hatten noch eine weitere Besonderheit. Sie besaßen Hände mit flexiblen Fingern. Diese konnten eine bessere willkürliche Feinmotorik gut gebrauchen und bekamen sie allmählich vom Gehirn geliefert: Die Planungsareale in der Großhirnrinde wuchsen. Erstmals entstand eine schnelle, zielgerichtete Nerven-Direktverbindung von den Hirnzentren der Willkürmotorik hinunter zur Hand. Hunde, Katzen und Kühe besitzen sie nicht. So exakt muss man Pfoten und Hufe nicht kontrollieren können. Hände schon.

Die ersten Primaten waren das, was wir heute Halbaffen nennen. Im nächsten Schritt, vor etwa 55 Millionen Jahren, entwickelten sich die echten Affen. Diese haben wiederum intensivere soziale Beziehungen – und größere Gehirne. Ihre Gesichter sind meist nackt, weshalb die sehr variable Mimik, die der sozialen Kommunikation dient, gut sichtbar ist.

Vielleicht ahnen Sie, wie die Geschichte weiterging. Eine Gruppe unter den Affen wurde besonders groß und langlebig, sodass sich das Lernen für sie richtig lohnte. Ihre Gehirne wurden zwischen doppelt und viermal so groß wie die ihrer gewöhnlichen Artgenossen. Diese Tiere sind bis heute extrem sozial spezialisiert. Sie gehören zu den ganz wenigen Wesen auf diesem Planeten, die sich Gedanken darüber machen, wie sie von außen wirken, und die bewusst abschätzen, was in den Köpfen der anderen vorgeht. Sie können ihre angeborenen emotionalen Signale, an solches Wissen angepasst, zur Not im Zaum halten und ihre Mit-Tiere auch mal austricksen. Sie geben bewusst neue, spontan erfundene Signale. In einem Hirnareal für soziale Bindung und Kommunikation haben sie einen neuen Zelltyp entwickelt, der ihnen bei ihrem hochflexiblen Sozialverhalten wahrscheinlich hilfreich ist.

Diese Gruppe entstand vor 20 Millionen Jahren, man nennt sie Große Menschenaffen. Und als eine aufrecht gehende Art aus dieser Tierfamilie vor 2,6 Millionen Jahren ihr intensives Sozialverhalten nochmals intensivierte – da war fast zu erwarten, was sich ereignen würde.

Wieder gab es eine soziale und neurologische Revolution. Und die Revolutionäre folgten treu der Richtung, die ihre Vorfahren seit Urzeiten vorgegeben hatten: mehr Flexibilität, mehr willkürliche Kontrolle und Planung. Die Großhirnrinde wuchs nochmals. Nach den Händen und dem Gesicht bekamen nun auch die Muskeln für die Lautäußerungen neurologische Feinkontrolle. Damit waren unsere Vorfahren noch flexibler in der Kommunikation. Als sie ihre Verständigung mittels der neuen Möglichkeiten ausbauten und immer komplizierter machten, ging es weiter mit dem Hirnwachstum. Unsere Vorfahren überschritten, allmählich und unmerklich, einen Rubikon.

Sicher, wir Menschen sind bis heute Menschenaffen (Hominidae) und ähneln psychisch und physisch der Verwandtschaft stark. Von der genetischen Nähe her müssten wir sogar als *Pan sapiens* mit den Schimpansen in die gleiche Gattung eingeordnet werden. Manche Biologen fordern das auch. Doch sinnvoll ist es nicht.

Wir sind so viel weiter gegangen auf dem gemeinsamen Weg und dabei zu so besonderen Affen geworden, dass Carl von Linné ganz recht damit hatte, uns in eine eigene biologische Gattung zu stellen: Homo.

DIE UNIVERSELLE GRAMMATIK DES MENSCHLICHEN GEISTS

Am Ende dieses Buches können wir die Frage beantworten, die wir im ersten Kapitel gestellt haben: Was ist an Sprache *wirklich* angeboren? Die Antwort fällt etwas unerwartet aus. Stephen Pinker und die anderen alten Chomskyaner hatten absolut recht: Es gibt einen angeborenen Sprachinstinkt. Und das Wort »Instinkt« ist sogar sehr passend.

Allerdings sieht dieser Sprachinstinkt anders aus, als man ursprünglich dachte. Das Wichtigste an ihm lässt sich nicht einmal mit viel Fantasie als grammatische Formel darstellen: Es ist die Tatsache, dass wir *emotional* auf Sprache eingestellt sind. Angeborenerweise sind wir auf den Austausch unserer Gedanken und Empfindungen getrimmt, auf dialogische Riten, auf Gleichklang und wohl auch auf verbale Angeberei. Weil wir Menschen unbedingt kommunizieren *wollen*, gibt es überall dort Sprache, wo es Menschen gibt. Alles andere, was wir an ererbten Anpassungen in uns tragen, ist demgegenüber fast sekundär.

Warum Sprachen so sind, wie sie sind

Aber Chomsky und seine Epigonen hatten in gewisser Weise dennoch recht mit ihrer Idee der angeborenen »universellen Grammatik«. Es gibt tatsächlich ein paar Grundprinzipien, die sich in menschlichen Sprachen immer finden: zum Beispiel die Komplexität und Reichhaltigkeit und die regelhafte Form, die unsere Kommunikation nach spätestens ein, zwei Generationen bekommt. Beides ist genetisch vorgegeben.

Halt, was, wie?! In diesem Buch hieß es doch mehrfach, grammatische Regeln seien eben *nicht* angeboren! – Es geht hier nicht um spezifische Regeln, nicht um fest verdrahtete Grammatikschaltungen im Gehirn, wie Chomskys Anhänger es sich vorstellten. Der Einfluss unseres Gehirns auf die Grammatik ist sehr allgemein. Unsere Sprachbegabung beruht ja nicht auf einem speziellen Sprachmodul. Wenn wir sprechen und sprechen lernen, arbeiten wir mit Fähigkeiten, die auch außerhalb der Sprache noch irgendwie nützlich sind. Sie dienen zwar der Sprache, aber sie sind nicht speziell und ausschließlich auf sie ausgerichtet. Hirnareale oder Hirnverschaltungen, die grundsätzlich dem Lernen, der Kontaktaufnahme oder der Handlungsplanung dienen, werden kaum so viele haarkleine Sprachdetails vorgeben, wie die Chomskyaner es annahmen. Der Meister selbst hat hier inzwischen einen sensationellen Rückzieher gemacht: Noam Chomsky tat sich 2002 mit Biologen zusammen und erklärte zum Schrecken seines getreuen Schülers und Propheten Stephen Pinker: Nichts an der Sprachfähigkeit des Menschen sei rein auf Sprache spezialisiert.

Am Ende dieses Buches ist nun auch klar, warum: Sprache ist durch Evolution entstanden und nicht durch eine Wundermutation. Die ersten Anfänge sprachähnlicher Kommunikation mussten mit den Begabungen und Möglichkeiten arbeiten, die ein intelligentes Menschenaffenhirn (und die äffische Anatomie) anzubieten hatten. Eine Mutation, die weit darüber hinausgegangen wäre, hätte dem betroffenen Tier keine sozialen Vorteile gebracht, sondern es vielmehr zum Außenseiter gestempelt. Hilfreicher war es da schon, einfach das besonders gut zu können, was die anderen auch, aber mäßig beherrschen.

Mit der Zeit wurden so einige der sprachwichtigen Begabungen ausgebaut – ohne die bestehende Hirnstruktur gänzlich umzukrempeln. Wir haben, bis auf Details, eben doch nur ein sehr, sehr großes Affenhirn im Kopf. Ausführliche Grammatikregeln sind da von Natur aus nicht drin. Trotzdem macht uns unser Turbo-Affenhirn Vorgaben, ebenso der Körper. Das fängt mit banalen Dingen wie der Tatsache an, dass wir Menschen zum Sprechen Mund oder Hände nehmen und nicht etwa mit bunten Farbmustern auf der Haut kommunizieren wie Tintenfische. Und es geht weiter bis in die Grammatik.

Nicht nur der Mensch hat ja eine Evolution hinter sich, in der sein Nervensystem sich immer besser auf immer anspruchsvollere Formen der sozialen Kommunikation eingestellt hat. Die Sprachen selbst haben auch eine Evolution erlebt. Sie mussten sich den Menschen anpassen: Es entstand und erhielt sich nur, was uns halbwegs nahelag.

Natürlich wurden die Sprachen komplizierter, während die Sprachbegabung der Menschheit stieg. Deshalb können Tiere niemals so gut sprechen lernen wie Menschen. Zu kompliziert durfte eine Sprache aber auch nicht werden: Bis heute muss jede Sprache, müssen alle grammatischen Strukturen, alle Wörter in jeder Generation ihre »Fitness« beweisen. Zum Beispiel ihre Nützlichkeit für das, was wir in einer bestimmten Kultur mit Sprache anfangen wollen. Und natürlich ihre Verstehbarkeit und Lernbarkeit. Was zu schwer zu erlernen ist, wird irgendwann nicht mehr weitergegeben oder abgewandelt.

Das heißt: Alle Sprachen dieser Welt sind einerseits geformt durch die wechselnden Umstände, Konventionen und Vorlieben der menschlichen Kulturen. Das macht sie unterschiedlich. Zugleich aber sind sie geformt durch die Möglichkeiten, Beschränkungen und Vorlieben des menschlichen Gehirns. Und die sind bei allen Menschengruppen gleich. Deshalb gibt es tatsächlich gewisse Grundähnlichkeiten zwischen den Sprachen. Und paradoxerweise können gerade deshalb andere intelligente Tiere mehr oder weniger gut zumindest Rudimente unserer Sprachen lernen. Denn unser Gehirn, an das die Sprachen angepasst sind, ist ein klassisches Wirbeltierhirn. Ultrasozial zwar und völlig überdimensioniert – aber es arbeitet mit uralten Lernstrategien, die *im Kern* von allen intelligenten Tieren beherrscht werden.

Genau hier, beim Wort Lernstrategien, kommt jene auffälligste Gemeinsamkeit aller Sprachen ins Spiel: Die Tatsache, dass es so etwas wie Grammatik, wie Regeln überhaupt gibt.

Es muss sie geben. Einmal, weil wir die Grammatik zum Kodieren von Bedeutungen und Bezügen innerhalb der Laut- und Wortfolgen brauchen. Aber auch weil Regelmäßigkeiten automatisch entstehen, wenn wir sprechen: auf der Ebene der Laute, der Wörter und der Sätze. Jeder in einer Gruppe passt sich dem anderen an; jeder neigt dazu, Formen nachzubilden, die er schon gehört hat. Übrigens nicht nur unter Menschen: Fledermäuse einigen sich so auf einen »Gruppengesang«. Affen, die auf dem Englischen basierende Kunstsprachen lernen, produzieren zumindest ihre Zweiwortäußerungen in der überwiegenden Mehrzahl der Fälle mit korrekter englischer Wortstellung. Aus der Computerlinguistik weiß man: Sogar simple Automaten, die nichts können außer hören und Geräusche machen, »einigen« sich miteinander auf ein abgestimmtes Repertoire.

Grammatik gibt es aber noch aus einem weiteren Grund, der mit unserem Gehirn zu tun hat. Ohne Grammatik wären Sprachen nicht erlernbar – jedenfalls nicht für ein Wirbeltierhirn. Kein Tier will bei jedem Zusammentreffen mit einer Antilope neu herausfinden müssen, was das wohl für ein Wesen ist und wie es sich verhält. Es macht sich für Antilopen ein einfaches Schema im Kopf, mit dessen Hilfe es jede neue Antilope binnen Bruchteilen von Sekunden identifiziert. Und es neigt dazu, seine Erfahrungen mit einer Antilope auf alle künftigen Antilopen und ähnliche Wesen zu verallgemeinern.

Mit genau dieser alten, im Alltagsleben überaus praktischen Wirbeltierneigung werden unsere Menschenkinder geboren. Sie neigen ebenso dazu, sich Schemata zu machen. In ihren Augen (oder vielmehr Ohren) ist das Verhalten von Wörtern und Silben, wie das von Antilopen, berechenbar und durchaus zu verallgemeinern. Mit Sprachen, in denen nichts regelmäßig ist, wäre ein Menschenkind überfordert. Grammatische Regeln machen Sprachen eben nicht schwer – nein, sie machen sie leichter!

Grundsätzlich sind nicht die Regeln das Problem, sondern die Ausnahmen und Abweichungen. Türkische Kinder lernen ihre extrem regelhafte Muttersprache schneller als deutsche oder polnische Kinder ihre verwirrend unregelmäßigen Idiome. Der Neurologe Terrence Deacon glaubt deshalb, die frühen Formen von Sprache bei Homo ergaster seien ganz besonders regelmäßig gewesen. Aus zwei Gründen: Diese frühen Menschen besaßen noch nicht unsere Verarbeitungs- und Merkfähigkeit und brauchten die Lernhilfe »Regel« daher umso nötiger. Auch fiel es ihnen wohl noch schwerer als uns, von einer einmal verinnerlichten Regel wieder abzuweichen, sie als Teilwahrheit zu erkennen, die nur für bestimmte Fälle richtig ist – was wir modernen Menschen bei unseren verfransten Regelsystemen mit seinen zahllosen Sonderfällen und Ausnahmen ständig müssen.

Inzwischen haben wir uns zu Spezialisten für verschachtelte Regelsysteme mit einem Faible für das Umlernen und Umstrukturieren entwickelt. Das prädestiniert uns dazu, Wissenschaftler zu werden.

Und als solche gilt es natürlich, unser heutiges Wissen über die Sprachevolution als Arbeitshypothese zu betrachten. Neue Funde, neue Untersuchungen könnten das Bild schnell wieder verändern. Wie sehr, haben viele Beispiele in diesem Buch gezeigt.

Allerdings gilt, genau wie beim Sprachenlernen: Je mehr bereits für eine Hypothese spricht, desto unwahrscheinlicher ist es, dass sie sich am Ende als ganz und gar falsch erweist.

Kinder der Sprache

Wir können also jetzt mit einiger Überzeugung sagen: Die Sprache stand am Anfang und nicht am Ende der menschlichen Evolution. Und damit hat unser Sprechen eine enorme Bedeutung für unsere Entwicklung gewonnen.

Wir sind auch deshalb von Affen zu Menschen geworden, weil unser Geist sich an der Sprache schulte, weil die Sprache daran beteiligt war, das Gehirn zu formen. Sie und ihre Vorläufer haben es wachsen lassen und die allgemeine Intelligenz befördert. Sie hat uns Sonderbegabungen beschert, die charakteristisch sind für die Menschheit: zum Beispiel unsere außerordentliche Fähigkeit, komplizierte, aus vielen Einzelteilen zusammengesetzte Handlungen zu planen – vom Formulieren einfachster Sätze bis zum Schreiben von Büchern, vom Spaghetti Bolognese Kochen bis zum Bauen von Wolkenkratzern. Unsere Lust, zu klassifizieren, hierarchische Ordnungssysteme aufzustellen, Regeln und Muster zu erkennen, gehört ebenso dazu wie unser Talent, provisorisch zu lernen – indem wir Arbeitshypothesen bilden und sie bei Bedarf abwandeln, wie es jedes Kind beim Sprechenlernen tut.

Zugeich ist die Sprache der Archetypus für die Besonderheiten unserer menschlichen Psyche: Wir sind kontaktsüchtig und brauchen Bindung. Wir sind äußerst flexibel in unseren sozialen Reaktionen und Signalen. Wir können Wahrheiten, die andere nicht wissen sollen, sehr gut verheimlichen, stattdessen eine andere Wahrheit erfinden – kurz: lügen. Wann immer möglich aber wollen wir bei unseren Liebsten loswerden, was in uns vorgeht, wollen sie Anteil nehmen lassen an unserem Innersten. In Sachfragen wollen wir Menschen dringend unsere Meinung verkünden. Wir wollen von unseren Freunden wissen, ob sie denken, was wir denken. Selbstverständlich tratschen wir auch leidenschaftlich gern darüber, wer in unserer Horde mit wem Zoff hatte und warum, wer sich mit oder ohne Grund für etwas Besseres hält, wer gegen wen intrigiert oder »was miteinander hat«.

Mehr als Schimpansen sind wir Menschen auf Zusammenarbeit statt Konkurrenz aus, um Ziele zu erreichen. Die Sprache hat uns dabei gelehrt, besser auf andere zu hören, von ihnen zu lernen und Gelerntes zu bewahren. Dank ihrer haben wir es schließlich geschafft, über die Generationen Unmengen von Wissen und Traditionen anzuhäufen. Schon in der Altsteinzeit begann dieser Prozess, half damals unseren Vorfahren, in trockenen oder winterkalten Regionen zu siedeln. Heute ermöglicht uns die Sprache die riesigen, arbeitsteiligen, hochkooperativen Gesellschaften, in denen wir leben und in denen wir uns besser vor den Unbilden der Natur schützen können, als es früheren Generationen gelang.

Ein Philosoph des 17. Jahrhunderts glaubte, der Mensch sei im Naturzustand ein einsames, egoistisches Raubtier. In Wirklichkeit aber sind gerade wir Menschen für die Gemeinschaft, für das Teilen und das Miteinander geboren. Dass wir sprechen können, ist dafür der beste Beweis.

ANHANG

FÜHRER DURCH DEN STAMMBAUMDSCHUNGEL – FOSSILE MEILENSTEINE IM ÜBERBLICK

Bei den Daten für die letzten 50 000 Jahre wurden die Radiokarbon-Rohdatierungsergebnisse in Kalenderjahre umgerechnet, zudem sind viele Funde in den letzten Jahren neu und besser datiert worden. Daher rühren etwaige Abweichungen mit anderer Literatur. (Der Fettdruck zeigt an, dass ein wichtiger Vorfahre hier zum ersten Mal vorkommt.)

20 Millionen Jahre	**Menschenaffen** (Hominiden) entstehen.
5–8 Millionen Jahre	Zeit der letzten gemeinsamen Vorfahren von Menschen und Schimpansen.
5,5 Millionen Jahre	Ardipithecus kaddaba, ein schimpansenähnlicher Waldbewohner mit Neigung zu aufrechtem Gang (nichts Ungewöhnliches bei fossilen Menschenaffen).
4,4 Millionen Jahre	Ardipithecus ramidus, ähnlich wie kaddaba, aber mit kleineren Eckzähnen.
4–2,5 Millionen Jahre	**Australopithecus** (entstanden wohl aus Ardipithecus ramidus), ein Menschenaffe mit menschenähnlichem Gebiss, lebt in verschiedenen eng verwandten Arten zumeist

	an bewaldeten See- und Flussufern und ist spezialisiert auf (langsamen) aufrechten Gang. Die Australopithecinen haben ein schimpansenartiges Zungenbein und keine willkürliche Atemkontrolle.
2,6 Millionen Jahre	Die Polkappen vereisen, die Erde rutscht ins Eiszeitalter, das durch stark schwankendes Klima und Phasen von Trockenheit gekennzeichnet ist.
2,6 Millionen Jahre	Erste behauene Steine (Urheber ein Australopithecus mit Gehirngröße wie Schimpanse).
2,6–2 Millionen Jahre	Die typischen Australopithecinen verschwinden. Wahrscheinlich Aufspaltung in zwei Linien: die Gattungen **Homo** (größeres Gehirn bei nur leicht vergrößerten Zähnen) und Paranthropus (größere Zähne bei nur leicht vergrößertem Gehirn). Homo ist in dieser Zeit nur durch wenige Fragmente nachgewiesen. Einen Unterkiefer rechnet man zu der nicht von allen anerkannten Art Homo rudolfensis. Ein anderer Fund zeigt einen Hirnschädel von 600 Millilitern Volumen, ein knappes Drittel mehr als bei Schimpansen üblich.
1,9 Millionen Jahre	Beginn der Blüte der Gattung Homo. Die Artzuteilung aller sicher in diese Zeit datierten Fossilien ist fraglich. Wahrscheinlich Auswanderung nach Asien während einer feuchten Phase mit guten Lebensbedingungen in der Sahara.

1,8 Millionen Jahre   **Homo ergaster**, ein perfekt angepasster Geher und Läufer, ist erstmals sicher nachgewiesen. Seine erweiterten Nervenkanäle im Brust-Zwerchfellbereich deuten auf volle menschliche Feinkontrolle der Atemmuskeln hin. Schädelvolumina zu dieser Zeit 600 bis 800 Milliliter. Eine andere Homo-Art, Homo habilis, ist kleiner und sieht Australopithecus noch etwas ähnlicher.
Homo ergaster wird von vielen zu **Homo erectus** gerechnet, ein Begriff, der sehr unterschiedlich verwendet wird. Im weitesten Sinne können damit Homo ergaster und alle dessen archaische Nachkommen mit Ausnahme der Neandertaler gemeint sein. Im engeren Sinne steht Homo erectus aber für Urmenschen mit stärkeren Brauenwülsten, lang gezogeneren Schädeln und um circa 200 Milliliter größeren Gehirnen als der ganz frühe Homo. Besonders in Ostasien war dieser Typ verbreitet (»Javamensch«). Waren die verschiedenen Homo-Varianten tatsächlich verschiedene Arten? Darüber streiten sich die Geister, und es kommt auch auf die Definition von »Art« an. Dass all diese Menschentypen untereinander fruchtbare Nachkommen hätten zeugen können (wenn sie denn gewollt hätten), ist sehr wahrscheinlich. Denn sie waren genetisch nicht weiter voneinander entfernt als heutige Pavianarten. Diese sind aber untereinander fortpflanzungsfähig und in den Grenzgebieten kommen Mischlinge vor.

1,5 Millionen Jahre	Beginn neuer Techniken in der Steinbearbeitung. Das Gehirn von Homo ergaster ist weiter gewachsen, liegt jetzt bei circa 700–900 Millilitern.
1,4 Millionen Jahre	Letzter Nachweis von Homo habilis (dessen Gehirn bis zu seinem wahrscheinlichen Aussterben eher schrumpfte).
1,2 Millionen Jahre	Letzter Nachweis von Paranthropus, dem anderen Abkömmling der Australopithecinen.
800 000 Jahre	Erstmals einzelne Schädel mit über 1 200 Millilitern Volumen, dicht am heutigen Durchschnitt von circa 1 350 Millilitern. Erstmals Besiedelung Westeuropas nachgewiesen.
700 000–200 000 Jahre	**Homo heidelbergensis**: Menschen, die ein wenig wie eine Mischung aus uns heutigen Menschen und Homo erectus aussehen, deren Schädelvolumen jedoch jetzt bei allen Individuen im heutigen Normbereich liegt. Gehör angepasst an Konsonanten; heutige Zungenbeinkonfiguration (erster direkter Nachweis). Andere Bezeichnungen für Homo heidelbergensis: Manche ordnen ihn Homo erectus zu, andere sehen ihn als »archaischen Sapiens«. In Asien scheint der Heidelbergensis-Typus etwas jünger zu sein als in Afrika und Europa.
300 000–100 000 Jahre	Homo heidelbergensis entwickelt sich in Afrika zu **Homo sapiens**; in Europa und Westasien zu **Homo neanderthalensis**.

Diese Schwesterspezies unterscheiden sich in Gesicht- und Schädelform stärker als Schimpansen und Bonobos, sind jedoch genetisch enger verwandt als diese. Bei beiden erreicht die durchschnittliche Größe der Hirnschädel Spitzenwerte, die in der nacheiszeitlichen Phase wieder abfallen.

100 000 Jahre	Erste Nachweise von Schmuck (Muschelperlen, Homo sapiens, Afrika).
100 000 Jahre	Erste nachgewiesene Bestattung bei Homo sapiens (Israel).
70 000–65 000 Jahre	Auswanderungsbewegung von Homo sapiens aus Afrika nach Südasien. Vielleicht in der gleichen Zeit Auswanderungsbewegung von Neandertalern nach Zentralasien und Sibirien, wo sie wenig später erstmals nachweisbar sind. Im Nahen Osten finden sie sich schon seit etwa 120 000 Jahren.
70 000–40 000 Jahre	Neandertaler im Nahen Osten, Frankreich, dem Balkan und Zentralasien bestatten ihre Toten.
50 000? Jahre	Neandertaler gewinnen Birkenpech, einen Kunststoff, durch Destillation.
50 000? Jahre	In Südostasien finden sich noch immer Erectus-ähnliche Menschen. Möglicherweise gab es Kontakt mit den afrikanischen Einwanderern. Deren Technologie bleibt in Südostasien und Australien noch lange altertümlich.

43 000 Jahre	Warmes Intervall in Europa, dort erster nachgewiesener Schmuck: Neandertaler tragen Kettenanhänger aus Tierzähnen und Knochen.
42 000 Jahre	Homo sapiens erstmals in Europa nachgewiesen, wandert während der Warmphase von Westasien aus ein. Anatomische Hinweise auf gelegentliche Vermischung der ersten Einwandererwelle mit der Neandertaler-Urbevölkerung.
39 000 Jahre	Kältemaximum und ein katastrophischer Vulkanausbruch in Europa. Die besiedelbare Fläche schrumpft auf ein Drittel. Danach erste Skulpturen und Wandmalereien, Urheber vermutlich Homo sapiens (zweite Einwanderungswelle?). Wahrscheinlich kaum noch Neandertaler diesseits des Ebru.
32 000 Jahre	Letzte verlässlich datierte Neandertaler-Hinterlassenschaften in Gibraltar. Etwas weniger verlässliche Daten gehen auf der Iberischen Halbinsel bis zu 28 000 Jahren.
28 000 Jahre	Sapiens-Kind mit klaren anatomischen Neandertaler-Merkmalen in Portugal.
18 000 Jahre	Sehr kleine Menschen (»Hobbits«) mit einigen archaischen Merkmalen leben auf der indonesischen Insel Flores. Der einzige bislang gefundene Hirnschädel ist nur so groß wie bei Schimpansen. Litt das Individuum unter der Krankheit Mikrozephalie oder war dieses kleine Gehirn typisch für die Spezies?

Handelte es sich um moderne Pygmäen mit archaischen Merkmalen oder waren diese Wesen Nachkömmlinge von Homo ergaster, erectus oder gar habilis, die sich hier knapp zwei Millionen Jahre lang vom Rest der Menschheit isoliert entwickelten? Niemand kann das derzeit mit Sicherheit sagen.

12 000 Jahre	Ende der letzten Eiszeit, Landwirtschaft auf der nördlichen Halbkugel, erste Städte.
6 000 Jahre	Erste eindeutige Schrift. Damit erster direkter Beleg für die Sprache, deren viel ältere Geschichte dieses Buch aus indirekten Daten erschließt.

DANKSAGUNG

Dank geht an alle, die mir in der Vorbereitung auf dieses Buch trotz knapper Zeit und strapazierter Arbeitskraft mit großer Freundlichkeit für Fragen und Diskussionen zur Verfügung standen, darunter Jorge Hankamer, Sverker Johansson, Etienne Koechlin, Aylin Küntay, Ignacio Martínez, Jörg Orschiedt, Geoffrey Sampson und Hartmut Thieme. Ebenfalls bedanken möchte ich mich bei Carmen Kölz vom Eichborn Verlag für ihr Engagement und natürlich bei meiner Lektorin Barbara Werner van Benthem für die wunderbare Zusammenarbeit.

QUELLEN UND LITERATUR ZU DEN EINZELNEN KAPITELN

Teil 1: Tiere, Menschen und ihre Gene

Die Grundfrage: Natur oder Kultur?
Anmerkung: Die als Beispiel gegebene »Regel der universellen Grammatik« ist eine polemische Formulierung des *head directionality parameter*. Als Kurzinfo dazu siehe Cook/Newson (1996), S. 14-16.

Andersson, A. (1994), »Second language literacy in deaf students«, in: Ahlgren, I., et al. (Hg.), *Bilingualism in Deaf Education*, Hamburg, S. 91-101 (International Studies on Sign Language and Communication of the Deaf 27)

Bialystok, E., Hakuta, K. (1994), In Other Words: The Science and Psychology of Second- Language acquisition, New York

Birdsong, D. (Hg.) (1999), *Second Language Acquisition and the Critical Period Hypothesis*, Mahwah, N.J.

Chomsky, N. (1959), »Review of Verbal Behavior by B. F. Skinner«, in: *Language* 35, S. 26-58, Nachdruck in: J.A. Fodor, J.J. Katz (Hg.) (1964), *The Structure of Language*, Englewood Cliffs (hier, S. 564, das Zitat)

Chomsky, N. (1973), *Aspekte der Syntax-Theorie*, Frankfurt

Chomsky, N. (1986), *Knowledge of Language, its Nature, Origin and Use*, New York

Chomsky, N., Lasnik, H. (1993), »Principles and parameters theory«, in: *Syntax: An International Handbook of Contemporary Research*, Berlin

Curtiss, S. (1977), *Genie: a Psycholinguistic Study of a Modern-Day »Wild Child«*, New York

Cook, V.J., Newson, M. (1996), *Chomsky's Universal Grammar: an Introduction*, Oxford

Dabrowska, E. (2005), »Productivity and beyond: mastering the Polish genitive inflection«, in: *Journal of Child Language* 32, S. 191-205

De Villiers, J.G., et al. (1979), »Children's comprehension of relative clauses«, in: *Journal of Psycholinguistic Research* 8, S. 499-518

Eibl-Eibesfeldt, I. (1973), *Der vorprogrammierte Mensch. Das Ererbte als bestimmender Faktor im menschlichen Verhalten*, Wien

Eibl-Eibesfeldt, I. (1997), *Die Biologie des menschlichen Verhaltens. Grundriß der Humanethologie*, 4. Auflage, München

Feagans, L. (1980), »Children's understanding of some temporal terms denoting order, duration, and simultaneity«, in: *Journal of Psycholinguistic Research* 9, S. 41-57

Friedmann., N, Novogrodsky, R. (2004), »The acquisition of relative clause comprehension in Hebrew: a study of SLI and normal development«, in: *Journal of Child Language* 31, S. 661-681

Gathercole, V.C.M., Hoff, E. (2006), »Input and the acquisition of language: three questions«, in: *Blackwell Handbook of Language Development*, E. Hoff, M. Shatz (Hg.), Malden, Mass.

Greenberg, J. (1966), *Language Universals*, Den Haag

Herder, J.G. (1789), *Abhandlungen über den Ursprung der Sprache*, Berlin

Itard, J. (1807), *Mémoire et rapport sur Victor de l'Aveyron*, Volltext unter http://classiques.uqac.ca/classiques/itard_jean/itard_jean.html. Deutsch in L. Malson, *Die wilden Kinder*, Frankfurt 1972

Kant, I./Anonymus (1997/1782), *Die Anthropologie nach denen Vorleßungen des Herrn Professor Kant gelesen nach Baumgartens empirischer Psychologie zu Königsberg in Preußen*, als Faksimile und Transkription unter http://web.uni-marburg.de/kant//webseitn/gt_i_pet.htm. Gedruckt in: *Kants gesammelte Schriften*, (Akademie-Ausgabe) 25,2: Vorlesungen über Anthropologie, R. Brandt, W. Stark (Hg.), Berlin

Küntay, A., Slobin, D.I. (1999), »The acquisition of Turkish as a native language: a research review«, in: *Turkic Languages* 3, S. 151-188

Leuninger, Helen (Hg.) (2005), *Gebärdensprachen: Struktur, Erwerb, Verwendung*, Hamburg

Marschark, M. (2001), *Language development in children who are deaf: A research synthesis*, Project Forum: National Association of State Directors of Special Education, unter: http://www.nasdse.org/FORUM/PDF%20files/language_development.PDF

McDonald, J.L. (2003), »Language acquisition: the acquisition of linguistic structure in normal and special populations«, in: *Developmental Neuropsychology* 23, S. 59-83

Pinker, S. (1994), *The Language Instinct*, New York; Deutsch: Pinker, S. (1996), *Der Sprachinstinkt*, München

Pullum, G.K., Scholz, B.C. (2002), »Empirical assessment of stimulus poverty arguments«, in: *The Linguistic Review* 19, S. 9–50

Pullum, Geoffrey K. (1996), »Learnability, hyperlearning, and the poverty of the stimulus«, in: *Proceedings of the 22nd Annual Meeting of the Berkely Linguistics Society: General Session and Parasession on the Role of Learnability in Grammatical Theory*, J. Johnson, et al. (Hg.), Berkeley, California, S. 498-513

Sampson, G. (2005), *The Language Instinct Debate (Educating Eve)*, überarbeitete Auflage, London

Scholz, B.C., Pullum, G.K. (2002), »Searching for arguments to support linguistic nativism«, in: *The Linguistic Review* 19, S. 185-224

Weidner, A., Fitch, W.T. (2003), »Bauernlieder im Dompfaffgesang: Lernen durch Imitation«, in: *Wissenschaft im Brennpunkt*, Deutschlandradio 09.06.2003, Transkription unter: http://www.dradio.de/dlf/sendungen/wib/180169/

Zimmer, D. E. (1986), *So kommt der Mensch zur Sprache*, Zürich (hier, S. 57, das Zitat).

Wenn Tiere sprechen lernen

Boesch, C., et al. (1998), »Chimpanzee and Human Cultures«, in: *Current Anthropology* 39, S. 591-614

Davis, M., Brunell, M. (2007), *Working Like Dogs: The Service Dog Guidebook*, Loveland

Fouts, R., et al. (1997), *Next of Kin: What my Conversations with Chimpanzees Taught me*, London

Gardner, B.T., Gardner, R.A. (1974a), »Comparing the early utterances of a child and chimpanzee«, in: *Minnesota Symposium on Child Psychology 8*, A. Pick (Hg.), Minneapolis, S. 3-23

Gardner, B.T., Gardner, R.A. (1974b), »Teaching sign language to a chimpanzee VII: use of order in sign combinations«, in: *Bulletin of the Psychonomic Society 4*, S. 264

Gardner, R.A., et al. (1992), »Categorical replies to categorical questions by cross-fostered chimpanzees«, in: *American Journal of Psychology 105*, S. 27-57

Hillix, W.A., Rumbaugh, D. (2004), *Animal Bodies, Human Minds: Ape, Dolphin, and Parrot Language Skills* (Developments in Primatology II), New York

Jensvold, M.L., Gardner, R.A. (2000), »Interactive use of sign language by cross-fostered chimpanzees (Pan troglodytes)«, in: *Journal of Comparative Psychology 114*, S. 335-346

Jones, L.B., et al. (1999), »Voicing judgements by chinchillas trained with a reward paradigm«, in: *Behavioral Brain Research 100*, S. 85-95

Kaminski, J., et al. (2004), »Word learning in a domestic dog: evidence for ›fast mapping‹«, in: *Science 304 (5677)*, S. 1682-1683

Kuhl, P.K., Miller, J.D. (1975), »Speech perception by the chinchilla: voiced-voiceless distinction in alveolar plosive consonants«, in: *Science 190 (4209)*, S. 69-72

Pepperberg, I.M. (1988), »Comprehension of ›absence‹ by an African Grey parrot: learning with respect to questions of same/different«, in: *Journal of the Experimental Analysis of Behavior 50*, S. 553-564

Pepperberg, I.M. (1992), »Proficient performance of a conjunctive, recursive task by an African gray parrot (Psittacus erithacus)«, in: *Journal of Comparative Psychology 106*, S. 295-305

Pepperberg, I.M. (2002), »In search of king Solomon's ring: cognitive and communicative studies of Grey parrots (Psittacus erithacus)«, in: *Brain, Behavior, and Evolution 59*, S. 54-67

Pepperberg, I.M. (2004), »Evolution of communication from an avian perspective«, in: *Evolution of Communication Systems*, U. Griebel, D.K. Oller (Hg.), Cambridge, Mass.

Pepperberg, I.M. (2003), »›That damn bird‹: a talk with Irene Pepperberg«, in: *Edge 126*, unter: http://www.edge.org/3rd_culture/pepperberg03/pepperberg_index.html

Pika, S., et al. (2006), »Referential Gestural Communication in Wild Chimpanzees (Pan troglodytes)«, in: *Current Biology 16*, R191-R192

Provine, R. (2000), *Laughter: A Scientific Investigation*, London

Riederle, G. (1991), *Der Blindenführhund: Hilfsmittel mit Seele*, Bonn

Savage-Rumbaugh, S. (1986), *Ape Language: From Conditioned Response to Symbol*, New York

Savage-Rumbaugh, S. (1987), »Communication, symbolic communication, and language: reply to Seidenberg and Petitto«, in: *Journal of Experimental Psychology: General 116*, S. 288-292

Savage-Rumbaugh, S., et al. (1993), *Language Comprehension in Ape and Child*, Chicago

Savage-Rumbaugh, S., et al. (1998), *Apes, Language, and the Human Mind*, Oxford

Segerdahl, P., et al. (2005), *Kanzi's Primal Language: the Cultural Initiation of Apes into Language*, Houndsmills

Steinschneider, M., et al. (2005), »Intracortical responses in human and monkey primary auditory cortex support a temporal processing mechanism for encoding of the voice onset time phonetic parameter«, in: *Cerebral Cortex 15*, S. 170-186

Terrace, H.S. (1979), *Nim*, New York

Terrace, H.S. (1986), *Vorwort zu Savage-Rumbaugh (1986)*

Terrace, H.S., et al. (1979), »Can an ape create a sentence?«, in: *Science 206 (4421)*, S. 891-902

Toro, J.M., et al. (2005), »Effects of backward speech and speaker variability in language discrimination by rats«, in: *Journal of Experimental Psychology: Animal behavior Processes 31*, S. 95–100

Von sprechenden Affen zum »Sprachgen«: Die seltsame Geschichte von FOXP2

Enard, W., et al. (2002), »Molecular evolution of FOXP2, a gene involved in speech and language«, in: *Nature 418*, S. 869-872

Fisher, S.E., et al. (1998), »Localisation of a gene implicated in a severe speech and language disorder«, in: *Nature Genetics 18*, S. 168-170

Gopnik, M., Crago, M.B. (1991), »Familial aggregation of a developmental language disorder«, in: *Cognition 39*, S. 1-50

Haesler, S. (2007), *Studien zur Evolution und Funktion des FOXP2-Gens in Singvögeln*, Diss. Universität Berlin

Haesler, S., et al. (2004), »FOXP2 expression in avian vocal learners and non-learners«, in: *Journal of Neuroscience 24*, S. 3164-3175

Kienlin, M.-E. von (2003), *Die Überschreitung: Günther Messners Tod am Nanga Parbat; Expeditionsteilnehmer brechen ihr Schweigen*, München

Klein, R. (2002), *The Dawn of Human Culture*, New York

Lai, C.S.L., et al. (2001), »A forkhead-domain gene is mutated in a severe speech and language disorder«, in: *Nature 413*, S. 519-523

Lieberman P., et al. (1995), »Speech production and cognitive deficits on Mt. Everest«, in: *Aviation, Space, and Environmental Medicine 66*, S. 857-864

Lieberman, P. (2000), *Human Language and our Reptilian Brain: The Subcortical Bases of Speech, Syntax, and Thought*, Cambridge, Mass.

Lieberman, P., et al. (2005), »Mount Everest: a space analogue for speech monitoring of cognitive deficits and stress«, in: *Aviation, Space, and Environmental Medicine 76 (6 Suppl.)*, B198-207

Milo, R.G., Quiatt, D. (1993), »Glottogenesis and anatomically modern Homo sapiens«, in: *Current Anthropology 34*, S. 569–598

Shu, W., et al. (2005), »Altered ultrasonic vocalization in mice with a disruption in the FOXP2 gene«, in: *Proceedings of the National Academy of Sciences 102*, S. 9642-9648

Takahashi, K., et al. (2003), »Expression of FOXP2, a gene involved in speech and language, in the developing and adult striatum«, in: *Journal of Neuroscience Research 1*, S. 61-72

Teichman M., et al. (2006), »The role of the striatum in processing language rules: evidence from word perception in Huntington's disease«, in: *Journal of Cognitive Neuroscience 18*, S. 1555-1569

Teramitsu, I., et al. (2004), »Parallel FOXP2 and FOXP1 expression in avian and human brain predicts funtional interaction«, in: *Journal of Neuroscience 24*, S. 3152-3163

Ullman, M.T. (2001), »A neurocognitive perspective on language: the declarative/procedural model«, in: *Nature Review Neuroscience 2*, S. 717-726

Vargha-Khadem, F. (1998), »Neural basis of an inherited speech and language disorder«, in: *Proceedings of the National Academy of Sciences 95*, S. 12695-12700

Vargha-Khadem, F., et al. (1995), »Praxic and nonverbal cognitive deficits in a large family with a genetically transmitted speech and language disorder«, in: *Proceedings of the National Academy of Sciences 92*, S. 930-933

Teil 2: Sprechende Knochen

Grunz, schnalz, grunz: Moderne Lautlehre und die Sprechapparate von archaischen Menschen

Boë, L.-J., et al. (2002), »The potential Neandertal vowel space was as large as that of modern humans«, in: *Journal of Phonetics 30*, S. 465-484

de Boer, B. (2005), »Infant-Directed Speech and Evolution of Language«, in: *Language Origins*, M. Tellerman (Hg.), Oxford

Fitch, W.T. (1996), *Vocal Tract Length Perception and the Evolution of Language*, Diss. Brown University

Fitch, W.T. (2002), »Comparative Vocal Production and the Evolution of Speech: Reinterpreting the Descent of the Larynx«, in: *The Transition to Language*, A. Wray (Hg.), Oxford

Hauser, M., et al. (im Druck), »On misreading the linguistic analogy: Response to Jesse Prinz and Ron Mellon«, in: *Moral Psychology 1: The Evolution of Morality. Adaptions and Innateness*, W. Sinnot-Armstrong (Hg.), Cambridge, Mass.

Hirsh-Pasek, K., et al. (1989), »How the prosodic cues in motherese might assist language learning«, in: *Jounal of Child Language 16*, S. 55-68

Jungers, W.[L.], Pokempner, A. (2002), »Did the Australopithecines speak? Hypotheses and hypoglossals«, in: *Annual Meeting of the American Association of Physical Anthropologists Abstracts 92*

Jungers, W.L., et al. (2003), »Hypoglossal canal size in living hominoids and the evolution of human speech«, in: *Human Biology 75*, S. 473-484

Kuhl, P. K., et al. (1992), »Linguistic experience alters phonetic perception in infants by 6 months of age«, in: *Science 255*, S. 606-608

McCarthy, R.C., et al. (2006), »The Origin of Human Speech«, in: *Annual Meeting of the American Association of Physical Anthropologists Abstracts 23*

Lieberman, D.E., McCarthy, R.C. (1999), »The ontogeny of cranial base angulation in humans and chimpanzees and its implications for reconstructing pharyngeal dimensions«, in: *Journal of Human Evolution 36*, S. 487-517

Lieberman, P., Crelin, E.S. (1971), »On the speech of the Neandertal Man«, in: *Linguistic Inquiry 2*, S. 203-222

Nishimura T. (2005), »Developmental changes in the shape of the supralaryngeal vocal tract in chimpanzees«, in: *American Journal of Physical Anthropology 126*, S. 193-204

Sachs, J., et al. (1972), »Anatomical and cultural determinants of male and female speech«, in: *Language Attitudes: Current trends and Prospects 25*, Washington DC

Santarcangelo, S., Dyer, K. (1988), »Prosodic aspects of motherese: effects on gaze and responsiveness in developmentally disabled children«, in: *Journal of Experimental Child Psychology 46*, S. 406-418

Simpson, A.P. (2002), »Gender-Specific Differences in the Articulatory and Acoustic Realization of Interword Vowel Sequences in American English«, in: *Journal of Phonetics 30*, S. 417-435

Toll, C., Franciscus, R. (2002), »The Kebara 2 Neandertal hyoid and speech capacity revisited: size and shape relative to mandibular dimensions«, in: *Annual Meeting of the American Association of Physical Anthropologists Abstracts 2002*, unter: http://physanth.org/annmeet/aapa2002/ajpa2002.pdf. (*American Journal of Physical Anthropology Supplement 34*, S. 155-156)

Vouloumanos, A. (2006), mündliche Aussage zitiert in: Binns, C. (2006), »Monkey's voice as good as human's for newborn babies«, *LiveScience* 17.2.2006, unter: http://www.livescience.com/humanbiology/060217_baby_listen.html (hierher das Zitat)

Vouloumanos, A., et al. (unveröffentlicht, in Peer-Review), *Innate preferences for speech?*

Starke Nerven:
Wie Löcher in der Wirbelsäule uns auf die Sprünge helfen

Alemseged, Z., et al. (2006). »A juvenile early hominin skeleton from Dikika, Ethiopia«, in: *Nature 443*, S. 296-301

Clegg, M., Aiello, L. (2002), »Estimating hyoid bone morphology in earlier hominin species«, in: *American Association of Physical Anthropologists Abstracts*, S. 54-55

Latimer, B., Ohman, J.C. (2001), »Axial dysplasia in Homo erectus«, in: *Journal of Human Evolution* 40

MacLarnon, A.M., Hewitt, G.P. (1999), »The evolution of human speech: The role of enhanced breathing control«, in: *American Journal of Physical Anthropology* 109, S. 341-361

Meyer, M. (2003), »Vertebrae and language ability in early hominids«, in: *Paleoanthropology* 1, S. 20-21

Meyer, M. (2005), *Functional anatomy of the Homo erectus axial skeleton from Dmanisi, Georgia*, Diss. Philadephia, University of Pennsylvania

Meyer, M.R., Lordkipanidze, D. (2006), »Language and empathy in Homo erectus: Behaviors suggested by a modern spinal cord from Dmanisi, but not Nariokotome«, in: *Annual Meeting of the Paleoanthropology Society Abstracts*

The Nariokotome Homo Erectus Skeleton (1993), A. Walker, R. Leakey (Hg.), Cambridge, Mass.

Hören wie die Urmenschen: Das Wunderwerk unseres Stimmapparats und was archaische Ohren daraus machen

Arsuaga, J.-L., et al (1993), »Three new human skulls from the Sima de los Huesos Middle Pleistocene site in Sierra de Atapuerca, Spain«, in: *Nature* 362, S. 534–537

Barbujani, G., Sokal, R.R. (1990), »Zones of sharp genetic change in Europe are also linguistic boundaries«, in: *Proceedings of the National Academy of Sciences* 87, S. 1816-1819

Bischoff, J. L., et al. (2007), »High-resolution U-series dates from the Sima de los Huesos hominids yield 600 +/- 66 kyrs: implications for the evolution of the early Neanderthal lineage«, in: *Journal of Archaeological Science* 34, S. 763-770

Clark, A.G., et al. (2003), »Inferring Nonneutral Evolution from Human-Chimp-Mouse Orthologous Gene Trios«, in: *Science* 302 (5652), S. 1960–1963

Johnson, K. (2003), *Acoustic and Auditory Phonetics*, Oxford

Martínez, I., et al. (2004), »Auditory capacities in Middle Pleistocene humans from the Sierra de Atapuerca in Spain«, in: *Proceedings of the National Academy of Sciences* 101, S. 9976-9981

Martínez, I., et al. (2007), »Human hyoid bones from the middle Pleistocene site of the Sima de los Huesos«, in: *Journal of Human Evolution* [Epub ahead of print]

Rightmire, P. (2004), »Brain size and encephalization in early to mid-Pleistocene Homo«, in: *American Journal of Physical Anthropology* 124, S. 109-123

Noch einmal FOXP2: Löwen, Menschen und Vögel

Diller, K.C., Cann, R.L. (unveröff. 2006), »Evidence against a genetic-based revolution in language 50 000 years ago«, vorgetragen auf dem Kongress »Babel's Dawn« in Stellenbosch, Südafrika, unter: http://www.clc.sun.ac.za/KEYNOTES%20%20&%20%20PAPERS/PAPER_Diller%20and%20Cann.pdf

Evans, P.J., et al. (2005), »Microcephalin, a gene regulating brain size, continues to evolve adaptively in humans«, in: *Science 309*, S. 1717-1720

Mekel-Bobrov, N., et al. (2005), »Ongoing adaptive evolution of ASPM, a brain size determinant in Homo sapiens«, in: *Science 309*, S. 1720-1722

Mekel-Bobrov, N., et al. (2007), »The ongoing adaptive evolution of ASPM and Microcephalin is not explained by increased intelligence«, in: *Human Molecular Genetics 16*, S. 600-608

The SLI Consortium (2002), »A genome-wide scan identifies two novel loci involved in Specific Language Impairment (SLI)«, in: *American Journal of Human Genetics 70*, S. 384-398

Zhang et al. (2002), »Accelerated Protein Evolution and Origin of Human-Specific Features: FOXP2 as an Example«, in: *Genetics 162*, S. 1825-1835

Teil 3: Geistige Fingerabdrücke

Von der Hand in den Mund: Werkzeuge und Kunst als Indizien für Sprache

Allen, S.E.M., und Crago, M. B. (1996), »Early passive acquisition in Inuktitut«, in: *Journal of Child Language 23*, S. 129-155

Ambrose, S.H. (2001), »Paleolithic Technology and Human Evolution«, in: *Science 291*, S. 1748-1753

Beilin, H. (1975), *Studies in the Cognitive Basis of Language Development*, New York

Bickerton, D. (1995), *Language and Human Behavior*, Seattle, WA(Zitat 1: S. 65)

Bickerton, D. (2005), »Language evolution: a brief guide for linguists«, leicht überarbeitet in: Bickerton, D. (2007), »Language evolution: a brief guide for linguists«, in: *Lingua 117*, S. 510-526

Binkofski, F. et al. (2000), »Broca's region subserves imagery of motion: a combined cytoarchotectonic and fMRI study«, in: *Human Brain Mapping 11*, S. 273-285

Binkofski, F., Buccino, G. (2004), »Motor function of Broca's region«, in: *Brain and Language 89*, S. 362-369

Boesch, C. (1991), »Teaching among wild chimpanzees«, in: *Animal Behavior 41*, S. 530-532

Cantalupo, C., Hopkins, W.D. (2001), »Asymmetric Broca's area in great apes«, in: *Nature 414*, S. 505

Caprez, G., et al. (1971), »Entwicklung der Passivform im Schweizerdeutschen«, in: *Archives de psychologie 41*, S. 23-52

Crow, T.J. (2000), »Did Homo sapiens Speciate on the y Chromosome? (Target article on language-sex-chromosomes)«, in: *Psycoloquy 11*, S. 1

Davidson, I., Noble, W. (1989). »The archaeology of perception. Traces of depiction and language«, in: *Current Anthropology 30*, S. 125-155

Domínguez-Rodrigo, M., et al. (2005), »Cutmarked bones from Pliocene archaeological sites at Gona, Afar, Ethiopia: implications for the function of the world's oldest stone tools«, in: *Journal of Human Evolution 48*, S. 109-121

Foley, R.A., Lee, P.C. (1991), »Ecology and Energetics of Encephalization in Hominid Evolution«, in: *Philosophical Transactions: Biological Sciences 334*, S. 223-232

Gallese, V. et al. (1996), »Action recognition in the premotor cortex«, in: *Brain 119*, S. 593-609

Gibson, K. (1991), »Tools, language and intelligence: Evolutionary implications«, in: *Man (New Series) 26*, S. 255-264

Haslinger, B., et al. (2002), »The role of lateral premotor-cerebellar-parietal circuits in motor sequence control: a parametric fMRI study«, in: *Brain Research: Cognitive Brain Research 13*, S. 15-168

Heiser, M., et al. (2003), »The essential role of Broca's area in imitation«, in: *European Journal of Neuroscience 17*, S. 1123-1028

Holtkamp, E.-M. (1999), *Neandertalerbestattungen und Schädeldeponierungen des Alt- und Mittelpaläolithikums*, Münster

Horn, D.L., et al (2006), »Divergence of fine and gross motor skills in prelingually deaf children: Implications for cochlear implantation«, in: *Laryngoscope 116*, S. 1500-1506

Küntay, A., Slobin, D. (1999), »The acquisition of Turkish as a native language: a research review«, in: *Turkic languages 3*, S. 151-188

Lieberman, P. (1984), *The Biology and Evolution of Language*, Cambridge, Mass.

Lonsdorf, E.V. (2006), »What is the role of mothers in the acquisition of termite-fishing behaviors in wild chimpanzees (Pan troglodytes schweinfurthii)?«, in: *Animal Cognition 9*, S. 36-46

Lonsdorf, E.V., et al. (2004), »Sex differences in learning in chimpanzees«, in: *Nature 428 (6984)*, S. 715-716

Makuuchi, M. (2005), »Is Broca's area crucial for imitation?«, in: *Cerebral Cortex 15*, S. 563-570

Mania, D. (1990), *Auf den Spuren des Urmenschen: Die Funde von Bilzingsleben*, Stuttgart

Mania, D. (2004), »Die Urmenschen von Thüringen«, in: *Spektrum der Wissenschaft 10/2004*, S. 38-47

McNabb, J., et al. (2004), »The large cutting tools from the South African Acheulean and the question of social traditions«, in: *Current Anthropology 45*, S. 653-677

Miller, J.M. (2000), »Craniofacial variation in Homo habilis: an analysis of the evidence for multiple species«, in: *American Journal of Physical Anthropology 112*, S. 103-128

Muller, R.A., Basho, S. (2004), »Are nonlinguistic functions in ›Broca's area‹ prerequisites for language acquisition? FMRI findings from an ontogenetic viewpoint«, in: *Brain and Language 89*, S. 329-336

Poole, J.L., et al. (2005), »Measuring dexterity in children using the Nine-hole Peg Test«, in: *Journal of Hand Therapy 18*, S. 348-351

Rightmire, G.P. (2004), »Brain size and encephalization in early to mid-Pleistocene Homo«, in: *American Journal of Physical Anthropology 124*, S. 109–123

Rizzolatti, G., Fadiga, L. (1998), »Grasping objects and grasping action meanings: the dual role of monkey rostroventral premotor cortex (area F5)«, in: *Novartis Foundation Symposium 218*, S. 81-95

Rizzolatti, G, Arbib, M.A. (1998), »Language within our grasp«, in: *Trends in Neuroscience 21*, S. 188-194

Schick, K., et al. (1999), »Continuing investigations into the stone tool-making and tool-using capabilities of a bonobo (Pan paniscus)«, in: *Journal of Archaeological Science 26*, S. 821-832

Semendeferi, K., et al. (2002), »Humans and great apes share a large frontal cortex«, in: *Nature Neuroscience 5*, S. 272–276

Shang, Hong, et al. (2007), »An early modern human from Tianyuan Cave, Zhoukoudian, China«, in: *Proceedings of the National Academy of Sciences 104*, S. 6573-6578

Sherwood, C.C., et al. (2003), »Variability of Broca's area homologue in African great apes: implications for language evolution«, in: *Anatomical Records A: Discoveries in Molecular, Cellular, and Evolutionary Biology 271*, S. 276-285

Sinclair, H., Ferreiro, E. (1970), »Étude génétique de la compréhension, production et répétition des phrases au mode passive«, in: *Archives de psychologie 40*, S. 1-42

Sinclar, A., et al. (1971), »Young children's comprehension and production of passive sentences«, in: *Archives de psychologie 41*, S. 1-22

Stout, D., et al. (2000), »Stone tool-making and brain activation: Position emission tomography (PET) studies«, in: *Journal of Archaeological Science 27*, S. 1215-1223

Strand, S., et al. (2006), »Sex differences in cognitive abilities test scores: a UK national picture«, in: *British Journal of Educational Psychology 76*, S. 463-480

Tattersall, I. (2004), »The dual origin of modern humanity«, in: *Collegium Antropologium 28, Suppl. 2*, S. 77-85

Tattersall, I. (2004), »What happened in the origin of human consciousness?«, in: *Anatatomical Record B: New Anatomist 276*, S. 19-26

Torres, A., et al. (2006), »Gender differences in cognitive functions and influence of sex hormones«, in: *Actas Espanoles de Psiquiatría 34*, S. 408-415

Toth, N., et al. (1993), »Pan the Tool-Maker: investigations into the stone tool-making and tool-using capabilities of a bonobo (Pan paniscus)«, in: *Journal of Archaeological Science 20*, S. 81-91

Toth, N., et al. (2004), »A comparative study of the stone tool-making abilities of Pan, Australopithecus, and Homo sapiens«, in: *The Oldowan: Case Studies into the Earliest Stone Age*, N. Toth, K. Schick (Hg.), Bloomington, Indiana

Toth, N., Schick, K. (Hg.) (2004), *The Oldowan: Case Studies into the Earliest Stone Age*, Bloomington, Indiana

White, T.D., et al. (2003), »Pleistocene Homo sapiens from Middle Awash, Ethiopia«, in: *Nature 425*, S. 742-747

Wild, E.M., et al. (2005), »Direct dating of Early Upper Palaeolithic human remains from Mladec«, in: *Nature 435*, S. 332-335

Wynn, T. (2002), »Archaeology and cognitive evolution«, in: *Behavioral and Brain Sciences 25*, S. 389-402

Betreten auf eigene Gefahr: Grammatik, Kompetenz, Intelligenz und warum man darüber am besten gar nicht reden sollte

Amedi, A. et al. (2003), »Early ›visual‹ cortex activation correlates with superior verbal memory performance in the blind«, in: *Nature Neuroscience 6*, S. 758-766

Amedi, A., et al. (2004), »Transcranial magnetic stimulation of the occipital pole interferes with verbal processing in blind subjects«, in: *Nature Neuroscience 7*, S. 1266-1270

Anderson, M. (2000), »An unassailable defense of g but a siren-song for theories of intelligence: review of Jensen on Intelligence-g-Factor«, in: *Psycoloquy 11*, S. 13

Baddeley, A., Wilson, B.A. (1993), »A developmental deficit in short-term phonological memory: implications for language and reading«, in: *Memory 1*, S. 65-78

Bates, E. (1997), »On language savants and the structure of the mind: a review of Neil Smith and Ianthi-Maria Tsimpli, ›The mind of a savant: Language learning and modularity‹«, in: *International Journal of Bilingualism 1*, S. 163-179

Bates, E., et al. (1991), »Crosslinguistic research in aphasia: an overview«, in: *Brain and Language 41*, S. 123-148

Bishop, D.V.M. (2006), »What causes specific language impairment in children?«, in: *Current Directions in Psychological Science 15*, S. 217–221

Bishop, M., et al. (2005), »Perception of transient nonspeech stimuli is normal in specific language impairment: Evidence from glide discrimination«, in: *Applied Psycholinguistics 26*, S. 175–194

Brumback, C.R., et al. (2004), »Sensory ERPs predict differences in working memory span and fluid intelligence«, in: *Neuroreport 9*, S. 373-376

Burton, H. et al. (2002), »Adaptive changes in early and late blind: a FMRI study of verb generation to heard nouns«, in: *Journal of Neurophysiology 88*, S. 3359-3371

Coqueugniot H. et al. (2004), »Early brain growth in Homo erectus and implications for cognitive ability«, in: *Nature 431 (7006)*, S. 299–302

Curtiss, S., Schaeffer, J. (1997), »Syntactic development in children with hemispherectomy: The INFL-system«, in: *Proceedings of the 21st Annual Boston University Conference on Language Development*, E. Hughes, et al. (Hg.), Somerville, Mass., S. 103–114

Deacon, T. (1997), *The Symbolic Species*, New York

Deutsche Gesellschaft für Kinder- und Jugendpsychiatrie und Psychotherapie (Hg.) (2003), *Leitlinien zur Diagnostik und Therapie von psychischen Störungen im Säuglings-, Kindes- und Jugendalter*, Köln

Devescovi, A., et al. (2005), »A crosslinguistic study of the relationship between grammar and lexical development«, in: *Journal of Child Language 32*, S. 759-786

Diener, R.D., et al. (2006), »Do some taxa have better domain-general cognition than

Facon, B., et al. (2002), »Chronological age, receptive vocabulary, and syntax comprehension in children and adolescents with mental retardation«, in: *American Journal of Mental Retardation 107*, S. 91-98

Fiebach, C. et al. (2005), »Revisiting the role of Broca's area in sentence processing: syntactic integration versus syntactic working memory«, in: *Human Brain Mapping 24*, S. 79-91

Fiebach, C., Schubotz, R. (2006), »Dynamic anticipatory processing of hierarchical sequential events: a common role for Broca's area and ventral premotor cortex across domains?«, in: *Cortex 42*, S. 499–502

Fiedler, S. (2002), *Sprachentwicklungsstand und audiologischer Status bei Kindergartenkindern: Eine Untersuchung dreier Hamburger Kindergärten unter Berücksichtigung sozioökonomischer Einflüsse*, Diss. Universität Hamburg

Fitch, W.T., Hauser, M. (2004), »Computational constraints on syntactic processing in a nonhuman primate«, in: *Science 303*, S. 377-380

Friederici, A., et al. (2006), »The brain differentiates human and non-human grammars: Functional localization and structural connectivity«, in: *Proceedings of the National Academy of Sciences 103*, S. 2458-2463

Fry, A.F., Hale, S. (2000), »Relationships among processing speed, working memory, and fluid intelligence in children«, in: *Biological Psychology 54*, S. 1–34

Fuji, T., et al. (2005), »Normal memory and no confabulation after extensive damage to the orbitofrontal cortex«, in: *Journal of Neurology, Neurosurgery, and Psychiatry 76*, S. 1309–1310

Gainotti, G., et al (1986), »Focal brain lesions and intelligence: a study with a new version of Raven's Colored Matrices«, in: *Journal of Clinical Experimental Neuropsychology 8*, S. 37-50

Gathercole, S.E., et al. (2006), »Working memory in children with reading disabilities«, in: *Journal of Experimental Child Psychology 93*, S. 265-281

Gebhart, A.L. et al (2002), »Role of the posterolateral cerebellum in language«, in: *Annals of the New York Academy of Sciences 978*, S. 318-333

Greenlee J.D., et al. (2004), »A functional connection between inferior frontal gyrus and orofacial motor cortex in humans«, in: *Journal of Neurophysiology 92*, S. 1153-1164

Grünberg, J.M. (2002), »Middle Palaeolithic birch-bark pitch«, in: *Antiquity 76*, S. 15-16

Guatelli-Steinberg, D., et al. (2005), »Anterior tooth growth periods in Neandertals were comparable to those of modern humans«, in: *Proceedings of the National Academy of Sciences 102*, S. 14197-14202

Hart, B., und T. Risley (1995), *Meaningful differences in the everyday experience of young American children*, Baltimore

Hick, R., et al. (2005), »Cognitive abilities in children with specific language impairment: consideration of visuo-spatial skills«, in: *International Journal of Language and Communication Disorders 40*, S. 137-149

Hoff, E. (2003), »The specificity of environmental influence: Socioeconomic status affects early vocabulary development via maternal speech«, in: *Child Development 74* (5), S. 1368–1378

Hoff-Ginsberg, E. (1991), »Mother-child conversation in different social classes and communicative settings«, in: *Child Development 62*, S. 782-796

Jensen, A.R. (1999), »The g-Factor: the science of mental ability«, in: *Psycoloquy, 10*, S. 23

Jensen, A.R. (1993), »Spearman's hypothesis tested with chronometric information processing tasks«, in: *Intelligence, 17*, S. 47-77

Jensen, A.R., Johnson, F.W. (1994), »Race and sex differences in head size and IQ«, in: *Intelligence, 18*, S. 309-333

Kadosh, R.C., et al. (2007), »Virtual dyscalculia induced by parietal-lobe TMS impairs automatic magnitude processing«, in: *Current Biology 17*, S. 689-693

Koechlin, E., Jubault T. (2006), »Broca's area and the hierarchical organization of human behavior«, in: *Neuron 50*, S. 963-974

Koelsch, S. (2006), »Significance of Broca's area and ventral premotor cortex for music-syntactic processing«, in: *Cortex 42*, S. 518-520

Kolinsky, R. (1996), »Conséquences cognitives de l'illetrisme«, in: *Approche cognitive des troubles de la lecture et de l'écriture chez l'enfant et l'adulte*, S. Carbonnell, et al. (Hg.), Marseille

Koller, J., et al. (2001), »High-Tech in the Middle Palaeolithic: Neandertal-Manufactured Pitch Identified«, in: *European Journal of Archaeology 4*, S. 385-397

Lehtonen, M., et al. (2006), »Neural correlates of morphological decomposition in a morphologically rich language: an fMRI study«, in: *Brain and Language 98*, S. 182-193

Levy, Y. (1996), »Modularity of language reconsidered«, in: *Brain and Language 55*, S. 240-263

Liegeois, F., et al. (2004), »Language reorganization in children with early-onset lesions of the left hemisphere: an fMRI study«, in: *Brain 127*, S. 1229-1236

Mackintosh, N.J. (1998), *IQ and Human Intelligence*, Oxford

Maguire, E.A., et al. (2003), »Navigation expertise and the human hippocampus: a structural brain imaging analysis«, in: *Hippocampus 13*, S. 250-259

Markson L., Bloom P. (1997), »Evidence against a dedicated system for word learning in children«, in: *Nature 385*, S. 813-815

Max, J.E., et al. (2004), »Effect of side of lesion on neuropsychological performance in childhood stroke«, in: *Journal of the International Neuropsychological Society 10*, S. 698-708

Montgomery, J.W. (2000), »Verbal working memory and sentence comprehension in children with specific language impairment«, in: *Journal of Speech, Language and Hearing Research 43*, S. 293-308

Njiokiktjien, C. (1990), »Dysphatische Entwicklung: klinische Bedeutung und neurologische Hintergründe«, in: *European Journal of Child and Adolescent Psychiatry 53*, S. 126-136

Noble, K.G. et al. (2001), *Socioeconomic gradients predict individual differences in neurocognitive abilities*, Diss. Cornell University

Noterdaeme M. et al (2002), »Evaluation of neuromotor deficits in children with autism and children with a specific speech and language disorder«, in: *European Child and Adolescent Psychiatry 11*, S. 219-225

Novick, J.M., et al. (2005), »Cognitive control and parsing: reexamining the role of Broca's area in sentence comprehension«, in: *Cognitive, Affective, and Behavioral Neuroscience 5*, S. 263-281

Perruchet, P., Rey, A. (2005), »Does the mastery of center-embedded linguistic structures distinguish humans from nonhuman primates?«, in: *Psychonomic Bulletin and Review, 12*, S. 307-313

Petrides, M., et al. (2005). »Orofacial somatomotor responses in the macaque monkey homologue of Broca's area«, in: *Nature 435*, S. 1235–1238

Phillips, C.E., et al. (2004), »Comprehension of spatial language terms in Williams syndrome: evidence for an interaction between domains of strength and weakness«, in: *Cortex 40*, S. 85-101

Pinker, S. (1994), *The Language Instinct*, New York

Ramirez Rossi, F.V., Bermudez de Castro, J.M. (2004), »Surprisingly rapid growth in Neanderthals«, in: *Nature 428*, S. 936-939

Rescorla, L., Achenbach., T.M. (2002), »Use of the language development survey (LDS) in a national probability sample of children 18 to 35 months old«, in: *Journal of Speech, Language, and Hearing Research 45*, S. 733-743

Rolls, T. (1999), »The functions of the orbitofrontal cortex«, in: *Neurocase 5*, S. 301–312

Rondal, J.A. (1998), »Cases of exceptional language in mental retardation and Down syndrome: explanatory perspectives«, in: *Down Syndrome Research and Practice 5*, S. 1-15

Sathian, K. (2005), »Visual cortical activity during tactile perception in the sighted and the visually deprived«, in: *Developmental Psychobiology 46*, S. 279–286

Schöler, H., et al. (2002), »Biographische und anamnestische Informationen sowie sprachliche und nichtsprachliche Leistungen bei 172 stationär behandelten, schwer sprachentwicklungsgestörten Kindern. Abeitsberichte aus dem Forschungsprojekt Differentialdiagnostik 12«, unter: http://www.ph-heidelberg.de/wp/schoeler/Bericht12.pdf

Shaw, P. et al (2006), »Intellectual ability and cortical development in children and adolescents«, in: *Nature 440*, S. 676-679

Teepen, J. (2004), »On the Relationship between Aptitude and Intelligence in Second Language Acquisition«, in: *Teachers College, Columbia University Working Papers in TESOL & Applied Linguistics, Vol. 4, Special Issue: Aptitude and Intelligence in SLA*

Ullman, M.T., Pierpont, E.I. (2005), »Specific language impairment is not specific to language: the procedural deficit hypothesis«, in: *Cortex 41 (Sonderheft)*, S. 399-433

Wittenberg, G.F., et al. (2004), »Functional connectivity between somatosensory and visual cortex in early blind humans«, in: *European Journal of Neuroscience 20*, S. 1923–1927

Ziegler, J.C., et al. (2005), »Deficits in speech perception predict language learning impairment«, in: *Proceedings of the National Academy of Sciences 102*, S. 14110-14115

Wörter-See: Warum Pantoffeltierchen kaum was zu reden haben und Babys Ordnungsfanatiker sind

Abbot-Smith, K., Tomasello, M. (2006), »Exemplar-learning and schematization in a usage-based account of syntactic acquisition«, in: *The Linguistic Review 23*, S. 275-290

Ashby, F.G., Ennis, J.M. (2006), »The role of the basal ganglia in category learning«, in: *The Psychology of Learning and Motivation 46*, S. 1-36

Cartwright, T.A., Brent, M.R. (1997), »Syntactic categorization in early language acquisition: formalizing the role of distributional analysis«, in: *Cognition 63*, S. 121-170

Chomsky, N. (1965), *Aspects of the Theory of Syntax*, Cambridge, Mass. (besonders Kapitel 1, S. 29 und Anmerkung 15 dazu)

Clahsen, H. (1982), *Spracherwerb in der Kindheit: Eine Untersuchung zur Entwicklung der Syntax bei Kleinkindern*, Tübingen

Cohen, Y.E., et al. (2006), »Spontaneous processing of abstract categorical information in the ventrolateral prefrontal cortex«, in: *Biology Letters 2*, S. 261-265

Gathercole, V.C.M. (1998), »Lexical constraints in acquisition: Are they viable any longer? Constraints, acquisition of spoken language, acquisition of the lexicon«, in: *Proceedings of the Chicago Linguistics Society 34-2*, unter: https://intranet.psychology.bangor.ac.uk/dspace/bitstream/123456789/8547/2/Gathercole%201998%20CLS%20lexical%20constraints.pdf

Gathercole, V.C.M., Min, H. (1997), »Word meaning biases or language specific effects«, in: *First Language 17*, S. 31-56

Grinband, J., et al. (2006), »A Neural Representation of Categorization Uncertainty in the Human Brain«, in: *Neuron 49*, S. 757–763

Imai, M., et al. (2000), »Mechanism of lexical development«, in: *Proceedings of Machine Intelligence 17*, S. 32-35

Imai, M., Gentner, D. (1997), »A cross-linguistic study on early word meaning: linguistic input vs. universal ontology«, in: *Cognition 62*, S. 169-200

Jones, S.S., et al. (1991), »Object properties and knowledge in early lexical learning«, in: *Child Development 62*, S. 499-516

Kuczaj, S. A. (1990), »Constraining constraint theories«, in: *Cognitive Development 5*, S. 341-344

Maratsos, M.P., Chalkley, M. (1980), »The internal language of children's syntax«, in: *Children's language Bd. 2*, K. Nelson (Hg.), New York, S. 127-214

Markman, E. M. (1987), »How children constrain the possible meanings of words«, in: *Concepts and Conceptual Development: Ecological and Intellectual Factors in Categorization*, U. Neisser (Hg.), Cambridge, S. 255-287

Perruchet, P. (2002), »Mémoire et apprentissage implicites: Perspectives introductives«, in: *Mémoires et apprentissages implicites*, S. Vinter, P. Perruchet (Hg.), Franc-Comtoises, S. 5-22

Perruchet, P., Peereman, R (2005), »Apprendre sa langue maternelle: une question de statistique?«, in: *Pour la Science 327*, S. 82-87

Reimann, B. (2007), »Der frühe Spracherwerb: Ein Informationsangebot zur Entwicklung der kindlichen Sprache«, unter http://www.mutterspracherwerb.de/

Szagun, G. (1983), *Sprachentwicklung beim Kind. Eine Einführung*, München.

Karussell im Kopf: Warum grammatische Regeln auch Wörter sind und was Grüne Meerkatzen dazu zu bemerken haben

Aaronson, D., Ferres, S. (1984), »A structure and meaning based classification of lexical categories«, in: *Annals of the New York Academy of Sciences 433*, S. 21-57

Embick, D., Noyer, R. (2006), »Distributed morphology and the syntax-morphology interface«, in: *The Oxford Handbook of Linguistic Interfaces*, G. Ramchand, C. Reiss (Hg.), Oxford

Gerlach, B. (2002), *Clitics between Syntax and Lexicon*, Amsterdam

Kirby, S. (2000), »Syntax without natural selection: how compositionality emerges from vocabulary in a population of learners«, in: *The Evolutionary Emergence of Language: Social Function and the Origins of Linguistic Form*, C. Knight (Hg.), Cambridge, S. 303-323

Lin, L., et al. (2007), »Neural encoding of the concept of nest in the mouse brain«, in: *Proceedings of the National Academy of Sciences 104*, S. 6066-6071

Martin, A., et al. (1996), »Neural correlates of category-specific knowledge«, in: *Nature 379*, S. 649-652

Schönefeld, D. (2001), *Where Lexicon and Syntax Meet*, Berlin

Selten, R., Warglien M. (2007), »The emergence of simple languages in an experimental coordination game«, in: *Proceedings of the National Academy of Sciences 104*, S. 7361-7366

Thieme, H. (1997), »Lower Palaeolithic hunting spears from Germany«, in: *Nature 385*, S. 807-810

Thieme, H. (2004), Interview in: *Spektrum der Wissenschaft 10/2004*, S. 48-49

Tyler, L.K., et al. (2001), »The neural representation of nouns and verbs: PET studies«, in: *Brain 124*, S. 1619-1634

Angesteckte Federn oder warum wir es uns manchmal kompliziert machen, obwohl es auch einfach geht

Allsworth-Jones, P. (1990), »The Szeletian and the stratigraphic succession in Central Europe and adjacent areas: main trends, recent results and problems for resolution«, in: *The Emergence of Modern Humans: An Archaeological Perspective*, P. Mellars (Hg.), New York, S. 160-242

Barton, C.M., et al. (1994), »Art as information: explaining Upper Palaeolithic art in Western Europe«, in: *World Archaeology 26*, S. 185-207

Brumm, A., Moore, M.W. (2005), »Symbolic revolutions and the Australian archaeological record«, in: *Cambridge Archaeological Journal 15*, S. 157-175

Cabrera Valdés, V., et. al. (2006), »A Cantabrian Perspective on Late Neanderthals«, in: *When Neanderthals and Modern Humans Met*, N. J. Conard (Hg.), Tübingen, S. 441-465

D'Errico, F., Soressi, M. (2002), »Systematic use of manganese pigment by Pech-de-l'Azé Neandertals: implications for the origin of behavioral modernity (Abstract Meeting of the Paleanthropology Society 2002 Denver)«, in: *Journal of Human Evolution 42*, A13

De Quiros, F.B. (2006), »Symbolism before the symbolism: evidence for the origins in the Cantabrian Middle Paleolithic«, in: *Annual Meeting of the Paleoanthropology Society Abstracts*, A 38

D'Errico F., et al. (2003), »Archaeological evidence for the emergence of language, symbolism and music: an alternative multidisciplinary perspective«, in: *Journal of World Prehistory 17*, S. 1-70

D'Errico, F. (2003), »A multiple species model for the origin of behavioral modernity«, in: *Evolutionary Anthropology 12*, S. 188-202

Garralda, M.D. (2006), »The last Neandertals in Spain and their cultures«, in: *Annual Meeting of the Paleoanthropology Society Abstracts*, A 36

Kuhn, s. et al. (2005), »Ornaments of the earliest Upper Paleolithic: new insights from the Levant«, in: *Proceedings of the National Academy of Sciences 98*, S. 7641-7646

Locke, J. L., Bogin, B. (2006), »Language and life history: a new perspective on the development and evolution of human language«, in: *Behavioral and Brain Sciences 29*, S. 259-280

McBrearty, S., Brooks, A.S., (2000), »The revolution that wasn't: a new interpretation of the origin of modern human behavior«, in: *Journal of Human Evolution 39*, S. 453-563

Pavlov, P. (2001), »Human presence in the European Arctic nearly 40,000 years ago«, in: *Nature 413 (6851)*, S. 64-67

Roebroeks, W., Corbey, R. (2001), »Biases and double standards in palaeoanthropology«, in: *Studying Human Origins: Disciplinary History and Epistemology*, Amsterdam, S. 67-76

Steele, T.E. (2002), *Red Deer: their ecology and how they were hunted by late Pleistocene hominids in Western Europe*, Diss. Stanford University

Zilhão, J., d'Errico, F. (1999), »The chronology and taphonomy of the earliest Aurignacian and its implications for the understanding of Neandertal Extinction«, in: *Journal of World Prehistory 13*, S. 1-68

Teil 4: Ganz am Anfang
Fischen nach Urwörtern

Boesch, C., et al. (1998), »Chimpanzee and human cultures«, in: *Current Anthropology 39*, S. 591-614

Darwin, C. (2000), *Der Ausdruck der Gemütsbewegung bei dem Menschen und den Tieren*, Frankfurt

Ekman, P., Friesen, W. V. (1969), »The repertoire of nonverbal behavior: categories, origin, usages, and coding«, in: *Semiotica 1*, S. 49-98

Jackendoff, R. (2002), *Foundations of Language*, Oxford

McEachern, D., Haynes, W.O. (2004), »Gesture-speech combinations as a transition to multiword utterances«, in: *American Journal of Speech and Language Pathology 13*, S. 227-235

Parr, L., et al. (2005), »Influence of Social Context on the Use of Blended and Graded Facial Displays in Chimpanzees«, in: *International Journal of Primatology 26*, S. 73-102

Parr, L.A., et al. (2007), »Classifying chimpanzee facial expressions using muscle action«, in: *Emotion 7*, S. 172-181

Pollick, A.S., de Waal, F.B.M. (2007), »Ape gestures and language evolution«, in: *Proceedings of the National Academy of Sciences 104*, S. 8184-8189

Schröder, M. (2003), »Experimental study of affect bursts«, unter: http://www.dfki.de/~schroed/articles/schroeder2003a.pdf

Swadesh, M. (1972), *The Origin and Diversification of Languages*, London

Yang, C. (2001), *Interjektionen und Onomatopoetika im Sprachvergleich: Deutsch versus Chinesisch*, Diss. Uni Freiburg

Verstand oder Gefühl?

Adams, S., et al. (1995), »Gender differences in parent-child conversations about past emotions: a longitudinal investigation«, in: *Sex Roles 33*, S. 309-323

Adamson, L., Bakeman, R. (1982), »Affectivity and reference: concepts, methods and techniques in the story of communication development of 6 to 18 month old infants«, in: *Emotion and Early Interaction*, T. Field, A. Fogel (Hg.), Hillsdale, NJ, S. 215-236

Allman, J.M., et al. (2001), »The anterior cingulate cortex: evolution of an interface between emotion and cognition«, in: *Annals of the New York Academy of Sciences 935*, S. 107–117

Allman, J.M., et al. (2002), »Two phylogenetic specializations in the human brain«, in: *Neuroscientist 8*, S. 335-346

Bayer, C., et al. (1961), »Oxytocin release in response to stimulation of cingulate gyrus«, in: *American Journal of Physiology* 200, S. 625-627

Bellugi, U., et al. (2007), »Affect, social behavior, and the brain in Williams Syndrome«, in: *Current Directions in Psychological Science* 16 (2), S. 99–104

Bonnie, K.E., de Waal, F.B.M. (2006), »Affiliation promotes the transmission of a social custom: handclasp grooming among captive chimpanzees«, in: *Primates* 47, S. 27–34

Brooks, R., Meltzoff, A.N. (2002), »The importance of eyes: how infants interpret adult looking behavior«, in: *Developmental Psychology* 38, S. 958–966

Burling, R. (1993), »Primate calls, human language, and nonverbal communication«, in: *Current Anthropology* 34, S. 25–37

Bush, G., et al. (2000), »Cognitive and emotional influences in anterior cingulate cortex«, in: *Trends in Cognitive Science* 4, S. 215-222

Chang, C.C., et al, (2007), »Right anterior cingulate cortex infarction and transient speech aspontaneity«, in: *Archives of Neurology* 64, S. 442-446

Cohen, R.A., et al. (1999), »Alteration of intention and self-initiated action associated with bilateral anterior cingulotomy«, in: *Journal of Neuropsychiatry and Clinical Neuroscience* 11, S. 444-453

Cramon, D., Jürgens, U. (1983), »The anterior cingulate cortex and the phonatory control in monkey and man«, in: *Neuroscience Biobehavioral Review* 7, S. 423–425

Damasio, A.R., Van Hoesen, G.W. (1983), »Emotional disturbances associated with focal lesions of the limbic frontal lobe«. in: *Neuropsychology of human emotion*, K.M. Heilman, P. Satz (Hg.), New York, S. 85-110

Davis, K.D., et al. (2005), »Human anterior cingulate cortex neurons encode cognitive and emotional demands«, in: *Journal of Neuroscience* 25, S. 8402-8406

Devinsky, O., et al. (1995), »Contributions of anterior cingulate cortex to behaviour«, in: *Brain* 118, S. 279-306

Eibl-Eibesfeldt, I. (1971), »Zur Ethologie menschlichen Grußverhaltens: II. Das Grußverhalten und einige andere Muster freundlicher Kontaktaufnahme der Waika (Yanoáma)«, in: *Zeitschrift für Tierpsychologie* 29, S. 196-213

Falk, D. (2004), »Prelinguistic evolution in early hominins: whence motherese?«, in: *Behavioral Brain Sciences* 27, S. 491-503 (Discussion S. 503-83)

Febo, M., et al. (2005), »Functional magnetic resonance imaging shows oxytocin activates brain regions associated with mother-pup bonding during suckling«, in: *Journal of Neuroscience* 25, S. 11637-11644

Fernald, A. (1989), »Intonation and communicative intent in mothers' speech to infants: is the melody the message?«, in: *Child Development* 60, S. 1497-1510

Fernald, A. (1992), »Meaningful melodies in mothers' speech to infants«, in: *Nonverbal Vocal Communication: Comparative and Developmental Approaches*, H. Papousek, et al. (Hg.), Cambridge, S. 262.

Fivush, R., et al. (2000), »Gender differences in parent-child emotion narratives«, in: *Sex Roles* 42, S. 233-253

Goldstein, M. H., West, M. J. (1999), »Consistent responses of human mothers to prelinguistic infants: The effect of prelinguistic repertoire size«, in: *Journal of Comparative Psychology* 113, S. 52-58

Goldstein, M.H., et al. (2003), »Social interaction shapes babbling: Testing parallels between birdsong and speech«, in: *Proceedings of the National Academy of Sciences* 100, S. 8030-8035

Grant, J., et al. (2002), »A study of relative clauses in Williams syndrome«, in: *Journal of Child Language* 29, S. 403-416

Hammock, E.A.D., Young, L.J. (2006), »Oxytocin, vasopressin and pair bonding: implications for autism«, in: *Philosophical Transactions of the Royal Society* 361, S. 2187-2198

Hauser, M.D., Andersson, K. (1994), »Left hemisphere dominance for processing vocalizations in adult, but not infant, rhesus monkeys: field experiments«, in: *Proceedings of the National Academy of Sciences* 91, S. 3946–3948

Haznedar, M.M., et al. (1997), »Anterior cingulate gyrus volume and glucose metabolism in autistic disorder«, in: *American Journal of Psychiatry* 154, S. 1047-1050

Haznedar, M.M., et al. (2000), »Limbic circuitry in patients with autism spectrum disorders studied with positron emission tomography and magnetic resonance imaging«, in: *The American Journal of Psychiatry* 157, S. 1994-2001

Heffner, H.E., Heffner, R.S. (1984), »Temporal lobe lesions and perception of species-specific vocalizations by macaques«, in: *Science* 226, S. 75-76

Heilbroner, P.L., Holloway, R.L. (1988), »Anatomical brain asymmetries in New World and Old World monkeys: stages of temporal lobe development in primate evolution«, in: *American Journal of Physical Anthropology* 76, S. 39-48

Herrmann, E., Tomasello, M. (2006), »Apes' and children's understanding of cooperative and competitive motives in a communicative situation«, in: *Developmental Science* 9 (5), S. 518–529

Hopkins, W.D., Leavens, D.A. (1998), »Hand use and gestural communication in chimpanzees (Pan troglodytes)«, in: *Journal of Comparative Psychology* 112, S. 95-99

Hornak, J., et al. (2003), »Changes in emotion after circumscribed surgical lesions of the orbitofrontal and cingulate cortices«, in: *Brain* 126, S. 1691-1712

Jonas, D.F., Jonas, A.D. (1979), *Das erste Wort: Wie die Menschen sprechen lernten*, Hamburg

Joseph, R. (1996), *Neuropsychiatry, neuropsychology, and clinical neuroscience*, Baltimore

Jürgens, U. (1998), »Neuronal control of mammalian vocalization, with special reference to the squirrel monkey«, in: *Naturwissenschaften* 85, S. 376–388

Jürgens, U. (2000), »A comparison of the neural systems underlying speech and non-speech vocal utterances«, in: *Becoming Loquens*, B. H. Bichakjian, et al. (Hg.), Frankfurt am Main

Jürgens, U., et al. (1982), »The effects of deep-reaching lesions in the cortical face area on phonation. A combined case report and experimental monkey study«, in: *Cortex* 18, S. 125-139

Jürgens, U., Ploog, D. (1970), »Cerebral representation of vocalization in the squirrel monkey«, in: *Experimental Brain Research 10*, S. 532–554

Karmiloff-Smith, A., et al. (1997), »Language and Williams syndrome: how intact is ›intact‹?«, in: *Child Development 68*, S. 246-262

Kirzinger, A., Jürgens, U. (1982), »Cortical lesion effects and vocalization in the squirrel monkey«, in: *Brain Research 233*, S. 299-315

Kobayashi, H., Kohshima, S. (2001), »Unique morphology of the human eye and its adaptive meaning: comparative studies on external morphology of the primate eye«, in: *Journal of Human Evolution 40*, S. 419-435

Lane, R. D., et al. (1998), »Neural correlates of levels of emotional awareness: evidence of an interaction between emotion and attention in the anterior cingulate cortex«, in: *Journal of Cognitive Neuroscience 10*, S. 525-535

Langleben, D.-D., et al. (2002), »Brain activity during simulated deception: an event-related functional magnetic resonance study«, in: *NeuroImage 15*, S. 727-732

Levy, Y., Hermon, S. (2003), »Morphological abilities of Hebrew-speaking adolescents with Williams syndrome«, in: *Developmental Neuropsychology 23*, S. 59–83

Leyton, A.S.F., Sherrington, C.S. (1917), »Observations on the excitable cortex of the chimpanzee, orang utan, and gorilla«, in: *Quarterly Journal of Experimental Physiology 11*, S. 135-222

Liberman, M. (2006), »Sex-linked lexical budgets. The Language Log«, unter: http://itre.cis.upenn.edu/~myl/languagelog/archives/003420.html

Liszkowski, U., et al. (2007), »Reference and attitude in infant pointing«, in: *Journal of Child Language 34*, S. 1–20

Locke, J. L., Bogin, B. (2006), »Language and life history: a new perspective on the development and evolution of human language«, in: *Behavioral and Brain Sciences 29*, S. 259-280

Masserman, J.H., et al. (1964), »›Altrustic‹ behavior in Rhesus Monkeys«, in: *American Journal of Psychiatry 121*, S. 584-585

McGrew, W.C., et al. (2001), »Intergroup differences in a social custom of wild chimpanzees: the grooming hand-clasp of the Mahale mountains«, in: *Current Anthropology 42*, S. 148–153

Meguerditchian, A., Vauclair, J. (2006), »Baboons communicate with their right hand«, in: *Behavioral Brain Research 171*, S. 170-174

Mullen, M.K. (1994), »Earliest recollections of childhood: a demographic analysis«, in: *Cognition 52*, S. 55-79 (Zum differenziellen Verhalten von Eltern gegenüber Söhnen und Töchtern)

Müller-Preuss, P., Jürgens, U. (1976), »Projections from the ›cingular‹ vocalization area in the squirrel monkey«, in: *Brain Research 103*, S. 29-43

Nielsen, L. (2002), »The simulation of emotion experience: on the emotional foundations of the theory of mind«, in: *Phenomenology and the Cognitive Sciences 1*, S. 255-286

Nimchinsky, E.A., et al. (1999), »A neuronal morphologic type unique to humans and great apes«, in: *Prodeedings of the National Academy of Sciences 96*, S. 5268–5273

Parr, L., et al. (2005), »Emotional communication in primates: implications for neurobiology«, in: *Current opinion in Neurobiology 15*, S. 716-720

Pollick, A.S., de Waal, F.B.M. (2007), »Ape gestures and language evolution«, in: *Proceedings of the National Academy of Sciences 104*, S. 8184-8189

Poremba, A., et al. (2004), »Species-specific calls evoke asymmetric activity in the monkey's temporal poles«, in: *Nature 427*, S. 448-451

Preston, S. D., de Waal, F. B. M. (2002), »Empathy: its ultimate and proximate bases«, in: *Behavioral Brain Sciences 25*, S. 1-71

Rogers, A.R., et al. (2004), »Genetic variation at the MC1R locus and the time since loss of human body hair«, in: *Current Anthropology 45*, S. 105-108

Rowe, M., et al. (2006), »The added value of gesture in predicting vocabulary growth«, in: *Proceedings of the 30th Annual Boston University Conference on Language Development*, D. Bamman, et al. (Hg.), Boston, Mass., S. 501-512

Rudebeck, P.H., et al. (2006), »A role for the macaque anterior cingulate gyrus in social valuation«, in: *Science 313*, S. 1310-1312

Ruff, C.B. (1995), »Biomechanics of the hip and birth in early Homo«, in: *American Journal of Physical Anthropology 98*, S. 527-574

Schirmer, A., et al. (2002), »Sex differentiates the role of emotional prosody during word processing«, in: *Brain Research: Cognitive Brain Research 14*, S. 228-233

Schirmer, A., et al. (2005), »On the role of attention for the processing of emotions in speech: sex differences revisited«, in: *Brain Research: Cognitive Brain Research 24*, S. 442-452

Schmidt, C.L. (2006), »Scrutinizing reference: how gesture and speech are coordinated in mother-child interaction«, in: *Journal of Child Language 23*, S. 279-305

Schmidt, C.L., Lawson, K.R. (2002), »Caregiver attention-focusing and children's attention-sharing behaviours as predictors of later verbal IQ in very low birthweight children«, in: *Journal of Child Language 29*, S. 3-22

Schmitt, J.J., et al. (2006), »Laughter and the mesial and lateral premotor cortex«, in: *Epilepsy and Behavior 8*, S. 773–775

Stojanovik, V., et al. (2001), »Language and conversational abilities in Williams syndrome: how good is good?«, in: *International Journal of Language and Communication Disorders 36, Supplement*, S. 234-39

Sugiyama, Y. (1969), »Social behavior of chimpanzees in the Budongo Forest, Uganda«, in: *Primates 10*, S. 197-225

Tanner, J.W., Byrne, R.W. (1993), »Concealing facial evidence of mood: Perspective-taking in a captive gorilla?«, in: *Primates 34*, S. 451-455

Todd, B., Leavens, D. (laufendes Forschungsprojekt, Sussex University/City University), *How human babies and their parents share attention*, Ergebnisse referiert in einer Radiosendung zugänglich unter http://www.bbc.co.uk/radio4/science/fingerprints.shtml., Programme 2

Tomasello, M., Carpenter, M. (2007), »Shared intentionality«, in: *Developmental Science* 10, S. 121–125

Tomasello, M., Gluckman, A. (1997), »Comprehension of novel communicative signs by apes and human children«, in: *Child Development 68*, S. 1067-1080

Tow, P.M,. Whitty, C.E. (1953), »Personality changes after operations of the cingulate gyrus in man«, in: *Journal of Neurochemistry 16*, S. 186-193

Trachy, R.E., et al. (2005), »Primate phonation: anterior cingulate lesion effects on response rate and acoustical structure«, in: *American Journal of Primatology 1*, S. 43-55

Trillingsgaard, A., et al. (2005), »What distinguishes autism spectrum disorders from other developmental disorders before the age of four years?«, in: *European Child and Adolescent Psychiatry 14*, S. 65-72

Volterra, V., et al. (2003), »Early linguistic abilities of Italian children with Williams syndrome«, in: *Developmental Neuropsychology 23*, S. 33-58

Weiss, D.J., et al. (2002), »Specialized processing of primate facial and vocal expressions: evidence for cerebral asymmetries«, in: *Comparative Vertebrate Lateralization*, L.J. Rogers, R.J. Andrew (Hg.), Cambridge Mass., S. 480-530

Whalen, P.J., et al. (1998), »The emotional counting Stroop paradigm: a functional magnetic resonance imaging probe of the anterior cingulate affective division«, in: *Biological Psychiatry 44*, S. 1219-1228

Yücel, M., et al. (2001), »Hemispheric and gender-related differences in the gross morphology of the anterior cingulate/paracingulate cortex in normal volunteers: an MRI morphometric study«, in: *Cerebral Cortex 11*, S. 17-25

Soziale Gehirne

Anmerkung: Schillaci (2006) zur Monogamie finde ich aufgrund der begrenzten Datengrundlage allein nicht sehr überzeugend; man beachte aber bitte den Graphen Gruppengröße/Neocortexgröße bei Dunbar (1998), S. 184, wo die monogamen Gattungen Hylobates, Aotes, Pithecia und Callicebus ein Cluster bilden, das sie mit Abstand zu den enzephalisiertesten Primaten ihrer Gruppengröße macht.

Barton, R. A. (1996), »Neocortex size and behavioural ecology in primates«, in: *Proceedings of the Royal Society B: Biological Sciences 263*, S. 173-177

Byrne, R.W., Corp, N. (2004), »Neocortex size predicts deception rate in primates«, in: *Proceedings of the Royal Society B: Biological Sciences 271*, S. 1693-1699

Dunbar, R.I.M. (1993), »Coevolution of neocortical size, group size and language in humans«, in: *Behavioral and Brain Sciences 16 (4)*, S. 681-735

Dunbar, R.I.M. (1992), »Neocortex size as a constraint on group size in primates«, in: *Journal of Human Evolution 20*, S. 469-493

Dunbar, R.I.M. (1998), »The social brain hypothesis«, in: *Evolutionary Anthropology 6*, S. 178-190

Dunbar, R.I.M., Kudo, H. (2001), »Neocortex size and social network size in primates«, in: *Animal Behavior*, S. 711-722
Geissmann, T. (2000), »Duet-splitting in the evolution of gibbon songs«, in: *Folia Primatologica 71*, S. 194
Geissmann, T., Orgeldinger, M. (1997), »Pair bond and duet songs in siamangs (Hylobates syndactylus)«, in: *Advances in Ethology, Bd. 32: Contributions to the XXV International Ethological Conference, Vienna, Austria, 20-27 August, 1997*, M. Taborsky, B. Taborsky (Hg.), Berlin, S. 123
Lague, M.R. (2002), »Another look at shape variation in the distal femur of Australopithecus afarensis: implications for taxonomic and functional diversity at Hadar«, in: *Journal of Human Evolution 42*, S. 609-626
Lee, S.H. (2005), »Patterns of size sexual dimorphism in Australopithecus afarensis: another look«, in: *Homo 56*, S. 219-232
McHenry, H.M. (1991), »Femoral lengths and stature in Plio-Pleistocene hominids«, in: *American Journal of Physical Anthropology 85*, S. 149-158
Sapolsky, R.M., Share, L.J. (2004), »A pacific culture among wild baboons: its emergence and transmission«, in: *PLoS Biology 2*, S. e106
Schillaci, M.A. (2006), »Sexual selection and the evolution of brain size in primates«, in: *PLoS ONE 20*, S. e62
Scott, J.E., Stroik, L.K. (2006), »Bootstrap tests of significance and the case for human-like skeletal-size dimorphism in Australopithecus afarensis«, in: *Journal of Human Evolution 51*, S. 422-428
Shultz, S., Dunbar, R.I.M. (2006), »Both social and ecological factors predict ungulate brain size«, in: *Proceedings of the Royal Society B: Biological Sciences 273*, S. 207-215
Shultz, S., Dunbar, R.I.M. (2007), »The evolution of the social brain: anthropoid primates contrast with other vertebrates«, in: *Proceedings of the Royal Society B: Biological Sciences 274*, S. 2429-2436
Skinner, M.M., et al. (2006), »Mandibular size and shape variation in the hominins at Dmanisi, Republic of Georgia«, in: *Journal of Human Evolution 51*, S. 36-49

Teil 5: Die Fäden laufen zusammen

Anmerkung: Enthält nur Quellen zu in Teil fünf neu genannten Fakten, ansonsten siehe die Literatur zu den einzelnen Kapiteln.

Chomsky, N.: Siehe Hauser, M.D., et al., und Fitch, W., et al.
Barakat, R. (1975), *Cistercian Sign Language: A Study in Non-Verbal Communication*. Kalamazoo, Michigan
de Boer, B. (2001), *The Origins of Vowel Systems*, Oxford
Deacon, T. (1997), *The Symbolic Species*, New York

Dielentheis, T.F., et al. (1991), »Zum Helfer- und Eltern-Kind-Verhalten bei Siamangs (Hylobates syndactylus) mit Zwillingsnachwuchs im Berliner Zoo«, in: *Zeitschrift für Säugetierkunde 56*, S. 9-10

Everett, D. (2005), »Cultural constraints on grammar and cognition in Pirahã: another look at the design features of human language«, in: *Current Anthropology 46*, S. 621-646

Fitch, W.T., et al. (2005), »The evolution of the language faculty: clarifications and implications«, in: *Cognition 97*, S. 211-225

Geissmann, T. (2001), »A model of inheritance in gibbon songs«, in: *The XVIIIth Congress of the International Primatological Society: Primates in the New Millennium. Abstracts and Programme, Adelaide, South Australia, 126*

Hauser, M.D., et al. (2002), »The faculty of language: what is it, who has it, and how did it evolve?«, in: *Science 298*, S. 1565-1566

Jürgens, U. (2004): Siehe die Angaben oben und: *Vergleichende zentral-motorische Innervation des Larynx. 21. Wissenschaftliche Jahrestagung der DGPP, Freiburg im Breisgau*, Düsseldorf 2004, unter: http://www.egms.de/en/meetings/dgpp2004/04dgpp08.shtml

Kegl, J. (2000), »Is it soup yet? Or, When is it language?«, in: *Proceedings of the Child Language Seminar 1999*, London

Kirby, S. (2001), »Spontaneous evolution of linguistic structure: an iterated learning model of the emergence of regularity and irregularity«, in: *IEEE Transactions on Evolutionary Computation 5*, S. 102-110

Kirby, S., et al. (2007), »Innateness and culture in the evolution of language«, in: *Proceedings of the National Academy of Sciences 104*, S. 5241-5245

Küntay, A., Slobin, D. (1999), »The acquisition of Turkish as a native language: A research review«, in: *Turkic Languages 3*, S. 151–188

Nachtaffen (Aotes): Siehe die Lexika, z.B. http://de.wikipedia.org/wiki/Nachtaffen

Simonyan, K. (2003), *Efferent projections of the motorcortical larynx area in the Rhesus Monkey (Macaca mulatta)*, Diss. Tierärztliche Hochschule Hannover

Tomkins, W. (1969), *Indian Sign Language*, New York

Führer durch den Stammbaumdschungel:
Fossile Meilensteine im Überblick

Anmerkung: Enthält nur Quellen zu Fakten, die nicht allgemein bekannt oder bei den einzelnen Kapiteln belegt sind.

Becquet, C., et al. (2007), »Genetic structure of chimpanzee populations«, in: *PLoS Genetics 3*, e66.

Curnoe, D., et al. (2006), »Timing and tempo of primate speciation«, in: *Journal of Evolutionary Biology 19*, S. 59-65

Green, R., et al. (2006), »Analysis of one million base pairs of Neanderthal DNA«, in: *Nature 444*, S. 330-336

Jolly, C.J. (2001), »A proper study for mankind: analogies from the Papionin monkeys and their implications for human evolution«, in: *American Journal of Physical Anthropology Suppl. 33*, S. 177-204

REGISTER

Acheuléen-Faustkeile 123
Affensprache 38
Aiello, Leslie 87
Aki, Erkan 89
Alex (Graupapagei) 31, 65
Alltagsgrammatik 131
Altamira (Höhle) 109
Alveolen 72f.
Anthropologie 28, 77, 81, 83, 87, 110, 117, 119, 123, 191, 210, 212, 223, 230
Arabisch 66, 70, 188
Artikulation 28, 33, 52, 69, 77, 79, 208, 239, 242, 249
Artikulation und Grammatik 49, 53, 135, 182, 203, 242
Artikulationsapparat 20, 116
Artikulationsfähigkeit 87, 182, 203
Artikulationssort 71, 73
Artikulationsstörung 49, 51ff., 117
Atemkontrolle 81ff., 86f., 240, 264
Atemregulation 83, 98
Australopithecus 84, 86f., 116f., 173, 229, 240, 251, 263-266

Babysprache 68f. (s. auch Kindersprache)
Basalganglien 50-54, 57f., 116, 138, 142, 145, 150, 174f., 199, 241
Beethoven, Ludwig van 89
Belgisch 26
Bickerton, Derek 105, 127ff., 151, 179f., 197, 231
Bilzingsleben (Fundort) 112
Bindungsrituale/-signale 210-214, 216-219, 228, 242, 246
Binkofski, Ferdinand 116
Biologie (Forschung) 22, 31, 151, 159, 227, 254, 256

Birdsong, David 26
Bonobos 39, 42, 44, 67f., 119f., 202f., 232, 267
Border-Collies 28f., 223
Broca-Aphasie 49f., 53, 55, 80, 142, 150
Broca-Areal/-Zentrum 49f., 53f., 116-119, 129, 138ff., 144, 150, 175, 195, 197, 199, 205, 208, 241
Brown-Familie 48ff., 53-57, 80, 102, 135, 138, 150, 242

C.S. (Junge) 55ff.
Chauvet (Grotte) 109
Chemie (Forschung) 31
Chinesisch 16, 18, 20, 104, 128, 168f.
Chomsky, Noam 18-24, 26f., 67, 129f., 135, 161, 169, 171, 208, 255f.
Chomskyaner 21ff., 48, 149, 200, 255f.
Chromosomen 54ff.
Clegg, Margaret 87
Code, genetischer 55, 57
Code, sprachlicher 15f., 32, 39, 43, 46, 91
Computerlinguistik 68, 257
Crelin, Edmund S. 74f.

Darwin, Charles 189, 238, 242
Davidson, Ian 110
de Boer, Bart 68ff.
Deacon, Terrence 229f., 248, 258
Denkfähigkeit, menschliche 127ff., 151
Deutsch 16-18, 22, 24ff., 36f., 65f., 70, 72, 76, 91, 98ff., 113f., 116, 126, 130-133, 136, 140, 142, 144, 149, 155, 155ff., 160ff., 164, 166-171, 174-178, 186f., 189, 205, 210, 222, 250f., 258
Dialektgrenze 99f.
Dialektvokabeln 186

Dmanisi (Fundort) 86, 173, 247
Dompfaffen 20f., 26, 243
Down-Syndrom-Kinder 200
Drei-Konsonanten-System 188
Dunbar, Robin 227

Eibl-Eibesfeldt, Irenäus 16, 34
Ekman, Paul 191
Eltern-Kind-Beziehung 214, 253
  (s. auch Mutter-Kind-Bindung)
Embleme 191f., 222
Enard, Wolfgang 59, 103f.
Englisch 16, 18, 23ff., 31, 40ff., 48, 65, 67, 126, 142, 149f., 155, 160f., 166, 168, 174f., 178, 187, 198, 257
Evolutionsbiologie 60, 99, 114, 231, 238
EYA1-Gen 96

Falk, Dean 213
Felsenmalerei 109ff., 120, 127, 268
Figan (Schimpanse) 190
Finnisch 168
Fischer, Julia 28
Fisher, Simon 54ff.
Fitch, Tecumseh 78ff., 95, 141
Fledermäuse 232, 257
Fossilien 87, 101, 229, 264
Fossilien, sprachliche 187
Fouts, Roger 37f., 43, 45, 47, 202
FOXP2-Gen 48, 56-62, 101-105, 135, 239f.
Französisch 18, 26, 76, 80, 109, 161, 166, 169, 175, 186, 240
Frauenstimme 68, 79, 89
Fremdsprache lernen 16-19, 22, 24f., 49f., 82, 175, 182
Frequenzen 28, 36, 40, 68, 78, 89-92, 94, 96f., 241
Fritsch, Gustav Theodor 195

Gardner, Beatrix (und Ehemann) 36ff., 40f., 47, 202

Gebärdensprache 15, 19, 36f., 39, 47, 116, 222, 249, 251
Gehörlose 15, 19, 37, 116, 222, 249
Gehörlosensprache 36f., 117
Gendefekt 54, 199, 239
Gendrift 59f. (s. auch Zufallsmutation)
Genetik 12, 54, 58f., 83, 96, 100f., 103f.
Genie (Mädchen) 17, 20
Genitivkonstruktion 24
Gibbons 77, 228, 246f.
Goodall, Jane 190
Gopnik, Myrna 48
Gorillas 32, 45, 59, 87, 111, 152
Grammatikbegabung 135, 149
Grammatikfähigkeit und allgemeine Intelligenz 129
Grammatikinstinkt, angeborener 149, 151
Grammatikkompetenz 129f., 134, 142
Grammatikregeln 22, 25, 166, 256
Grammatikwissen, universelles 22f., 48, 129f., 255
Graupapageien 12, 30f., 45, 65, 111
  (s. auch Papageien)
Griffin (Graupapagei) 31
Großhirnrinde 49f., 53, 118, 122, 147f., 151f., 195, 201, 204, 226f., 248, 253f.
Grundlaute 65, 68
Gyrus cinguli 196f., 199, 201, 203-208, 212, 225

Haeckel, Ernst 209f.
Haesler, Sebastian 58
Haslinger, Bernhard 116
Hauser, Kaspar 17
Herder, Johann Gottfried 15
Hermann der Cherusker 187
Herrmann, Esther 223f.
Heschl'sche Windungen 201
Hindi 22
Hirnkarte 195
Hirsche 78ff.

Hitzig, Julius Eduard 195
Hochdeutsch 73
Höhenkrankheit 51, 53, 73
Höhlenmalerei (s. Felsenmalerei)
Homo erectus 12, 84, 116, 152f., 182, 238, 265f.
Homo ergaster 83-88, 116, 123f., 129, 153f., 172f., 185, 211f., 238, 240f., 244, 247, 251f., 258, 265f., 269
Homo habilis 116f., 129, 265f., 269
Homo heidelbergensis 95, 97-100, 102, 112, 123ff., 127, 153, 172, 229, 238, 240, 252, 266
Homo rudolfensis 116, 264
Homo sapiens 60f., 84, 100, 105, 111f., 114, 124, 127f., 173, 180, 185, 237ff., 266ff.
Hunde 27ff., 33, 78, 111, 134, 195, 207

Indoeuropäisch 187
Induráin, Miguel 95
Inuit 126
IQ-Tests 134, 137, 139, 144, 146, 149, 151f., 200
Italienisch 65, 192

Jackendoff, Ray 185, 188
Japanisch 18, 28, 36, 65, 80, 104, 168, 175, 177
Jensen, Arthur 134
Jesus 167f.
Johannes Paul II. 52
Jonas, Doris und David 210, 212f., 229
Jubault, Thomas 139
Jürgens, Uwe 207, 247

Kant, Immanuel 15
Kanzi (Bonobo) 39-42, 67ff., 99, 110, 119f., 154, 202f.
Kegl, Judy 249f.
Kehlkopf 74, 77-81, 239

Kenyanthropus 116
Kinderpsychologie 135, 150, 227
Kindersprache 43, 68f.
 (s. auch Babysprache)
Koechlin, Etienne 139f.
Kommunikation unter Tieren 19, 31f., 39, 41, 45, 193f., 215f., 218, 223, 242f., 250f., 253, 256
Kommunikation, soziale 29, 216, 222, 225, 230f., 242f., 253f., 256
Konditionierung 42
Konsonanten 33, 41, 71ff., 76f., 82, 88, 91-94, 97f., 137, 188, 241, 249, 252, 266
Konsonanten, explosive 92
Koobi Foora (Fundort) 229
Körpersprache 30
Krasniqi, Luan 26
Kruse, Max 145

La Chapelle aux Saints (Fundort) 74f.
La Ferrassie (Fundort) 112
Lai, Cecilia 54ff.
Langleben, Daniel 207
Lascaux (Höhle) 109
Latein 72, 166, 169, 177, 180, 186
Lautfolge 15, 29
Laut-Gen 102
Lautgrenze 28
Lautgruppen 69
Lautkontraste 91
Lautlehre 65f.
Lautregeln 67, 98, 186
Lautsprache 85, 88, 116, 210, 249
Lautstruktur 68, 97
Lautsystem 67, 69f., 98
Lenneberg, Eric 129
Levallois-Technik 122, 124f.
Lexigramme 40f.
Lexikon 165, 169f.
Leyton, A.S. F. 194
Lieberman, Daniel 77, 80

Lieberman, Philip 33, 51, 53, 73-78, 80f., 95, 125, 188, 239
Linguistik 22, 26, 71, 127, 130, 141, 146, 159, 169 (s. auch Sprachwissenschaft)
Linné, Carl von 254
Litchfield, Carla 11
Logopädie 49, 135
Lucy (Schimpansin) 38
Luftröhre 73f., 76, 81
Luther, Martin 168

MacLarnon, Ann 83-86
Mania, Dietrich 112
Männerstimme 79, 89
Martínez, Ignacio 94-97
Matata (Bonobo) 39-42, 45, 202
Mäuse 56f., 59, 159, 239
Max-Planck-Institut für Evolutionäre Anthropologie (Leipzig) 28, 59, 223
Max-Planck-Institut für Molekulare Genetik (Berlin) 58
Mendelsche Gesetze 54
Merkel, Angela 215
Messner, Günther 51
Messner, Reinhold 51
Meyer, Marc 86f., 173
Miguelón (Schädel) 94-97, 98, 240f.
Mittelhochdeutsch 187
Monaco, Tony 55f.
Morphologie (Formenlehre) 165f., 180, 187
Mount Everest 50, 52f., 73
Mutation 59f., 85, 113f., 232, 252, 256
Mutation an FOXP2 59-62, 101-104, 238ff.
Mutation bei den Browns 56, 102
Mutter-Kind-Bindung 210-213, 217, 246 (s. auch Eltern-Kind-Beziehung)
Muttersprache 16ff., 21-24, 26, 37, 48, 66, 70, 126, 129ff., 136, 147, 175f., 195, 200, 258

Nasallaute 71, 73, 76, 188
Neandertaler 11, 61, 73-81, 85ff., 97, 99, 103, 112, 124, 126f., 151, 153f., 180f., 188, 229, 238-241, 252, 265, 267f.
Neuroanatomie 87, 116
Neuronen 118, 205, 208, 247f. (s. auch Spiegelneuronen; Spindelneuronen)
Neurowissenschaft 12, 32ff., 49, 58, 194, 205, 207, 229f., 243, 248, 258
Niederdeutsch 73, 100
Niederländisch 28, 186
Nim Chimpsky (Schimpanse) 38
Noble, William 110f.
Nucleus caudatus 54, 58, 138

Oberdeutsch 100
Obertöne 89-93
Olduwai-Schlucht (Fundort) 114f.
Olduwan-Werkzeuge 114f., 119f., 122f., 154, 185
Orang-Utans 11, 32, 45, 152

Paläoanthropologie 12, 66, 94
Panbanisha (Bonobo) 41, 120, 122, 154
Pantoffeltierchen 12, 155, 157ff., 171f., 193
Papageien 30f., 44, 67, 159, 163, 209, 222, 249 (s. auch Graupapageien)
Parkinson'sche Krankheit 50, 52ff., 129
Passiv 24f., 125f., 142f.
Pavarotti, Luciano 79, 89
Paviane 232ff., 265
Pawlowscher Hund 27
Pepperberg, Irene 31, 45, 67
Perruchet, Pierre 141
Phoneme 65
Physik (Forschung) 11
Pinker, Stephen 21f., 149, 151, 255f.
Ploog, Dieter 205, 207

Polnisch 24, 258
Primaten 33, 59, 67f., 74, 103, 115, 152, 189, 203, 215, 218, 220, 224, 230ff., 247f., 253
Primatologie 27, 39, 83f., 190, 247
Protosprache 154
Proto-Wörter 185
Provine, Robert 34f.
Przeworski, Molly 59
Psychologie (Forschung) 17, 22, 27, 38, 67, 110, 125, 134f., 144

Rachenanatomie 33f., 73-76, 80f., 87, 187
Reformdeutsch 70
Reibe- und Zischlaute 93f.
Rhesusaffen 59, 67f., 205
Rico (Border-Collie) 28f., 223
Russisch 168

Satzmelodie 68, 82, 197, 209
Savage-Rumbaugh, Sue 27, 37-43, 45, 47f., 119, 202
Schädelbasis 74, 77f., 80
Scharff, Constance 58
Schick, Kathy 119
Schillaci, Michael 230
Schimpansen 32-39, 41f., 44-47, 51, 59, 73, 77, 81, 84, 87, 89, 91, 94-97, 102, 111, 115ff., 119ff., 152f., 182, 188-192, 194, 202ff., 206, 215-220, 222ff., 228, 232, 240, 247, 254, 260, 263f., 267f.
Schöningen (Fundort) 172
Schriftdeutsch 19
Schriftsprache 82, 131, 133
Schwarzenegger, Arnold 18
Selektionsdruck 83, 96, 104, 115, 164, 229ff., 243
Selektionsvorteil 60, 103
Sherman (Schimpanse) 43, 46
Sherrington, Charles Scott 194
Sierra de Atapuerca 94, 97, 99

Silben 66f., 82, 88, 92, 97f., 170, 186, 188, 195f., 208f., 258
Sima de los Huesos (Höhle) 94f., 97
Simonyan, Kristina 247
Spiegelneuronen 33, 118, 203
Spindelneuronen 202f., 243
Sprache lernen 16, 18ff., 22-27, 36-39, 44, 46, 48, 59, 66f., 69f., 76, 98f., 118, 122, 126, 130, 136, 138, 140, 142f., 150, 152f., 161f., 164, 174, 200, 208ff., 256, 258f.
Sprachentstehung 60, 237f., 240
Sprachentwicklung, Beginn der 62, 87, 100f., 185, 234, 240, 250
Sprachentwicklung, kindliche 21, 133, 136f., 213, 217f., 221
Sprachentwicklungsstörung bei Kindern 135ff., 146, 150 (s. auch Sprachstörung, spezifische)
Spracherwerb, kritische Phase 19f., 24, 27, 44, 129, 217
Sprachevolution 70, 129, 148, 150, 164, 182, 208, 210, 212f., 218, 248, 252, 259
Sprachgen 48, 54ff., 60, 101ff., 239
Sprachinstinkt, angeborener 15, 17, 21, 149, 255
Sprachlaute 30, 33, 40, 70, 78, 80, 89, 91, 95, 97, 239
Sprachlernprogramm 38, 67
Sprachmutation 103, 180
Sprachorgan (im Gehirn) 21, 23, 38, 49, 135, 139, 150
Sprachsprung 105
Sprachstörung, spezifische 102, 135ff., 150, 154, 210 (s. auch Broca-Aphasie; Sprachentwicklungsstörung bei Kindern)
Sprachtraining 26, 37
Sprachwissen, angeborenes 15ff., 22f., 27, 32, 45, 67, 147, 161, 192, 194, 196ff., 208, 255

Sprachwissenschaft 17, 19, 21f., 30, 32, 42, 59, 105, 125, 129f., 135, 140, 146, 165, 168, 182, 185, 200, 250 (s. auch Linguistik)
St. Acheul 123
Standarddeutsch 131f.
Stimmapparat 30, 33, 79, 89, 241
Stimme 42, 52, 78, 88ff., 92, 97, 197, 206, 242, 248 (s. auch Frauenstimme; Männerstimme)
Stimmen von Neandertalern 80f.
Stimmtrakt 72, 75, 77, 80f., 92
Suaheli 22
symbolische Signale 27, 29, 43ff., 109, 111, 152, 157, 214, 216, 219, 228, 240f.
symbolisches Denken 110f., 123
Symbolsprache 39ff.
Syntax (Satzbau) 42, 125, 138, 165f., 186

Terrace, Herbert 38f., 43
Thai 22
Thieme, Hartmut 172
Tierlaute 78, 197, 208
Toth, Nicholas 119, 122
Tsez (Sprache) 169, 176
Turkana, Junge von 84ff., 95
Türkisch 16, 18f., 126, 136, 142, 160, 167ff., 175f., 258

Ullrich, Jan 76
Unsinnssilben 67, 195, 209
Urmenschen 60, 70, 76, 80f., 83, 89, 97f., 116, 123, 152ff., 166, 179, 237f., 240ff., 244, 265
Urwörter 185

Vargha-Khadem, Faraneh 49f., 53f., 150
Verhaltensforschung 11f., 16, 34, 36, 227
Victor (»Wolfsjunge«) 17f., 20
Vogelgesang 15f., 20f., 26, 58f., 90, 97, 101ff., 247
Vokabeln 25, 98f., 137, 156, 166, 168, 191
Vokaländerungen 187
Vokaläußerungen 102, 207
Vokale 41, 68ff., 75f., 78, 88, 91ff., 97f., 176, 187, 189, 228, 249
Vokalkommunikation 232
Vokaltrakt 78, 80
Vouloumanos, Athena 67f.

Walgesang 97
Warn- und Stimmungslaute 32
Washoe (Bonobo) 37f., 43, 45, 47, 117, 202
Wernicke-Aphasiker 142
Wernicke-Areal 165
Williams-Beuren-Syndrom 199ff.
Willkürmotorik 247, 253
Wirbelsäule 35, 81, 86
Wölfe 29, 215f.

Zeichensprache 35f.
Zeichensprache-, Nicaraguanische 222, 249f.
Zimmer, Dieter E. 24
Zufallsmutation 59f., 103, 180
Zungenbein 77, 80, 87, 95, 240f., 264, 266
Zwerchfell 82, 86, 265